珍稀食用菌安全高效栽培技术

高　霞　高瑞杰　主编

U0380896

中国农业出版社

北　京

编者名单

主　　编	高　霞　高瑞杰
副 主 编	高中强　宫志远　万鲁长　赵淑芳
编写人员	（按姓名笔画排序）

门庆永　　王晓婷　　王德高　　王　馨

牛贞福　　司元明　　任鹏飞　　刘新华

刘　静　　安秀荣　　孙明军　　孙振福

李　欣　　杨克俊　　杨黎黎　　张晓雾

张恩建　　张　燕　　林　雪　　孟　辉

修翠波　　姜淑霞　　贾　乐　　高士龙

郭立忠　　曹修才　　崔　慧　　程显好

前　　言

　　食用菌集营养、保健功能于一体，具有较高的食用和药用价值。食用菌B族维生素含量高于肉类，蛋白质和氨基酸含量是一般水果蔬菜的几倍到几十倍，脂肪含量较低，其中74%～83%是对人体健康有益的不饱和脂肪酸，符合现代快节奏生活方式下科学饮食、均衡营养的消费需求。我国食用菌资源丰富，并且我国也是最早栽培、利用食用菌的国家之一，食用菌产量产值连年增长，目前在种植业中的排名仅次于粮、油、菜、果，居第五位。从1997年开始，我国食用菌生产量的增长速度远远超过了世界平均水平，2000—2016年，我国食用菌产量增加了5倍多。2005—2017年，食用菌产量由1 334.6万吨增长到3 712万吨，产值由585亿元增长到2 721.9亿元。

　　山东省位于东部沿海、黄河下游，历史悠久，物产丰富，是我国的农业生产大省，农业生产值长期稳居全国第一位，粮食种植面积大，可利用的秸秆资源、野生动植物资源丰富，为食用菌生产提供了良好的资源与环境条件。近年来，在山东省委、省政府及各级党委政府的高度重视，农业科技等有关部门的大力支持和从业人员的共同努力下，全省食用菌产业规模持续扩大，产业优势日益突出，综合生产能力显著提高，产量产值跃居全国前列，在促进现代农业发展、保持农民收入稳定增长、转移农村剩余劳动力等方面取得了显著成效。据统计，2017年全省食用菌总产量达393万吨，产值达269.3亿元，高于林业。产值占全省农林牧渔产值比例继续保持全国34个省级行政区的前列。

全省食用菌生产呈现出几个显著特点。一是品种结构不断优化，区域布局逐步形成。平菇、金针菇、双孢蘑菇、香菇等大宗食用菌产量约占全省食用菌产量的85%，珍稀食用菌产量约占15%，长根菇、大球盖菇、玉木耳等高效益珍稀食用菌生产规模扩大较快，品种结构不断优化。全省产量超万吨的县（市、区）有48个，产值超亿元的县（市、区）有33个，规模化生产、区域化布局持续推进。二是栽培模式逐步升级，工厂化生产发展迅猛。近年来，随着科技创新深入和新技术、新成果的推广应用，尤其通过高效特色产业平台项目等的实施带动，多项高效栽培模式得到集成推广，栽培方式由平面向立体、由单季向周年、由传统向现代化工厂化生产发展。栽培设施由简易菇棚向智能型设施转变，菌菜复合棚、光伏食用菌大棚等新型栽培设施得以逐步推广应用。2017年全省食用菌工厂化生产企业数量为126家，工厂化企业年产量75.9万吨，年产值达到65.49亿元，占全国份额的三分之一以上。三是菌包专业化生产逐步推广，集约化生产水平不断提升。全省现代农业生产发展资金果菜项目每年都把良种繁育基地建设作为重要内容。在项目带动和市场需求的引导下，淄博、青岛、滨州等地的企业将香菇菌棒销售至韩国、美国等发达国家，济宁、泰安、聊城等地的企业积极发展液体菌种生产，有力促进了全省菌包专业化生产。

随着山东省食用菌产业的蓬勃发展，珍稀食用菌因其营养、美味、保健三大特点而有着巨大的市场需求，刺激了珍稀食用菌产业发展。为满足广大从业者对珍稀食用菌生产的技术需求、促进产业稳定健康多方位发展而编写了本书，本书凝集了山东省食用菌产业科研、教学、生产、管理等各领域专家的学识智慧。编写人员既有食用菌产业体系的实践型科学家，也有从事食用菌教学、科研的理论型专家教授；既有多年从事食用菌行业管理工作的领导、学者，又有长期奋斗在食用菌生产第一线的技术推广专家。本书是山东省志士仁人共同努力的成果。本书对部分珍稀菇类的种植技术进行了较系统的阐述，内容较为全面，实用性和可操作性强，可供农业技术人员和农民参考。

由于时间有限，编写过程中难免存在疏漏及不规范之处，敬请广大读者给予指正。

编　者

2019 年 9 月

目　　录

第一章　大球盖菇安全高效栽培技术

第一节　概　　述

一、学名及分类学地位

大球盖菇（*Stropharia rugosoannulata* Farl. ex Murrill），又名皱环球盖菇、皱球盖菇、酒红球盖菇。属担子菌类，伞菌纲，伞菌目，球盖菇科，球盖菇属。

二、栽培概况

大球盖菇是我国北方地区的食用菌新秀，是联合国粮食及农业组织（FAO）向发展中国家推荐栽培的食用菌之一，近年来在国际菌类交易市场上已上升至前 10 位。由于其营养丰富、栽培原料来源丰富、栽培技术简单粗放、菌丝抗逆性强，栽培容易成功、易获得高产等特点，目前已被越来越多的菇农和消费者所接受，发展前景十分广阔。

1922 年美国人首先发现并报道了大球盖菇。1930 年在德国、日本等地也发现了野生的大球盖菇。1969 年民主德国进行了人工驯化栽培。20 世纪 70 年代发展到波兰、匈牙利、苏联等地区，逐渐成为许多欧美国家人工栽培的食用菌。

我国先于 1980 年由上海市农业科学院食用菌研究所从波兰引进该菌种并试栽成功，后福建省三明真菌研究所在橘园、田间栽培大球盖菇获得良好效益，并逐步向省内外推广，特别是华北、华东地区大球盖菇栽培发展迅速。陕西、辽宁、河北等地采用大棚设施、农田、林下等不同模式栽培大球盖菇，均收到了较好的经济效益，且栽培规模呈逐步扩大趋势。大球盖菇林下栽培是新型种植模式，山东省 2007 年由邹城农业局成功引种栽培大球盖菇，2013 年在济宁、临沂等地市规模化种植，短短几年的时间发展迅速，目前，聊城、东营、滨州、青岛、淄博、临沂、济宁、泰安多地区均有栽培，尤其是林下大球盖菇栽培方式发展非常迅速。

十几年栽培实践证明，大球盖菇具有非常广阔的发展空间和潜力。首先大球盖菇栽培技术及管理简单粗放，不需要特殊设备，栽培成本低、周期短、产出高。其次，栽培原料来源丰富，大球盖菇可生长在各种秸秆培养料上（如玉米秸、玉米芯、稻草、稻壳、麦秸等）及阔叶树木屑上。在我国广大农村，可以作为处理秸秆的一种主要措施。栽培后的废料可直接还田，改良土壤，增加肥力，是解决秸秆焚烧问题，使农民增收致富的好项目。再次，大球盖菇抗逆性强，适应温度范围广，可在 4～30 ℃出菇，种植方式多种多样（林果地套种、大田露天种植、玉米地菇粮套种、保护地种植等），尤其是适合多种林木、果树、农作物间作和套种等立体复合生产模式。栽培大球盖菇可充分利用林地空间，栽培后遗弃的菌渣还是优质的有机肥料，可以提高土壤肥力、改良土壤结构，促进树木的生长。在资源保护的同时，可将资源优势转化为经济优势和生态优势，是实现农林业永续发展的一种良好生产及管理模式。最后，大球盖菇口感佳，营养又丰富，投放市场，很容易被广大消费者所接受。

三、食、药用价值

大球盖菇菇体色泽艳丽，柄粗盖肥，鲜菇细腻脆嫩，食味清香，爽滑可口。干菇香味浓郁，味道鲜美，营养丰富。富含蛋白质、多糖、矿质元素、维生素等生物活性物质，其中含氨基酸达 17 种，总量为 16.72%，人体必需氨基酸齐全。每 100 克子实体含粗脂肪 5.8 克，粗纤维 13.3 克，多糖 49.3 克，蛋白质 23.2 克。含有丰富的矿质元素、维生素、生物胺等物质，Zn、Mn、Fe 元素含量均高于谷物、蔬菜及水果类。大球盖菇有很好的富硒作用，在添加硒的液体培养基中培养，每克干菌丝体中硒的含量达 4 727.7 微克，而且 92.7% 硒都是有机硒。矿质元素中磷和钾含量较高，分别为 3.48% 和 0.82%。生物活性物质中的总黄酮、总皂苷及酚类的含量均大于 0.1%，每 100 克大球盖菇中牛磺酸和维生素 C 含量分别为 81.5 毫克和 53.1 毫克。除此之外，还含有多种维生素，如 100 克干品大球盖菇中含烟酸 51.38 毫克、核黄素 3.88 毫克、硫胺素 0.51 毫克、吡哆素 0.42 毫克、钴胺素 0.41 毫克。

大球盖菇还是一种极其珍贵的药用真菌、保健食品，具治疗或改善人体多种疾病之功效。该菇具有抗肿瘤活性，对小鼠肉瘤 S180 及艾氏腹水癌的抑制率达 70% 以上。大球盖菇多糖具有很好的抗氧化作用，能有效地清除自由基，对 D-半乳糖所致氧化损伤小鼠血液和肝脏有显著的改善作用。多糖还能提高人体的免疫机能，可有效防治神经系统及消化系统疾病，降低血液中的胆固醇含量。

第二节 生物学特性

一、形态特征

子实体单生、丛生或群生，中等至较大，菌盖直径 5～45 厘米，大球盖菇比一般食用菌个头大，一般单个重 60 克左右，最重的可达 2 500 克。菌盖肉质，近半球形，后扁平，幼小时白色，后颜色渐变为红褐色或葡萄酒红褐色。菌盖鳞片呈白色纤毛状，成熟的子实体菌盖边缘内卷，菌褶密集排列且直生。菌柄白色，待成熟之后渐变为中空；开伞后会形成较厚的菌环（图 1-1）。大球盖菇孢子印呈紫黑色，孢子呈椭圆形，大小

图 1-1 大球盖菇

为（11～16）微米×（9～11）微米。

二、生态习性

野生大球盖菇在我国分布于云南、四川、西藏、吉林等地，从春至秋发生于林中、林缘的草地上，路旁、园地、垃圾场、木屑堆或牧场的牛马粪堆上。

三、生长发育条件

（一）营养

大球盖菇属于草腐菌类，对营养要求不严格，菌丝分解纤维素及木质素能力均较强，可利用葡萄糖、蔗糖、淀粉、纤维素、半纤维素和木质素等作为碳源。多年的栽培结果表明，稻草、稻壳、麦秸、玉米芯、玉米秸、大豆秸、各种阔叶树木屑、碎木块、树叶等都可作为大球盖菇生长所需要的碳源。菌种生产时可添加麸皮、米糠作为大球盖菇氮素营养来源。不同地区可充分利用当地农作物秸秆及农林下脚料就地取材，可以在不添加其他辅料（麦麸、稻糠、玉米粉）及肥料的条件下，使用单一的培养料或几种培养料混合在一起栽培。此外，子实体生长发育还需要从土壤中吸取微量元素，不覆土子实体则难以形成或出菇少，覆土材料与产量高低密切相关，选择质地疏松，透气性好，持水率高的50%腐殖土＋50%草炭土（pH 5.7）覆盖易获得高产。

（二）温度

菌丝生长温度范围为5～36 ℃，最适温度为24～26 ℃，在10 ℃以下菌丝生长缓慢，但不影响其生活力。超过36 ℃，菌丝停止生长。当温度升至32 ℃以上并持续时间较长时，虽还不至于造成菌丝死亡，但当温度恢复到适宜温度范围，菌丝的生长速度会明显减慢。原基形成和子实体发育最适温度为14～25 ℃，子实体在4～30 ℃均可生长，但在较低温度（10～20 ℃）条件下，子实体发育缓慢，子实体肥壮，菌盖较大，柄粗肥厚，菇质优，不易开伞；

温度偏高，菇体生长快，菌盖较小，易开伞。

（三）水分及湿度

基质含水量的高低与菌丝的生长及出菇量有直接的关系，菌丝在基质含水量为65%～80%的情况下能正常生长，最适含水量为70%～75%。如含水量过高，则培养料通气不良，菌丝生长不良，表现稀、细、弱，甚至原来生长的菌丝还会萎缩。菌丝从营养生长阶段转入生殖生长阶段，必须提高空间的相对湿度，空气相对湿度以85%～95%为宜，其中以95%左右的高湿条件对出菇最为有利，低于85%原基难以形成。

（四）空气

大球盖菇属好氧型真菌，新鲜的空气可以促进发菌和子实体生长。子实体发育阶段则需要充足的氧气，供氧不足或二氧化碳浓度超过0.15%，子实体发育受抑制，菇体柄长盖薄，菇质下降。特别是在出菇盛期，更要注意出菇场地通风换气，保持菇床表面空气新鲜，使子实体达到最佳生长状态，避免畸形菇产生，以实现优质高产。

（五）光照

大球盖菇菌丝生长不需要光线，但是在子实体发生及生长期间则需要一定的散射光照，从而促进原基形成。子实体生长时供给100～150勒克斯散射光，可促进子实体健壮生长，提高产量。同时可使子实体积累色素，增加产品色泽，使品质提高。在实际栽培中，菇场以三分阳七分阴为宜。直射光过强则会造成空气湿度降低，使正在生长的子实体特别是接近采收的子实体菌柄因水分不足而龟裂，商品质量下降。

（六）酸碱度（pH）

大球盖菇适应微酸性环境，菌丝在pH 4.5～9.0内均可生长，以pH 5.0～7.0为宜。在偏碱性的培养基上，菌丝生长缓慢。在配料时可将基质pH适当调高，虽然发菌前期菌丝生长稍慢，但随着菌丝生长其代谢产物中的有机酸能使基质pH下降至适宜范围，同时基质中较高的 pH 有利于防止霉菌对培养料的污染，可促使菌丝正常生长，提高培养成功率。大球盖菇菌丝发满后需要覆土，覆土材料的 pH 以 5.5～6.0 为宜。

第三节　安全高效栽培技术

一、栽培季节的选择

大球盖菇从播种、出菇至收获结束需要 3～6 个月的时间，具体栽培时间的确定应根据大球盖菇特有的生物学特性、当地气候环境条件及栽培场所环境条件而灵活确定，原则上在气温 8～30 ℃时均可播种，最适气温是 15～26 ℃。山东各地区室外栽培可安排在初冬（10 下旬至 11 月下旬）铺料播种，第二年 3～5 月出菇；也可以在春季地面解冻时铺料播种（前期适当采取保温措施），在 4～6 月均可出菇；秋季栽培可以在 9 月进行铺料播种，11 月中旬起开始出菇，12 月停止出菇，来年 3～5 月再继续出菇。大棚内栽培一般在 9 月下旬至 10 月上旬铺料播种，12 月至来年 4 月结束，出菇的高峰期气温低菇肥肉嫩，商品品质好，又正值春节前后，市场价格高、效益好。

二、栽培方式的选择

大球盖菇栽培的方式主要有温室栽培、大棚栽培、林下栽培、果园套种、大田露天种植、玉米地菌粮间作等多种栽培方式，经营者可根据当地土地及空间资源选择适合的栽培方式，在山东各地区不适合玉米地间作种植的方式。

三、栽培场地的选择

大球盖菇栽培场地可选择温室、塑料大棚，土壤肥沃的果园、林地、农作物行间、冬闲田、房前屋后等场所。无论室内室外的场地，均要求周围无污染企业、畜禽养殖场、化粪池等污染源，通风良好，水源、交通便利，土壤肥沃、偏酸性，排水方便不积水，易积水的低洼地、黏质土不宜种植。

冬闲塑料棚要求在大棚顶部加上一层遮阳网适当遮光，也可以加草帘遮光，以创造半遮光和能保湿、保温的环境。林下栽培时，以温暖、避风、遮阳的场所较为适宜，这样可以提供适合大球盖菇生长的小气候，切忌选择低洼和过于阴湿的场地，以防各种霉菌和害虫发生。半荫蔽或林间郁闭度在 0.7 左右的地方更适合大球盖菇生长，在山东省区域内种植 3 年以上的速生丰产林、园林大苗培植苗圃地较适合。果园套种时要求枝下高不应太低，栽培季节应与果园生产管理的旺季错开。比如秋季果园采摘后，种上大球盖菇覆上地膜，春季出菇，初夏采菇结束进行果园管理。对树木矮小、遮阳保湿效果差、枝下高较低、郁闭度小等情况，若株行距较宽（2 米以上）在林中可以用小拱棚、搭遮阳网来达到调温保湿的效果。

四、栽培工艺

大球盖菇栽培的工艺流程：确定栽培季节→订购或制作母种、原种、栽培种→栽培原料、场所准备→备料→预湿→建堆→翻堆→一次发酵→二次发酵→作床→铺料→播种→发菌管理→覆土→降温催蕾→出菇管理→采收→清理菇床、采后管理→二潮催菇、出菇。

五、菌种制作技术

（一）选择优良菌种

栽培大球盖菇应选择品种特性好、菌丝生长整齐健壮、无杂菌和虫害、菌龄适中的菌种作为栽培种。优良适龄的菌种其菌丝迅速长满培养料是争取高产的基础，菌种无杂菌和虫害则是提高培养成功率的保证。否则，菌龄过长、菌种老化，菌种的生命力降低甚至失去生命力。因此选择优质菌种是提高栽培成功率，争取优质高产必不可少的环节。

（二）母种培养

母种培养常用的培养基为马铃薯葡萄糖琼脂综合培养基，配方为马铃薯 20%，琼脂 2%，葡萄糖 2%，磷酸二氢钾 0.2%，硫酸镁 0.05%，水 1 000 毫升。先将土豆洗净去皮，再称取 200 克切成 1 厘米^3 左右小块，加水煮沸 20 分钟后。用 8 层纱布过滤，继续加热滤液，边加入琼脂边搅拌混匀。再加入葡萄糖、磷酸二氢钾、硫酸镁，溶解后补足水分至 1 000 毫升。分装试管，加塞、包扎，高压灭菌锅灭菌 121 ℃、30 分钟，取出试管摆斜面，冷却后贮存备用。在无菌条件下将活化后的小块菌种接种到培养基上，置于培养箱中 25 ℃黑暗培养 7~10 天。

（三）原种和栽培种培养

原种和栽培种培养常见优良的配方有以下几种：

①小麦粒 88%，米糠或麦麸 10%，石膏或碳酸钙 1%，石灰 1%，含水量 70%；

②木屑 78%，麦麸 20%，石膏 1%，过磷酸钙 1%，含水量 70%；

③木屑 68.2%，玉米芯 11.5%，麦草 20.3%，含水量 70%；

④木屑 30%，麦秸秆 40%，树叶 30%，含水量 70%；

⑤玉米秸秆 88%，麦麸 10%，石膏 1%，过磷酸钙 1%，含水量 70%。

将上述培养料按常规方法配制、灭菌和接种，每支母种可扩接 6~8 瓶原种，每瓶原种可扩接 30~40 袋栽培种，接种后，把菌种瓶或袋放在 20~28 ℃培养室中暗光培养。原种培养约 40 天，栽培种培养 45~50 天即可长满袋。

栽培种也可采用培养 4~5 天的液体菌种进行接种，接种量为 10%~15%，因液体菌种培养时间短，菌龄小，菌丝生长均匀、旺盛，接种后发菌点多，菌丝生长快，一般 30 天左右可长满菌袋，菌种质量好。但液体菌种制作过程对操作要求严格，每个环节均应达到无菌操作要求，以降低污染率。

（四）菌种保藏

一般以试管菌种放置于 4 ℃低温条件下保藏。如保藏时间过长，每3～6个月应进行转管培养一次，然后再继续保藏。

六、栽培原料及配方

大球盖菇对原料的选择不很严格，因此适宜栽培大球盖菇的原料来源比较广泛，最常用的主要有稻壳、稻草、麦秸、玉米秸、花生秧等各种作物秸秆，以及阔叶树木屑、桑枝等，原料来源广泛，成本低，使用方便。但无论采用何种原料均要求新鲜、干燥、无霉变。大面积栽培大球盖菇所需材料数量大，为此应提前收集，要求采收后及时收集并暴晒2～3天，在干燥环境贮存备用。贮存时间较长的秸秆营养已大量流失，并隐藏有螨、线虫、跳虫、霉菌等，会严重影响产量。

大球盖菇栽培原料的配方很多，常见的有以下几种：

①木屑30%，麦秸秆40%，稻壳24%，石灰1%，营养土5%；

②麦秸53%，玉米秸秆40%，石灰2%，营养土5%；

③玉米秸秆50%，稻壳45%，营养土5%；

④麦秸50%，玉米秸秆25%，牛粪粉10%，麸皮8%，石灰2%，营养土5%；

⑤稻壳或稻草64%，大豆秸30%，石灰1%，营养土5%；

⑥单独使用稻草、稻壳、麦秸或玉米秸秆93%，石灰2%，营养土5%；

⑦稻草74%，木屑20%，石灰1%，营养土5%；

⑧稻壳或稻草70%，经发酵处理的平菇、香菇、木耳等废菌渣24%，石灰1%，营养土5%。

七、栽培管理

栽培大球盖菇一般采用发酵料栽培，选用当年新鲜无霉变、无虫蛀、不含农药或其他有毒有害化学成分的稻壳、稻草、麦草、豆秸、玉米秸、玉米芯、木屑，使用前先将各种秸秆进行适当碾压打碎处理，打碎并非细碎，截成10～20厘米长短段或1～

2厘米颗粒均可，各种材料最好是长短、大小规格不同，这样大小不同的培养料搭配有利于菌丝透气繁殖。培养料采用堆积发酵的方法，具体操作的步骤为场地处理、原料预湿、拌料、建堆及翻堆等几个步骤。

（一）场地处理

发酵前2～3天，首先将发酵场地用辛硫磷进行全面杀虫处理。

（二）原料预湿

提前1～2天将主料摊薄，撒石灰粉（1%～2%），清水喷湿。

（三）拌料

边预湿边将各种配料拌匀，可以人工也可以机械拌匀，并调湿，要求培养料含水量为65%～75%。

（四）建堆

按配方将各种原料拌匀后，建成底宽1～2米、顶宽0.8～1.2米、高1～1.5米、长度视场地大小及料量多少而定的梯形发酵堆。堆建的太小不易升温；堆过大，中心易缺氧，影响发酵效果。建好堆后，用粗度10厘米以上木棒从料堆顶部及侧面打通气孔，两孔间距40厘米左右，防止料堆中部和底部缺氧造成无氧呼吸而使原料变酸（图1-2）。堆内插上温度计，随后在料堆四周用透气性好的草帘、无纺布或麻袋片封围，顶部不封盖。最好不使用塑料薄膜封盖，如用塑料薄膜覆盖，要定期掀动或者在薄膜上打通气孔，以补充新鲜空气、防止厌氧发酵。若遇到阴雨天可用防雨用的薄膜覆盖，避免雨水直接淋洒在培养料上，雨后立即掀开透气。建堆后3～4天堆内开始升温，如添加发酵增产剂一般1～2天开始升温。

图1-2 建堆打孔

（五）翻堆

提倡用机械翻堆，当堆顶以下 20 厘米处料温达到 65 ℃时，保持 48 小时左右，开始第一次翻堆。翻堆时将内层温度较高部位的料翻到表层，表层及贴近地面的低温料翻到高温层位置。重新建堆后仍打透气孔，当料温再上升到 65 ℃以上时，保持 2～3 天，进行第二次翻堆。翻堆时，要进行适当调湿，使料含水量达到 75%左右，这是保证菇床维持足够湿度的关键。经过 2～3 次翻堆后，检查培养料发酵程度，当料呈茶褐色，料中有大量白色高温放线菌，无酸臭味，质地松软即发酵结束。发酵好的料要及时散堆降温，长期堆积、过度发酵，料中营养过分消耗，不利于菌丝生长，影响出菇产量。当料温降到 30 ℃以下时方可铺料播种。

提倡使用发酵增产剂处理原料，可明显加快发酵速度，增加产量，减少病虫害，提高栽培效益。

（六）做床、铺料、播种

1. 播种前准备 室内一般以床架式栽培或地面畦栽为主，栽培前 3～5 天用 5%石灰水或 5%甲醛对房间彻底消毒一次。林下或大田栽培播种前先深翻一次，捡去石块、树根等杂物，再用 5%石灰水浇泼杀虫灭菌，然后播种。以冬闲田进行塑料大棚栽培，可在顶部加上一层遮阳网或草帘等，创造半遮光、保湿、保温的环境。大球盖菇栽培过程中需要水分，因此栽培地周围应有充足的水源，栽培前需安装一个水泵，到达栽培地附近分开多个管道，每个管道安装喷带延伸贯穿整个栽培地。管道通过变径维持一定的水压，使喷带覆盖范围合适，水滴雾状较小、均匀。

2. 整地做畦 温室或大棚栽培整地做畦先把表层的土壤取一部分堆放在旁边，供以后覆土用，然后把地整成垄形，中间稍高，两侧稍低，畦上铺一层 4～5 厘米厚腐殖土，做成高 10～15 厘米、宽 90～130 厘米的龟背形畦床，畦与畦之间留 40 厘米的人行道。

室外栽培整地做畦先在栽培场四周开好排水沟，主要是防止雨后积水。若在林地里栽培，可根据地形因地制宜建菇床，为不影响树木生长，将菇床建在两行树的中间，以便于管理。具体做法是先在地面挖3～4厘米取土，将土放在畦床间隔的作业道上，以供覆土用；建床宽1～1.3米，南北走向，床间留30～40厘米的作业道，床面修整成中间略高的龟背形，防止床底积水；铺料前在畦上撒一层石灰粉，四周也要撒一层石灰粉或喷施灭蚁灵、白蚁粉等驱虫灭蚁（图1-3）。

图1-3　整地做畦

3. 铺料、播种　一般以3层料2层菌种的方式播种。第一层铺料厚度为8～10厘米，料层要平整，厚度均匀，宽窄一致，菇床要成行，以便管理。播种时将菌种掰成核桃大小块状，采用梅花形（顺垄三行）点播，穴距10～12厘米；播种穴的深度4～6厘米，第一层播种量为总菌种量的50%。完成第一层播种后，在每个单垄上再铺厚度10～12厘米的培养料，料面厚度均匀且平整，并整理呈拱形垄状，再将菌种播入表层料内2～5厘米深处，顺料垄三行依次穴播，菌块间距12～15厘米，用手或耙子将穴内菌块用料盖严。第二层播种量为总菌种量的40%。将剩余的10%菌种均匀撒播在第二层的料面上，然后铺第三层铺料，料厚度为4～5厘米，两垄侧面呈斜面坡形，用木板轻轻拍平。播种后用直径4厘米以上的木棒每隔30～40厘米处打通气孔，最后料面再覆盖薄膜，应注意每天掀动数次通风。

播种也可以采取一次性铺料开沟播种的方法，铺料厚度为20～25厘米，开15～20厘米深的沟，在沟的最底部点播一层菌种后，将四周的培养料填充10～13厘米，再在上次点播的两个种块的中间点播第二次菌种，最后铺上厚度为3～4厘米的第三层料，这样操作比较省时省工（图1-4）。

图1-4 播种

播种时应注意以下两个问题，一是播种之前注意让培养料吸足水分，使其达到适宜的含水量，这是发菌期保持料内湿度的基础，发酵时注意保持料堆湿度；二是播种时的料温应适当偏高，以25 ℃左右为宜，最低不宜低于20 ℃，最高不宜超过30 ℃。

4. 覆土 菇床覆土是大球盖菇栽培不可缺少的环节，一方面可促进菌丝的扭结，另一方面也起到保温保湿的作用。一般情况下，室外及林下栽培播种后可以立即覆土，室内及棚栽覆土是在播种30～35天后，菌丝生长达到2/3培养料时开始覆土。具体的覆土时间还应结合不同季节及不同气候条件区别对待。如早春季节建堆播种，可待菌丝接近长透料后再覆土；若是秋季建堆播种，气候较干燥，可适当提前覆土。

建堆播种完毕后，无论当时覆土还是后期覆土都必须在料堆面上加覆盖物，覆盖物可选用散稻草、麦秸、草帘等保湿。如先覆土，则将覆盖物覆盖在土上，如后覆土则将覆盖物去除，覆土后再加上覆盖物。用于覆盖的草帘，既不宜太稀疏，也不宜太厚，厚度1厘米左右，以喷水于草帘上时多余的水不会渗入料内为宜。冬季温度较低时栽培应在覆盖物上盖薄膜保温（图1-5、图1-6）。

图1-5 稻草覆盖保湿　　　图1-6 冬季覆盖塑料薄膜保温保湿

覆土材料的质量对大球盖菇的产量有很大影响，覆土材料以腐殖质含量较高、肥沃、疏松、保水能力强，pH 为 5.5～6.0 的沙壤土为宜，忌用碱性、黏重、缺乏腐殖质、团粒结构差或持水率差的覆土材料，沙质土和黏土或单纯的泥炭不适于用作覆土材料。实际栽培时也可以将原地土掺入 50％草炭土，土壤含水量保持 20％～30％，可以用手简便测试的方法测试土壤含水率，即用手捏土粒，土粒变扁但不破碎，也不粘手，即表示含水量适宜。覆土总厚度3～5厘米，覆土材料最好用噁霉灵溶液喷施一次，防止杂菌、害虫的危害。

从料垄两侧面扎两排直径 3～5 厘米的孔洞，至料垄中心下部床面，呈"品"字形，孔洞间隔 15～20 厘米，使料垄中心有充足的氧气，并防止料垄中心升温伤菌，覆土后用秸秆覆盖进行保湿，冬季需要用薄膜覆盖，覆膜前可向沟内灌水一次。

对于室内菌丝长满 2/3 培养料面时覆土后较干的菇床可喷水，要求雾滴细些，使水湿润覆土层而不进入料内。为了防止内湿外干，最好采用喷湿上层覆盖物的方式。喷水量要根据场地的干湿程度、天气情况灵活掌握。只要菇床内含水量适宜，也可间隔 1～2 天或更长时间不喷水。

（七）发菌管理

发菌期温度、湿度的调控是发菌管理的中心环节。播种后，应根据实际情况采取相应调控措施，创造适宜的温度和湿度环境，以促进菌丝恢复和生长。一般播种第三天菌丝开始萌发，7 天左右菌丝呈束状向培养基质中延伸定殖生长，菌丝在向基质中生长时会产生呼吸热量，并排放二氧化碳等气体。夏季或初秋播种，由于自然气温较高，如何防止高温侵害是播种后的技术关键。该期间要时常关注料垄中心温度变化情况，每天早晨和下午要定时观测料温的变化，以便及时采取相应的措施，防止料温出现异常现象。

此时要求料温在 20～30 ℃，最好控制在 25 ℃左右，这样菌丝生长快且健壮，当料温高过 30 ℃时，应在畦面喷冷水降温，畦面干燥时也应喷水以保湿，水量要求以不漏料为准。若降温不理想就要用铁叉插入料垄底部向上掘起，使料垄表层裂缝，利于散热透氧，加速菌丝生长，这是最有效的技术措施。冬季及早春投料播种，气温 10 ℃以下应覆膜，由于自然气温低，料垄中部不易升温，发菌安全率高。在适温情况下，25～35 天菌丝几乎长满培养料，这时表面培养料偏干，看不见菌丝爬上草堆表面，可以轻轻挖开料面，检查中、下层料中菌丝，当菌丝长至培养料厚度的 2/3 时就可以覆土了。覆土材料应用腐殖土，土壤含水量保持 25%左右，覆土总厚度 3～5 厘米，覆土后 15～20 天即可见到菌丝露出土面。

播种后直接覆土，50～60 天料垄被菌丝吃透，覆土层充满菌丝体，菌丝束分支增粗，通过营养后熟阶段后即可出菇。

菌丝生长阶段应适时适量喷水，前 20 天一般不喷水或少喷水，待菇床上的菌丝量已明显增多，占据了培养料的 1/2 以上，如菇床表面的草干燥发白时应适当喷水，平时补水只是喷洒在覆盖物上，不要使多余的水流入料内，这样对堆内菌丝生长有利。菇床的不同部位喷水量也应有区别，菇床四周的侧面应多喷，中间部位少喷或不喷，如果菇床上的湿度已达到要求，就不要天天喷水，否则会造成菌丝衰退。覆土层保持湿润即可，不能大水喷浇，使菌丝不易上土。如土层过于干燥，菌丝不能爬升土层，延迟出菇。待菌丝全部露出土面后把薄膜揭开停止喷水降湿，掀去覆盖物，加强通气，使畦面菌丝倒伏，控制徒长，促进原基分化。畦面菌丝倒伏后，用大水喷透整个菇床催菇，几天后土层内菌丝开始形成菌索，扭结大量白色子实体原基。

另外，室外栽培需备有塑料薄膜防雨，特别是播种后的 20 天内，雨水渗入会造成堆内湿度过大。若此期间遇到雨天，可在覆盖物上铺盖薄膜，雨过后即揭去薄膜，并排出菇床周围积水。

发菌期的温度、湿度的调控是发菌管理的中心环节。大球盖菇在菌丝生长阶段要求堆温 22～28 ℃，培养料的含水量为 70％～75％，空气中的相对湿度为 85％～90％。

（八）出菇期管理

当覆土层中有粗菌束延伸，菌丝束分枝上就会出现米粒大小的菇蕾，即进入出菇期。对于出菇期水分管理，喷水原则是少喷勤喷，每天早晚向畦床少喷雾化水晴天多喷、阴雨天少喷或不喷，不能大水喷浇，以免造成幼菇死亡。保持土壤湿润状态，空气相对湿度保持在 80％～95％为宜，具体检测要求是菌料呈淡黄色，用手捏紧培养料，培养料既松软又湿润，可稍有水滴出现。如水分过大，则菇床透气性差，影响产量，菇体保质期变短；水分过小，影响原基产生，影响产量，菇体易开伞，表面龟裂，影响品质。喷水中不能随意加入药剂、肥料或成分不明的物质。出菇期每天采收后喷水，以延长成菇的保鲜期。

大球盖菇出菇期温度应在 10～25 ℃，低于 4 ℃或超过 30 ℃不能出菇。温度低时，生长缓慢，但菇体肥厚，不易开伞，柄粗盖肥。温度高虽然生长快，但朵小，盖薄柄细，易开伞。温度超过 25 ℃时，要采取喷水等降温措施，确保菇体正常生长。

出菇期菇体光照需求为三分阳七分阴，子实体生长期间需要 50％～80％的郁闭度。如光照过强，菇体生长后期颜色发白，且光照对菇床菌丝有一定的杀伤力；光照过弱，通风透光差，产生原基少，产量低，且易产生杂菌污染。另外，出菇期的用水、通气、采菇等常要翻动覆盖物，在管理过程中要轻拿轻放，特别是床面上有大量菇蕾发生时，可用竹片使覆盖物稍隆起，防止碰伤菇蕾（图 1-7、图 1-8）。

图1-7 大球盖菇白色原基　　　　图1-8 大球盖菇幼菇

（九）采收

子实体从现蕾到成熟时间因温度不同有所不同，一般需5～10天。在低温时生长速度缓慢，菇体肥厚，不易开伞。相反在高温时，表现朵型小，易开伞。当子实体的菌褶尚未破裂或刚破裂，菌盖呈钟形时为采收适期，最迟应在菌盖内卷、菌褶呈灰白色时采收。若等到成熟，菌褶转变成暗紫灰色或黑褐色，菌柄中空，菌盖平展时才采收就会降低商品价值。不同成熟度的菇，口感差异甚大，没有开伞的菇体口感最佳。

采菇时用左手压住培养料，右手指抓住菇脚轻轻转动，再向上拔起，注意避免周围的小菇蕾松动。采过菇后，菇床上留下的洞口要及时补平，清除留在菇床上的残菇，以免腐烂后招引害虫而危害健康的菇。采收的鲜菇去除残留的泥土和培养料等污物，剔除有病、虫菇，放入竹筐或塑料筐，尽快鲜品销售或进入冷库冷藏。鲜菇暂存时要放在通风阴凉处，避免菌盖表面长出绒毛状气生菌丝而影响商品外观。鲜菇在2～5℃温度下可保鲜2～3天，时间不宜过长。

第一潮菇采收结束后，清理床面，补平覆土，停水养菌4～6天，后喷重水喷透以增湿、催蕾。经过10～20天，又开始出第二潮菇，整个生长期可收3～4潮菇，一般以第二潮的产量最高。发现原料中心偏干时，要于两垄间多灌水，让两垄间水浸入料垄中心或采取料垄扎孔洞的方法，让水尽早浸入垄料中部，使偏干的中心料在适量水分作用下加速菌丝繁殖生长，形成大量菌丝束，满足下茬菇对营养的需求。但也不能过量水长时间浸泡或一律重水喷灌，避免大水淹死菌丝体，使基质腐烂退菌。

（十）加工

采后除直接销售鲜菇外，还可脱水烘干成干菇，或制成盐渍品进行销售。

干制可采用人工机械脱水的方法，或者把鲜菇经杀青后，排放于竹筛上，放入脱水机内脱水，使含水量达 11％～13％。开伞菇采用此法加工，可提高质量。也可采用焙烤脱水，用 40 ℃文火烘烤至 70％～80％干后再升温至 50～60 ℃，直至菇体足干，冷却后及时装入塑料食品袋，防止干菇回潮发霉变质。脱水干燥的大球盖菇，香味浓郁，口感好，可与野生榛蘑、茶树菇干品相媲美，销售市场前景十分广阔，若包装成礼品盒价格上涨 5～7 倍。

盐渍可以参照盐水蘑菇加工工艺，大球盖菇菇体一般较大，杀青需 8～12 分钟，以菇体熟而不烂为度，具体情况视菇体大小掌握。通常熟菇置冷水中会下沉，而生菇上浮。按一层盐一层菇装缸，上压重物再加盖。盐水一定要没过菇体，盐水浓度为 23％。

（十一）病虫害防治

大球盖菇抗性强、易栽培，据栽培的实践及近年来推广的情况来看，尚未发生严重危害大球盖菇生长的病害。但在出菇前，偶尔也会见到一些杂菌，如鬼伞、盘菌、裸盖菇等竞争性杂菌，其中以鬼伞较多见。大球盖菇的栽培过程中，较常见的害虫有螨类、跳虫、菇蚊、蚂蚁、蛞蝓等。

在病虫害治理上，要本着"预防为主，综合治理"的理念，尽量不用或少用化学药剂防治。在栽培管理期间，利用"二板（黄板、蓝板）一网（防虫网）一灯（杀虫灯）"措施，可有效控制病虫害，整个栽培过程无需使用农药，可保证菇品的质量和安全性。

1. 农业技术措施 选好场地，不在蚂蚁多的地方进行栽培，场地最好不要多年连作，以免造成害虫滋生。选择培养料要求新鲜、干透，栽培前经日光暴晒消毒。菇床周围定期撒施石灰粉，无菇时喷洒 5％ 食盐水，防控跳虫、蛞蝓、螨类、菇蚊、蚂蚁发生。

初秋外界自然气温较高期间，应提早进行铺料播种，否则会导致料垄内温度过高或严重缺氧，在发菌期 20 多天后，菌垄内发生退菌，料中绿霉、毛霉等趁机繁殖并向覆土层蔓延。发现局部杂菌感染时，通常用铁锹将感染部位挖掉，并撒少量石灰水盖面，添湿润新土，拢平畦面，感染部位较多时，可用 5％ 草木灰水浇畦面一次。

鬼伞常在菌丝生长不良的菇床上或使用质量差的稻草作培养料栽培时发生。因此，防治鬼伞一是稻草要求新鲜干燥，栽培前让其在烈日下暴晒 2～3 天，利用阳光杀灭鬼伞及其他杂菌孢子。二是栽培过程中掌握好培养料的含水量，以利于大球盖菇菌丝健壮生长，让其菌丝占绝对优势。三是鬼伞与大球盖菇同属于食用菌，生长在同一环境中，彻底消灭难度大，在菌床上若发现其子实体时，应及早人工拔除。

蛞蝓喜生在阴暗潮湿环境，因而应选择地势较高，排灌方便，郁闭度在 50％～70％ 的栽培场。对蛞蝓的防治，可利用其晴伏雨出的规律进行人工捕杀，也可在场地四周喷 10％ 的食盐水驱赶蛞蝓。

2. 物理技术措施 搭建防虫网（60 目[*]）可防止菇蝇、菇蚊的成虫飞入；利用黄板白天可诱杀菇蝇、菇蚊；糖醋液诱杀果蝇、小地老虎；也可以在菇床上放报纸、废布并蘸上糖液，或放新鲜烤香的猪骨头或油饼粉等诱杀螨类；对于跳虫，可用蜂蜜 1 份、水 10 份和 90％ 的敌百虫 2 份混合进行诱杀；可于晚上利用频振式杀虫灯诱杀菇蝇、菇蚊及蛾类等成虫。

---

[*] 目为非法定计量单位，100 目对应的孔径约为 0.17 毫米。——编者注

3. 生物技术措施　使用植物源农药和生物农药等防治病虫害，如用苦楝叶煮汁喷施菇场，在畦上泼浇 1% 的茶籽饼水，防止蚯蚓为害。不得使用活体微生物农药和非农用抗生素制剂。

4. 化学技术措施　使用化学农药应执行国家有关规定。宜选用高效、低毒、低残留、与环境相容性好的农药。严格执行农药安全间隔期，出菇期不使用任何农药。

大球盖菇出菇阶段于无菇期或避菇使用药剂，以喷洒地面环境或菇床覆土为主。

第二章 猴头菇安全高效栽培技术

第一节 概　述

　　猴头菇（*Hericium erinaceus*），又名猴头、山伏菌、花菜菌，因外形酷似猴头而得名。是中国传统的名贵菜肴，肉嫩、味香、鲜美可口，是四大名菜（猴头、熊掌、燕窝、鱼翅）之一，有"山珍猴头、海味鱼翅"之称。猴头菇进入人们的饮食生活由来已久，相传早在 3 000 年前的商代，已经有人采摘猴头菇食用。但是由于猴头菇的"物以稀为贵"，这种山珍只有宫廷、王府才能享用，外界只知道猴头菇是珍贵食品，对它的有关特性及其烹调方法都不清楚。《临海水土异物志》中记载："民皆好啖猴头羹，虽五肉臛不能及之。"民间更有"宁负千石粟，不负猴头羹"和"多食猴菇，返老还童"的谚语。近代以来，关于猴头菇的记述仍少。中华人民共和国成立后，随着人们对野生猴头菇的驯化和推广人工栽培，市面上供应的猴头菇增多。这种山珍才渐渐进入人们的筵宴，并成为某些菜系的名食。

　　猴头菇分类学上属于担子菌类，多孔菌目，齿菌科，猴头菇属。猴头菇子实体营养丰富，富含多种营养物质，如多糖、维生素、蛋白质、各种微量元素等。据报道，每 100 克干品中含有蛋白质 26.3 克，脂肪 4.2 克，碳水化合物 44.9 克，粗纤维 6.4 克，磷 85.6 毫克，铁 18 毫克，钙 2 毫克。还含有维生素 B_1、维生素 B_2、胡萝卜素和 16 种氨基酸，其中 7 种是人体所必需的。猴头菇味甘性平、利五脏、助消化、抗癌、能治疗神经衰弱，已被广泛应用于医治消化系统疾病，比如消化不良、胃溃疡、食道癌、胃癌等。猴头菇有滋补强身的作用，可供年老体弱者食用。猴头菇的药用价值主要包括以下几方面：抗肿瘤、降血糖和血脂、抗衰老、抗溃疡和抗炎以及提高生物体耐缺氧能力。随着猴头菇的营养及药用价值被认识，消费者对猴头菇的消费需求急增，从而促使人工栽培迅速发展。

第二节　生物学特性

一、形态特征

（一）菌丝体

猴头菇菌丝呈白色、粗壮，紧贴着培养基表面匍匐蔓延，无气生菌丝，菌丝多呈分支状。显微镜观察，菌丝细胞之间有隔膜。

（二）子实体

猴头菇子实体多单生，肉质，圆而厚，无柄，倒卵形，因其状如猴头，故得名。新鲜时呈白色，干燥后淡黄色或浅褐色（图2-1）。成熟鲜子实体直径5～30厘米，基部狭窄，上部膨大，除基部外均密布肉质的刺，刺长1～3厘米，圆柱状，菇刺下垂，外周着生子实层，内有孢子。猴头菇的孢子在适宜条件下便可萌发形成单核菌丝（或称初级菌丝），当单核菌丝结合后形成双核菌丝，

图2-1　野生鲜猴头菇与干制猴头菇形态

双核菌丝有锁状联合。

二、生长发育条件

(一)营养条件

野生的猴头菇是一种生长在枯死的树杈处的木质腐生菌,它自身不能制造养分,完全依赖营养菌丝分解吸收基质内的营养物质而维持生活。猴头菇多见于森林树木不太稠密、空气较为流通、湿度较高的环境中。在酸性条件下,它分解木质素的能力很强。吸收营养时,猴头菇菌丝先分泌出相应的酶,将木材中的木质素、纤维素、半纤维素、淀粉等糖类分解成简单的葡萄糖,然后再吸收利用。凡是含有上述养分而不含有毒有害成分的原料,均可用于猴头菇的栽培。

1. 碳源 主要是有机物,如纤维素、半纤维素、木质素、淀粉、果胶、蔗糖、有机酸和醇类等。一系列农副产品的下脚料均可作为其栽培原料,如稻草、麦秆、木材、锯末、棉籽壳、甘蔗渣、酒渣等。这些碳源,经猴头菇菌丝分泌的酶分解成单糖或双糖后被利用。一般来说,使用富含棉籽壳的培养料,猴头菇产量高、质量好;随着培养基中木屑含量增加,猴头菇的产量降低。

2. 氮源 主要是一些有机氮。猴头菇菌丝和子实体生长优劣和氮源的数量有着密切的关系。在培养基中添加有机态氮的数量,如增加0.5%的蛋白质,则菌丝生长致密,基内菌丝多,子实体形成早;蛋白质含量低时,菌丝生长差,纤细而稀松,子实体形成推迟。不同阶段,对氮源的需求量不同。一般来说,营养阶段碳氮比为20:1,子实体发育阶段碳氮比要高些,一般为(30~40):1。因此,栽培时应在培养基中添加含氮量较高的麸皮、米糠等物质,要注意的是如菜籽饼等物质,蛋白质含量虽然很高,但是由于含有一些不利于猴头菇生长的成分,所以在含有这些原料的培养基中,猴头菇通常表现出营养不良。

3. 矿质元素 无机盐尤其是钾、镁、磷、钙、锌、钼、铁、锰等矿质元素,主要用于提高菌丝的生理活性,也是菌丝及子实体的必要组成部分。因其需求量较小，在添加的有机氮培养料或者其他添加剂中已有，一般不需要特别添加。

（二）环境因子

1. 温度 猴头菇属中温结实性食用菌，各生长发育阶段所需要的温度不同。菌丝体生长阶段需要的温度较高，温度范围为 6～33 ℃，最适温度为 22～25 ℃，低于 16 ℃，菌丝体生长速度缓慢，低于 6 ℃时，菌丝生长停止。温度过高菌丝纤细而稀松，30 ℃以上，菌丝生长虽然快但菌丝细弱，易老化。35 ℃以上则停止生长，甚至死亡。子实体发育温度为 12～24 ℃，最适温度为 16～20 ℃。20～22 ℃菌丝易扭结成菇蕾；温度超过 25 ℃时，原基分化数量明显下降，子实体生长受到抑制；温度低于 16 ℃时，子实体呈微红色或者红色，降低了其商品价值，生长缓慢；低于 6 ℃时，子实体则完全停止生长。温度对子实体的外观形态也有影响，而猴头菇的外观形态直接关系到其市场价值。温度高，则菇刺长，球块小、松，孢子成熟早，易形成分枝，质量差；在一定的低温环境中，虽发育缓慢，但菇刺短，球块大，质量较好。当然，子实体发育的最适温度还与菌株的特性有关。

2. 湿度 水分是猴头菇的主要组成成分，猴头菇菌丝体和新鲜子实体中，水分含量高达 90%。水分是猴头菇生长的必要条件。猴头菇生长发育过程中的一切生化反应都是在水环境中进行的，如营养成分的吸收和运输，酶的分泌，纤维素、木质素等复杂物质的分解利用，都必须有水的参与才能进行。但是，水分过多又会影响培养基内的空气流通，降低培养基内的氧含量，致使菌丝呼吸困难而造成生长不良；另外，培养基的含水量过高还会降低菌丝抗逆能力，并加速其衰老。猴头菇生长发育期间所需要的水分，主要是从培养基中获得，在栽培环境中喷雾目的是提高空气相对湿度，减缓菇体水分蒸发的速度，以维持一定的菇体表层细胞膨胀压。

培养基的含水量与培养基的致密程度也相关，一般来说，培养基质地紧实的，配制时含水量要低些，例如在米糠、木屑培养基上生长时，含水量一般以 45%～60% 为宜。超过 75%，菌丝生长缓慢，菌丝变粗；低于 60% 时，菌丝生长纤细；低于 40% 时，菌丝停止生长。相反，培养基质地疏松的，例如在甘蔗渣培养基中生长时，配制时则要求含水量高些，一般为 60%～65%。总之，疏松通气好的培养料水分应适当增加，反之含水量则应降低。培养料含水量高，菌丝虽然生长快，但菌丝稀、粗、易衰老，易吐黄水。在有生理活性的低含水量环境中，菌丝虽然生长较慢，但抗逆性强，不易衰老，长出的子实体保存时间长。

猴头菇不同的生长阶段，对环境水分的需求也是不同的。菌丝体生长阶段，要求空气相对湿度为 60%～65%，不宜超过 70%。水分含量过高会造成培养基通气不良，菌丝因供氧不足而生长缓慢，且易受杂菌感染；水分含量过低（低于 50%）则因供水不足而减产。子实体发育阶段，空气相对湿度保持在 85%～90% 较合适。如低于 70%，则子实体表面开始失水萎缩，菇体颜色发黄，产量低；如相对湿度长期在 90% 以上，则会造成猴头菇菇刺过长，同时通气不好易发生畸形菇。调整相对湿度时，水质要洁净。一般要求保持地面湿润即可，但不可直接向子实体上喷水，避免子实体吸水过多而腐烂。

3. 空气 猴头菇是一种好气型真菌，依靠有氧呼吸作用分解有机物作为自己生长发育的能量。在其生长过程中，只有在通风良好的条件下，才能保证呼吸和分解作用正常进行。良好的通风条件有利于菌丝体生长和子实体发育，菌丝生长阶段对空气没有过分严格的要求，菌丝生长的二氧化碳浓度为 0.41%～2.45%，只有超过 5.71% 时，菌丝才会停止生长。然而，在子实体发育阶段，对氧的需求量较大，对二氧化碳的浓度十分敏感。通风换气良好，二氧化碳浓度低，子实体生长迅速，猴头菇子实体个头大。通风不良，环境中的二氧化碳浓度升高，易造成猴头菇生长速度减慢，菌柄出现分枝，易感染霉菌，畸形，形成菜花状，不长刺等，降低其市场价值。所以，保持栽培环境中空气流通是获得优质猴头菇的前提。

4. 光线 猴头菇没有叶绿素，不能进行光合作用，不需要直射光线。猴头菇菌丝体在完全黑暗的条件下，可以正常生长发育，较弱的散射光也可以，但是当光照度超过 25 勒克斯时，菌丝生长即停止。但猴头菇原基分化，必须有光刺激。所以子实体的发育阶段需要适量的散射光。特别是菇蕾形成后，需要较强的散射光。光线的强弱影响子实体的色泽。光线太强，对子实体的生长不利，有一定的抑制作用，光照度 1 000 勒克斯以上时，子实体会发红，产量下降，质量变低。一般来说，在栽培环境中，光照度为 200～400 勒克斯时，猴头菇子实体生长健壮、洁白，市场价值最高。

5. 酸碱度　猴头菇是典型的喜酸性食用菌，菌丝中的酶类要在偏酸的环境中才能分解有机质。菌丝生长阶段 pH 一般以 4.0～6.0 为宜，最适 pH 为 5.5。菌丝生长过程中，会不断分泌有机酸，使培养基酸化，抑制自身的分化。因此，在配制培养基时，应适当添加石膏或者碳酸钙等，可对培养基的酸碱度起到缓冲作用。当 pH 大于 7.5 时，猴头菇菌丝体基本停止生长。

第三节　安全高效栽培技术

一、栽培季节

目前猴头菇栽培多是传统设施的季节性栽培，因此栽培季节应根据其生育特性和当地的气候条件来确定。由于猴头菇最佳发育温度为 16～20 ℃，并且菌丝培养阶段需要 15～20 天，因此，确定猴头菇发育期后，再向前推 25～30 天即为栽培袋制作期。

二、猴头菇代料栽培工艺流程

猴头菇子实体的栽培方式主要有段木栽培和代料栽培两种方式。段木栽培因需要大量的木材，现在除少数山区外，已不再推广，代料栽培已是普遍采用的技术。代料栽培采用瓶栽或者袋栽的方式，其生产周期短、产量高，管理方便，经济效益好，在这里重点介绍袋栽法。子实体采收后，常用作鲜销或者干制，可作为保健食品或药物加工的原料。

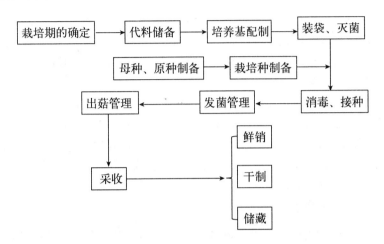

三、栽培管理

(一) 原料选择

一般选择纤维素、木质素含量高的原料，如棉籽壳、花生壳、甘蔗渣等，适当增加一些麸皮或者米糠以及矿质原料。原材料和辅助材料都应洁净、无变质、无农药污染、无病原微生物污染。

培养基配方：

①棉籽壳 80%，木屑 10%，米糠 8%，石膏粉 1%，过磷酸钙 1%；

②玉米芯渣 30%，棉籽壳 25%，麦麸 10%，木屑 10%，米糠 10%，玉米粉 7%，棉籽饼 7%，石膏 1%；

③玉米芯 78%，米糠或麦麸 20%，石膏粉 1%，过磷酸钙 1%；

④大豆秆秆 40%，白酒糟 40%，玉米秸秆 18%，石膏 1%，轻质碳酸钙 1%；

⑤稻草粉 61%，木屑 18%，米糠 18%，石膏粉 1%，蔗糖 1%，过磷酸钙 1%。

（二）栽培场地的选择

由于猴头菇的生长发育对温度、湿度等环境条件要求比较严格，使其栽培场地受到限制。山东省地区栽培猴头菇宜在塑料大棚或温室内进行，菇农也可利用冬季蔬菜大棚、库房、山洞、室内等场地。建造塑料大棚应选地势平坦、靠近水源、环境洁净的地方。大棚规格：东西长 20～25 米（根据栽培规模大小确定），南北宽 8 米，北墙高 2.8 米，南墙高 1.6 米。墙体要厚以利保温，南墙每隔 3 米设窗口以利通风。棚内地面下挖 0.5 米，棚顶采用无滴膜覆盖保温。猴头菇栽培应采取室内培育菌袋，出菇棚吊袋或棚内床架式坐袋出菇的栽培方式。

（三）菌种制备

1. 一级菌种（母种）制作 培养基可采用马铃薯葡萄糖琼脂（PDA）培养基或马铃薯葡萄糖琼脂综合培养基，一般在 25℃条件下 10 天左右长满管。

2. 二级菌种（原种）制作 培养基配方可选用木屑 78%，麸皮 20%，石膏 1%，糖 1%。按配方称取培养料，加水拌匀，调含水量到 60%即可装袋。将培养料装满袋后，压平料面，中间打一孔到底部，塞上棉塞即可灭菌。

3. 三级菌种（栽培种）制备 栽培种的配方与原种相同。可按照原种的制作方法制作栽培种。

（四）菌袋制作

菌袋采用长 55 厘米，对折 15 厘米，厚 0.045 毫米的低压聚乙烯袋，按照常规方法机械或人工装料，填料长度为 40 厘米，每袋装料 1.8～2.0 千克（湿重）。在料中间打接种孔至袋近底部，套上颈环加棉塞封口或用无棉盖封口。装袋后采取常规方法灭菌，冷却后接种。

（五）接种

因为猴头菇原基分化时间较早，为使菌丝尽快发育，应采取两点接种法。先将一小块菌种沿接种穴送入培养料的深部，然后再将另一块较大的菌种固定在接种孔上，以便上下同时发菌。接种完毕后移入发菌室进行发菌。

（六）发菌管理

菌袋进入发菌室后，在适宜条件下，25 天左右菌丝即可长满菌袋。为了使其顺利完成发菌，为高产优质打下坚实基础，在发菌管理阶段应注意以下几点。

1. 堆放菌袋 根据自然气温灵活确定菌袋入发菌室后的堆放方式。气温高时一般单层横排于架上，袋之间要有空隙，菌袋多时，也可采取"井"字形双层排放。气温低时可双层或多层排放。

2. 调节室温 菌袋初入发菌室的前几天，室温应调到 24~26℃，以使所接菌种在最适环境中尽快吃料，定植生长，减少杂菌污染。当菌袋表面出现白色的菌丝时，菌丝开始生长，袋内温度上升，比室温高出 2℃左右，此时应将室温调至 24℃以下。待菌丝长满培养料的 1/3，蔓延直径达拳头大小时，菌袋新陈代谢旺盛，室温以控制在 20~23℃为宜，并可适当打开棉塞，增加供氧以加快菌丝生长速度。

3. 控制湿度 发菌期菌丝依靠基内水分生产，不需要外界供水，所以室内空气相对湿度达到 60% 即可。室内空气湿度较大时，往往会使菌袋棉塞潮湿，导致杂菌滋生。要注意的是发菌需保证黑暗条件，湿度较大需要通风时，宜在夜间进行。

4. 菌袋检查 菌袋入培养室后 3~4 天，一般不宜翻动。7 天后检查菌丝生长情况和有否污染杂菌。一旦发现杂菌污染立即清出菌袋，焚烧或深埋处理以防传染。

（七）出菇管理

菌袋经过 20 多天发菌培养，菌丝达到生理成熟，即从营养生长转入生殖生长，开始猴头菇的生长发育。此时应从如下方面加强管理。

1. 菌袋开口 进入出菇期的菌袋，应立体排放堆高 8~12 层，注意为防止菌袋发热，通常每两层菌袋放一层竹竿，并对菌袋起固定作用。菌袋全部拔掉棉塞或将袋口松开，以增加通气量，促进原基生长。

2. 调整温度 菌袋进菇棚后，温度要调至 14～20 ℃。在适宜温度刺激下，原基很快形成。菇棚内温度低于 12 ℃，原基不易形成，已形成的猴头菇容易发红。温度超过 23 ℃，子实体生长发育变缓慢，菌柄增长，菇体形成菜花状畸形。温度超过 25 ℃，子实体会萎缩死亡。因此菇棚温度调整至适宜的 14～20 ℃是猴头菇栽培成败的关键。

3. 保持湿度 当菌袋进入出菇期后，需要通过向菇棚空间、地面喷水的方式，使菇棚相对湿度达到 85%～90%，保持菌袋料面湿润，保证原基形成以及子实体正常生长发育。如果菇棚相对湿度低于 70%，原基不易形成，已分化的原基会停止生长；如果菇棚相对湿度高于 95%，加上通风不良会造成杂菌滋生，子实体腐烂。

4. 通风 菌袋进入出菇期后，要特别注意菇棚通风换气，保持菇棚空气新鲜。通风少时，会出现畸形菇。通风多时应注意通风与保湿的关系，应先喷水后通风，保证菇棚内空气的相对湿度在 85%～90%，保持空气新鲜，以利子实体正常生长发育。

5. 光照 保持一定光照，子实体形成的生长发育过程中，需要 200～400 勒克斯光照。菇棚光照太强菇体发黄品质下降，影响商品价值；光照太弱会造成原基形成困难或形成畸形菇。

（八）采收与加工

通过上述最佳管理条件的调整，一般从原基形成到采收只需 10～12 天。

1. 采收时间 适时采收是猴头菇优质高产的重要环节。当子实体长到 80%～90% 成熟时，即菇刺长度在 0.5 厘米左右时，即可采收，此时菇体鲜重达到最大，风味最好。如果采收过早，子实体生长不足，产量较低；若采收较晚，则子实体发生纤维化，苦味重。

2. 采收方法 第一种是留柄采收。具体方法是用小刀从袋口处切下菌柄，留下老根（1～2厘米为宜）。残留的菌柄过短会影响下一潮菇的生长；过长，特别是在相对湿度较大的环境中，则会霉烂。第二种是不留柄采收。方法是直接将子实体连根拔起，用工具去掉袋口的老菌丝。用这种方法采收后的猴头菇，虽然下一潮菇体生长会推迟2～3天，但菇质好。

3. 采收后处理 第一潮菇采收后，将料面的残菇、老的培养基清理干净。停止喷水3～4天，之后每天保持相对湿度80%左右，注意通风使菌丝体获得充足的新鲜空气，以利于菌丝恢复，一般10天左右，第二潮菇蕾又会形成。注意温度、湿度、通风、光照等方面的管理，可获得三、四潮菇。

4. 采收后加工 猴头菇的加工方式主要有干制、盐渍、罐藏以及疗效药品的加工。

四、常见问题分析与处理

（一）猴头菇栽培过程中常遇到的病害及虫害

常遇到的病害：绿霉、毛霉、根霉、链孢霉、青霉、曲霉等真菌病害。

病害发生的原因：①培养料有霉块，灭菌不彻底；②菌种质量不好导致污染；③无菌操作接种不严格接入杂菌；④菌袋质量不好，装袋、运输过程中扎袋；⑤发菌环境杂菌多、条件差、湿度大、通风差导致污染；⑥出菇棚温度高、通风差导致污染。

常遇到的虫害：螨类、跳虫、菇蚊、线虫等。

虫害发生的原因：出菇棚周围环境差，有虫源；出菇棚内不卫生，不及时清理废料、烂菇等均导致虫害。

（二）猴头菇栽培过程中应注意环节

需注意以下环节：①选好址，保持菇棚周围环境干净，菇棚要远离动物养殖场、垃圾场、污水源；②选好培养料，处理好培养料，要选择新鲜、无霉变、无结块的培养料，如果培养料有霉块一定要清除，同时将培养料在阳光下暴晒3～5天，利用紫外线杀死杂菌；③选择质量好的菌种，一定要从有质量保证的单位购买菌种；④接种时严格无菌操作，减少这一环节污染；⑤发菌室（棚）周围环境干净，发菌前要消毒，室内空气相对湿度不能超过65%，发菌过程要经常通风，保持空气新鲜，发菌过程要控制袋温20～25℃，棚温18～22℃；⑥猴头菇出菇适宜温度14～20℃，出菇棚温度高时，应采取降温措施，同时要通风防治污染。

（三）常见猴头菇畸形类型、原因、防治

1. 无刺菇　是由于通风差、温度高、湿度低造成的。防治方法：子实体生长发育期间保持温度15～22℃，空气相对湿度90%，保持菇棚空气新鲜。

2. 珊瑚丛型菇　是由于菇棚通风差，二氧化碳浓度高造成的。培养料中含有芳香族化合物时也会出现。防治方法：子实体发育期间注意通风换气，保持菇棚空气新鲜。选择培养料时应注意尽量不使用或少使用木屑。对已出现的珊瑚丛型菇要清除，然后重新培养正常菇。

3. 长刺松散型子实体　菇刺细长，球块小而松软，且往往呈分枝状。主要是温度过高所致。防治方法：子实体分化和生长期间，一定要维持菇房18～22℃的适宜温度。

4. 刺粗散乱型　菇刺粗长而且散乱，球块分枝、小或不形成球块。原因是菇房空气相对湿度大于95%和通风不良。防治方法：在适宜条件下培养，菇房空气相对湿度不要超过95%，根据情况适当通风换气，喷水时不要把水洒在菇体上。

5. 菌柄细长型　菌柄较长且细，不但影响菇形，而且降低了可食部分的含量。发生原因：子实体原基开始分化时，遇到高温天气，菌丝营养生长，难以形成菇蕾，促使菌柄伸长；培养料装的少，料面距瓶口或袋口较远，往往形成柄菇。防治方法：保持菇房温度在25℃以下，同时注意通风换气；袋栽时，剪掉袋头或在扎口旁割口。

6. 基部狭长型　子实体基部狭长，不呈圆筒形。原因是菇房光线不足或光线不均匀。防治方法：给予200～400勒克斯的散射

光线或人工补光。

（四）黄斑和烂菇

在出菇期通风差、湿度大、温度高容易出现黄斑和烂菇。防治方法：菇棚温度控制在 15～20 ℃，相对湿度控制在 90％，菇体上没有水珠，经常通风保持菇棚空气新鲜。

（五）猴头菇子实体发黄

猴头菇子实体发黄主要原因：第一与湿度有关，菇棚内湿度小，通风时间长或通风时外界风大，菇体湿度降低，子实体发黄；第二与光照度有关，光照度大、光照时间长子实体发黄。防治方法：菇棚内相对湿度控制在 90％，通风时外界若有风，应缩短通风时间，或通风前先向菇棚内喷水增加湿度，确保通风时菇体不发黄；保证 200～400 勒克斯光照即可。

第三章　银耳安全高效栽培技术

第一节　概　　述

一、学名及分类学地位

银耳（*Tremella fuciformis*），又名白木耳、雪耳、银耳子等，在分类学上隶属于真菌门，担子菌类，层菌纲，银耳目，银耳科，银耳属。

二、栽培概况

中国是银耳栽培的发祥地，也是世界上最早认识和利用银耳的国家。中国银耳栽培大体上经历了三个重要阶段，即天然孢子播种阶段（清朝至 1940 年前后）；银耳孢子液即酵母状分生孢子悬浮液人工接种阶段（1940—1970 年）；银耳混合菌丝接种阶段（1957 年至今），这个阶段按照栽培基质划分为段木栽培和代料栽培，根据栽培容器不同，代料栽培又分为瓶栽和袋栽两种方式。

我国是世界上银耳产量最大的国家，传统银耳产地以福建和四川通江为主，古田被称为"中国银耳之乡"。近年来，山东、江苏、江西、河南、河北、安徽等地均有不同规模的发展。

三、食、药用价值

银耳是我国著名的滋补品，具有很高的药用价值。历代中医药学家认为：银耳有"滋阴补肾、润肺止咳、和胃润肠、益气和血、补脑提神、壮体强筋、嫩肤美容、延年益寿"之功能。现代医学表明，银耳含有酸性异多糖、中性异多糖、有机铁等化合物，能增强人体免疫能力，起扶正固本作用，对老年慢性支气管炎、肺源性心脏病等疾病有显著疗效，还能提高肝脏的解毒功能，起护肝作用。

随着人们对银耳认识的逐步深入和保健意识的增强，银耳产品的市场需求日益增大。过去银耳限于广东、江苏、浙江等南方诸省消费，如今遍及大江南北，成为全国城乡亿万百姓餐桌上的大众化菜肴，销量不断扩大。

第二节　生物学特性

一、形态特征

（一）菌丝体

银耳菌丝为多细胞分枝状菌丝，担子形状卵形或近球形，"十"字形垂直分割成 4 个细胞。担孢子萌发时直接长成菌丝或以芽殖的方式生成酵母状分生孢子。菌丝白色，较细，菌丝直径 1.5～3 微米，有横隔和锁状联合，菌丝生长慢，并有时会缠结成菌丝团然后胶质化。菌丝分为单核菌丝、双核菌丝和结实性双核菌丝等，单核菌丝每个细胞中含有一个细胞核，双核菌丝每个细胞中含有两个细胞核，结实性双核菌丝可产生子实体并易胶质化。

（二）子实体

银耳子实体单生或群生，由多片呈波浪曲折的耳片丛生在一起，呈菊花形或者鸡冠形，大小不一（图 3-1）。在子实体的上下表面，均覆盖有子实层，子实层由无数的担子组成。新鲜时白色半透明膜状，略带黄色，不分叉或顶端分叉。晒干后的银耳子实体呈白色或米黄色，胶质，硬而脆（图 3-2）。

图 3-1 银耳外部形态 图 3-2 干制银耳外部形态

二、生态习性

自然界中银耳是从枯死阔叶树的木材中分解吸收营养物质的。它没有叶绿素，不能进行光合作用，是一种腐生菌。银耳属于中温型食用菌，耐寒能力极强。银耳生长过程中需要适宜的温度、水分以及充足的氧气，另外，其菌丝生长和子实体发育都需要一定的散射光，属于好氧、喜光的食用菌。

银耳几乎不具有分解纤维素、木质素的能力。在自然界中，银耳生活史的完成需要"香灰菌"协助。香灰菌，也称羽毛状菌，是一种子囊菌，属于伴生菌，能够分解纤维素，具有明显的协同作用。借助香灰菌菌丝分解基质，把银耳菌丝无法利用的材料变成可利用的营养成分，提供营养物质，银耳才能完成生长和发育。

三、生长发育条件

（一）营养条件

银耳是一种分解木材能力较弱、生育期较短的胶质菌，是一种较为特殊的木腐菌。银耳菌丝只能利用较为简单的碳源，如葡萄糖、蔗糖、麦芽糖等，不能利用纤维素、木质素等，不能在木屑培养基上生长，需要借助香灰菌。银耳培养时能利用有机氮，不能利用无机氮。银耳菌丝生长还需要一定的无机盐类。在栽培时，培养基中加入含过磷酸钙或香灰菌菌丝的木屑培养基抽提液，能明显促进银耳孢子的萌发。

(二) 环境条件

1. 湿度 银耳属于喜湿性食用菌。不同的发育阶段对水分的要求不同。菌丝体生长阶段段木培养基含水量以 35%～50% 为宜；木屑栽培时培养基的含水量以 65%～70% 为宜。子实体发育阶段，树皮的含水量以 45%～50%、木质部的含水量以 40%～45% 为宜。空气中的相对湿度以 85%～95% 为宜。如果湿度不足，会导致细嫩的耳基和已经形成的子实体萎缩。

2. 温度 银耳属于中温型的恒温结实性食用菌。栽培环境保持恒定的温度有利于子实体的形成和发育。银耳的耐寒性很强。其孢子在 15～32 ℃ 均能萌发形成菌丝，其中最适温度为 22～25 ℃。菌丝在 6～32 ℃ 范围内可以生长，以 22～25 ℃ 最为宜，低于 18 ℃ 菌丝生长缓慢。子实体生长的温度范围为 18～25 ℃，在 20～25 ℃ 生长最好。低于 18 ℃，生长缓慢，高于 28 ℃，形成的子实体朵型较小，耳片薄，耳基易腐烂。

3. 空气 银耳属于好气性真菌。不论是在菌丝生长阶段还是在子实体发育阶段，对空气的新鲜度要求都很高。在菌丝生长阶段，培养料的含水量影响着培养料底部的氧气供应，菌丝生长受到抑制；发菌室如果通风不良，虽然还不至于缺氧，但是由于培养料水分蒸发，必然会提高空气相对湿度，造成接种口的杂菌污染；如果通风过多，接种口过分蒸发失水，影响原基形成。在出耳阶段，耳房中的二氧化碳浓度严重影响子实体的形成。二氧化碳浓度过高，氧气不足时，子实体成为胶质团不易分开，形成的银耳无商品价值。因此，银耳栽培时，通风保持空气新鲜度十分重要。

4. 光照 银耳菌丝发育生长期不需要光线。子实体分化发育过程中需要有少量的散射光，黑暗环境中，很难形成子实体。在足够的散射光下，子实体发育良好，有活力。但是，直射光不利于子实体的发育。需要注意的是，在银耳接近成熟的 4～5 天里，应尽量保持明亮，这样有利于提高银耳的品质。

5. 酸碱度　银耳菌丝在 pH 为 5.2～7.2 的范围内均能生长发育，以 pH 为 5.2～5.8 最为适宜。人工栽培时，培养基的 pH 一般在 6.0～6.5，适合银耳的生长。尽管在银耳菌丝（包括香灰菌菌丝）生长过程中会分泌一些酸性物质使培养料酸化，但是实践证明，出耳时培养料的 pH 一般在 5.2～5.5，仍在最适 pH 范围之内。

6. 生物因子　银耳菌丝在自然界内不能单独生长发育，要完成它的生活史，除了满足上述条件外，还必须要有香灰菌菌丝帮助分解木材，提供营养物质。另外，香灰菌菌丝的存在，还有利于银耳担孢子的萌发，利于银耳菌丝在木材中的定植和蔓延生长，有利于银耳子实体的发育。所以，没有香灰菌，银耳就不能在自然界中生存。

第三节　安全高效栽培技术

一、季节选择

我国幅员辽阔，各地气候相差较大，在选定栽培季节时，要因地制宜。银耳属于中温型食用菌，在自然条件下，以每年春秋两季进行为宜。如果室内控温生产，可常年进行多次栽培。若采用自然条件生产，在选择栽培季节时，必须考虑出耳期间当地的气候特点。银耳从接种到出耳，整个生产周期为 35～40 天，菌丝生长为 15～18 天，要求温度不要超过 30 ℃，子实体生长为 20 天左右，要求生长温度为 27 ℃左右。

二、银耳菌种的制备

银耳生产上所用的菌种包括银耳菌丝和香灰菌菌丝两种。由于银耳各级菌种的生产方法与一般食用菌不同，在此需要特别加以介绍。

（一）菌种生产的基本原理

1. 银耳菌丝特点　不能降解天然材料中的木质纤维素，在木屑培养基中不能生长；生长速度极慢，仅在耳基周围或接种部位数厘米内生长，远离耳基、接种部位处没有银耳菌丝；银耳菌丝易扭结、胶质化形成原基（耳芽）；耐旱，但不耐湿，可在干燥环境中存活 3 个月。

银耳菌丝的分离方法：在耳基、接种部位附近取材，放于干燥器内 2～3 个月，然后取一小块移入 PDA 斜面上，22～25 ℃培养 10～15 天可获得白色的银耳菌丝。

2. 香灰菌菌丝特点　香灰菌菌丝生长速度极快，不仅在耳基周围或接种部位生长，远离耳基、接种部位处也有生长；香灰菌菌丝生长的后期会分泌黑色素，使培养基变黑；香灰菌菌丝不耐旱，基质干燥后即死亡。

香灰菌菌丝的分离方法：在远离耳基、接种部位取材，勾取一小块基质移入 PDA 培养基，25 ℃下培养 5～7 天，培养基颜色变黑即为香灰菌。

（二）一级菌种（母种）制备

在 PDA 斜面上接种一小块银耳菌种，放于 22～25 ℃下培养 5～7 天，可见到接种块长成白色绣球状，再在离银耳接种块 0.1～1 厘米的位置处接种一小块香灰菌菌种，继续放在 22～25 ℃下培养 5～7 天即可。

（三）二级菌种（原种）制备

采用木屑培养基，其配方为：木屑 78%，麦皮 20%，蔗糖 1%，石膏 1%，料水比 1：(1.0～1.2)。装入瓶或袋中，量要少，只装半瓶或者半袋即可。塞棉花塞后灭菌，冷却后接入银耳和香灰菌混合后的母种，一般每支母种接种一瓶或者一袋二级菌种。放于 22～25 ℃培养 15～20 天，料面会有白色菌丝团长出，并分泌出黄水珠，随后胶质化形成原基。

（四）三级菌种（栽培种）制备

栽培种的培养基配方与原种相同。栽培种接种时，先处理原种，即用接种勺把原种表面的耳芽耙弃，捣碎料面坚实的一层（这层长有银耳菌丝，下层疏松，没有银耳菌丝，应注意区别），耙取少量的下层疏松料与之混合捣碎。取一小勺原种移入栽培种培养基，振荡使菌种均匀分布于料面。一般每瓶或每袋原种可接 40～60 瓶（袋）栽培种。接种后置于 22～25 ℃下培养 15～20 天，与原种一样，料面也会有白色菌丝团长出，并分泌黄水珠，随后胶质化形成原基。

三、栽培管理

和其他食用菌相比，银耳的人工栽培要复杂些。目前人工栽培银耳的方法有两种，即段木栽培和代料栽培，其技术均已成熟。段木栽培银耳的质量较高，表现在泡发率高、糯性强、耳片开张度好、质脆。此法适宜在森林资源丰富的地区栽培，但对树种要求较严格，单位产量低。代料栽培又可分为瓶栽和袋栽。袋栽是在瓶栽基础上发展起来的新工艺，是现阶段广泛采用的栽培方法。以下分别对两种方式进行介绍。

（一）段木栽培

1. 耳木的选择   适宜银耳生长的树种称为耳木。除松、柏、杉以及含有大量芳香油的樟树外，大多数的阔叶树都可以栽培银耳。优良的耳木应该具备以下几个条件：①生长快，数量多，易造林；②边材发达，心材小，材质疏松，直径在 5～10 厘米，树龄在 3～5 年；③树皮厚度适中，栽培前期不易脱落；④不易滋生杂菌。

2. 耳木的砍伐期   从树木进入冬季休眠期到翌年新芽吐绿之前为砍伐的最佳时期。挑选大的树木砍伐，留下小树继续生长。耳木砍倒后，只留下树干和粗的枝条，把枝梢全部剃去。

3. 耳木截断   为了便于搬运和栽培管理，应把耳树截成适宜长度。截断长度大体标准为段木长约 1 米，为防止杂菌感染，段木两端及伤口要涂 5％的浓石灰水溶液，放到通风干燥、遮阳的地方备用。

4. 场地的选择 场地条件的好坏与银耳在段木中生长的好坏有密切的关系。一般选择耳木资源丰富，靠近水源，空气流通，温度和湿度适宜银耳生长发育的地方。

5. 菌种选择 优良银耳菌种必须具备的条件：①香灰菌菌丝粗壮，生长迅速，爬壁力强，灰白色并伴有黑疤；②银耳菌丝侵入木屑培养基中，能形成胶质耳片，耳基大，耳片透亮，有活力；③木屑培养基中除了香灰菌菌丝外，还含有大量的银耳酵母状分生孢子；④无任何病虫害和其他杂菌。

6. 接种 气温稳定在 15～18 ℃时接种为宜。接种方法：用打孔机或电钻在段木上钻成"品"字形或者梅花形接种穴，一般穴距 8～10 厘米，行距 3～5 厘米，孔径 1～1.2 厘米，孔深 1.2～1.5 厘米，打穴后立即加入木屑菌种，并将消毒过的树皮盖在接种穴上，接种穴的盖要用石蜡封严。

7. 培养 接种后，把段木原地堆垛或搬到室内叠成紧密的"井"字形（图 3-3），上面和周围盖上塑料薄膜进行保温保湿，使木屑中银耳菌丝和香灰菌菌丝迅速生长到段木中，每隔 10～15 天进行翻堆一次，并对段木的位置进行调换。翻堆时应小心轻放，挑出污染的段木（图 3-4）。在接种后的 30～45 天之内，可不必喷水。过早喷水，长出的银耳耳片会很小。

图 3-3 "井"字形排堂方式　　图 3-4 适宜银耳栽培段木的选择

8. 排堂 排堂指对发好菌的段木进行排放。发菌 40 天左右即可开始喷水，喷水后银耳就开始从接种穴长出。为了使银耳在适宜的条件下继续生长，此时应把段木排开。排开的形式视环境条件和空间大小而定。较干燥的地点，一般用石垫底，上面撑上毛竹或杂木棍，然后把发好菌的段木平放其上，上面再枕

图3-5　"人"字形排堂方式

上两根直径较大的段木，这两根段木上再平放若干段木。较湿的场所，可用"人"字形架式（图3-5），或使段木一头着地，一头架空。

9. 出耳管理　排堂至采收期间的主要管理工作是喷水、通风和病虫害防治。室外栽培，气候较干燥时，每天早晚应各淋水一次。气候较湿润时，应根据干湿情况适当喷水。室内栽培，根据耳房中水分蒸发的快慢，确定喷水的次数和喷水量。所使用水的水质一定要十分洁净，否则会造成水中微生物在银耳表面繁殖，造成烂耳。

10. 采收　耳片充分展开，白色透明，呈菊花形或牡丹花形，手触之有弹性或有黏液为成熟标志即可采收。采收前1天停止淋水，让银耳稍微风干收缩，用指甲或竹片刀把成熟的银耳切下，留下耳基使之再生。采收后，段木停止喷水3～7天，应先让耳基切口愈合，然后喷水使之再生。若接种穴的耳基生长不良，应把接种穴内侧用利刀刮去一层，让下面的菌丝长上来，长成新的银耳。

（二）代料栽培

银耳代料栽培，是指用各种农林副产品的下脚料，如木屑、甘蔗渣、棉籽壳、花生壳等为主要原料，并辅以其他营养成分进行袋栽或者瓶栽，其中袋栽生长周期短、产量高，管理方便，经济效益好，在此重点介绍。

1. 工艺流程

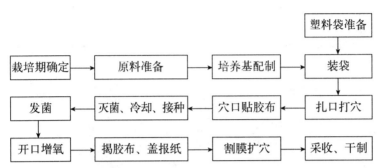

2. 培养料的选择 一般选择含纤维素、木质素高的原料，如木屑、棉籽壳、花生壳、甘蔗渣等，适当增加一些麸皮或者米糠以及矿质原料。原材料和辅助材料都应洁净、无变质、无病原微生物污染。常用的培养基配方：

①木屑 74%，麸皮 22%，石膏 2.8%，硫酸镁 0.2%，蔗糖 1%；

②棉籽壳 77%，麸皮 20%，过磷酸钙 1%，石膏粉 1%，蔗糖 1%；

③木屑 50%，甘蔗渣 30%，麸皮 18%，石膏粉 1%，蔗糖 0.8%，硫酸镁 0.2%；

④木屑 48%，棉籽壳 28%，麸皮 20%，过磷酸钙 1%，石膏粉 1.8%，蔗糖 1%，硫酸镁 0.2%。

配制方法：先将可溶的蔗糖、硫酸镁同时溶于水中；再将木屑、麸皮或米糠、石膏粉按配方的比例称好，拌均匀；把两者混合，搅拌均匀，加水，使培养基的含水量为 55%～65%，即可装袋。

3. 装袋灭菌 灭菌用的塑料袋宽 12～15 厘米，把配好的培养基装入塑料袋中。把装满培养基的塑料袋略为压扁，在袋子压扁的两侧面，用专用打孔器等距离钻 4～5 个孔穴。孔径 1.2 厘米，深 1.5 厘米，孔口用胶布密封。培养基装袋不宜过紧，过紧菌袋透气性差；若装得太松，接穴口容易感染杂菌。装袋后，菌袋立即灭菌（图3-6、图3-7）。

图3-6　采用机械化设备装袋　　图3-7　代料栽培银耳

4. 菌种的选择　要求使用出耳率高，朵型大，色泽白，开片快的优良菌株。原种培养时间应控制在20天左右，瓶内出现白色毛团后就可以用于接种。

5. 接种　培养基灭菌后，趁热把袋子搬到消毒过的接种室或者冷却室内冷却。当袋内培养基的温度降到30℃以下时，就可以开始在无菌条件下接种。接种时可多人配合，一人撕起穴口上的胶布，另一人接种，随后前者负责把胶布粘回接种穴（图3-8）。接种时要注意，穴内菌种要比胶布凹

图3-8　接种室人工合作接种

1～2毫米，这样有利于银耳白毛团的形成并胶质化形成原基。

6. 菌丝培养　接种后，把菌袋移入发菌室中进行菌丝培养，堆垛时可按"井"字形排放在发菌室内。堆高1～1.3米，不超过1.5米。如果温度较高，每层可排较少的菌袋，以利于散热。

接种后的1～4天为菌丝定植期，此时要保持培养室干燥，空

气相对湿度控制 60％左右，以便减少早期污染。注意保证种穴胶布密封，温度控制在 25～28 ℃，使香灰菌菌丝迅速生长、定植、蔓延。如果发现胶布翘起应及时粘好，避免杂菌污染，也避免接种块失水影响菌丝萌发和后期原基的形成。

经过 1～4 天的培养，接种块萌发出菌丝并吃料定植，随后进入快速生长时期。随着菌丝的生长，菌袋内部会发热，此时培养室的温度须控制在 24～25 ℃，同时还需要改变堆形，以利于散热。为了避免"烧堆"，接种后的 5～7 天，翻堆 1 次。在翻堆过程中详细检查杂菌污染，污染的菌袋及时捡出。

经过 10 天左右的培养，菌斑直径可达 10 厘米，穴与穴之间菌丝交接，这时袋内的氧气基本耗尽，菌丝生长受阻，需要揭胶布通气。揭胶布之前，发菌室要进行消毒。通常是喷洒杀虫剂杀虫，并用甲醛熏蒸消毒，需密闭耳房 2 天，随后把培养 10 天左右的菌袋搬入耳房排在床架上，菌袋间隔5～10 厘米，给随后的子实体生长留下空间。揭胶布通气的方法：把胶布的一角撕起，卷折成半圆形，再把胶布边贴于袋面，形成一个黄豆粒大小的通气孔，让氧气透入袋内。揭胶布时要注意，菌袋间通气的孔口要求朝一个方向，以便在喷水时避免水雾直接喷入接种穴。揭胶布后 12 小时就要开始喷水，控制喷水量及喷水次数，控制耳房空气相对湿度为80％～85％。此时温度应保持在 20～25 ℃。若温度超过 28 ℃时，可以直接在袋子表面喷一点水，并加强通风，以降低袋温。在较低的室温下，要适当用蒸汽或煤炉加温。若用煤炉加温，必须把二氧化碳排出室外，以免抑制银耳菌丝和香灰菌菌丝的生长。在一般情况下，接种 15～20 天就开始出耳，进入子实体发育期。当每袋接种穴中出耳超过一半时，就应该把胶布全部撕掉，移入耳房进行出耳管理。

7. 出耳管理

①耳房建设。应选择通风良好、干净卫生、保温保湿的房间作为出耳房。在耳房内用竹、木搭床架，床架宽70 厘米，长根据耳房确定；层间距30～35 厘米以上，底层离地 30 厘米以上，顶层离

屋顶 60 厘米以上。搭 8～9 床架，床架无需用隔板，利于床架之间空气对流。耳房门窗需要安装纱网防虫。

②出耳管理。揭胶布通气后，菌丝呼吸作用加快，室内二氧化碳浓度增加，因此需要注意加强通风换气。每天结合喷水进行通风，即在喷水前打开门窗，喷水后继续通风 30 分钟再关闭门窗。若气温高于 25 ℃，通风窗可稍开不关，但需要加强喷水，保持空气相对湿度。

揭开胶布通气后 2 天，在接种穴内会开始出现黄水珠，这是出耳的前兆。如果黄水分泌过多，可把菌袋侧放，让黄水流出，或用干净纱布、棉花把黄水吸干。

当接种穴内白毛团胶质化形成耳芽时全部揭去胶布，并用锋利小刀沿着接种穴边缘割去约 1 厘米左右的塑料膜，使穴口直径达到 4～5 厘米。割膜扩穴时，切勿割伤菌丝体。随后在菌袋上盖一层旧报纸，经常在报纸上喷水，保持报纸湿润，但不要积水。每天掀动报纸一次进行通风换气。

原基形成后，耳房温度控制在 23～25 ℃ 为宜。温度低于 18 ℃，耳芽成团不易开片；温度高于 30 ℃，耳片疏松、薄，耳基容易烂。子实体发育期间，空气相对湿度控制在 90%～95%。低于 80%，分化不良，色泽黄；高于 95%，耳片舒展，色白，但易烂耳。扩穴后，每隔 4～5 天应把覆盖的报纸取下，在太阳下暴晒消毒，同时也让子实体露出通风 8～10 小时，再盖上报纸保湿。这样干湿交替，有利于子实体生长健壮。

在子实体形成和发育期间，需要有一定的散射光。通常在面积 15 米² 的耳房中安装 3～4 只日光灯用以补充光线，会使银耳开片好、肥厚，色泽白，有活力，产量高。

经过 10 多天的出耳管理，子实体可长到 12 厘米左右，进入成熟期。这一阶段需要适当降低空气相对湿度，保持在 80%～85%，减少喷水量，并且延长通风时间，当耳片完全展开、疏松、弹性减弱时即可采收。

8. 采收与干制 当耳片开齐，已停止生长时，就应该及时采收，一般在接种后35天左右。采收时用不锈钢刀片或竹片刀切下。采收第一潮银耳后，应及时进行检查。把不可能再生的菌袋淘汰掉（如果银耳采收后能分泌清黄水，就有再生的可能性），留下可能再生的菌袋。将留下的菌袋放在20~25℃的条件下培养，同时停止喷水。2~3天后，耳基开始隆起白色的耳片，这时就可以恢复正常的喷水。10天以后，即可以采收第二潮。

采收后的银耳可直接在太阳底下晒干，或用脱水机烘干。晒干的银耳色泽白而略带米黄色，烘干的银耳多呈金黄色。两者并无明显差别，但烘干的银耳商品性不如晒干的银耳好，且烘干的银耳折干率比晒干的银耳低5％。

（1）晒干法。先准备竹帘，晾晒，选择晴天采收，当天出晒，排放时使耳基向下，不可重叠，一般需4~5天暴晒，方可晒至足干。

（2）脱水机烘干法。脱水时，先将银耳耳片向上排放烘晒上，送入烘干室，点火开机。始温控制在30~45℃，并增加排气，持续4~5小时。当耳片接近干燥，仅耳基尚未全干时，可将温度降至35~40℃，并减少排气，直至全干。在烘烤过程中，要注意温度，如果前期温度过高，水分排出过慢，则烘干后银耳颜色变黄；后期温度太高，则易烤焦。

（三）病虫害防治

在栽培银耳过程中，危害最大的是链孢霉菌。链孢霉菌菌丝开始为白色后转橘黄色，形成一团团粉孢，粉孢随风传播极快，在高温季节仅几小时即可萌发生长大量菌丝。此外，还有青霉、木霉、毛霉、绿霉、白霉等。

霉菌污染主要以防为主：①缩短拌料装料时间，装袋后立即上锅灭菌；②彻底消毒接种环境，严格按照无菌要求接种；③对发菌室及耳房进行环境消毒，对操作人员进行无菌意识培训；④对发现霉菌污染的菌袋，要及时处理，烧毁或深埋。

害虫主要有食蛤螨、谷盗、线虫等，害虫主要大量咬食菌丝及子实体，防治办法主要是每次栽培前，用低毒环保农药彻底消毒房间。

第四章　姬松茸安全高效栽培技术

第一节　概　　述

一、学名及分类学地位

姬松茸（*Agaricus brasiliensis*）又名巴西蘑菇、小松菇、小松口蘑、阳光蘑菇、柏氏蘑菇等。属担子菌类，层菌纲，伞菌目，蘑菇科，蘑菇属。

二、经济价值及栽培概况

姬松茸属中温偏高温食用菌，原产于北美南部和巴西等南美地区。1975 年，日本室内高垄栽培法首次获得成功，经改良确立了现在的大规模人工栽培方法。1992 年，福建省农业科学院引进了该菌种，江枝和、杨佩玉对姬松茸进行了全面的研究，并在国内首次人工栽培成功。

姬松茸栽培的方式主要有袋栽、箱栽和床栽。江枝和等研究认为，箱栽产量最高，平均生物学效率达 39.11%；其次是床栽，生物学效率为 29.13%；袋栽的产量最低，平均生物学效率仅16.8%。床栽的产量比箱栽低，但是成本低，方便省工，适合国内栽培条件。任爱民等在介绍姬松茸特征特性和对环境条件要求的基础上，从栽培季节、栽培设施、培养料配方、培养料堆制、播种、发菌管理、覆土、出菇管理、采收和转潮、病虫害防治等方面总结出了一套适合西北地区栽培姬松茸的技术，平均产量达每平方米6~8 千克。殷需瑶等也探索出了适于北方大棚栽培姬松茸的生产技术。另外，利用双孢蘑菇工厂化栽培设备进行姬松茸的周年化栽培试验推广，也促进了姬松茸产业的发展。

福建省农业科学院江枝和、肖淑霞等通过辐射育种选育出产量高、品质优、镉含量低的姬松茸低镉品种 J_3，该成果获得了福建省 2006 年度科学技术二等奖。胡润芳通过组织分离和孢子培养，选育出子实体白色、遗传性状稳定、产量高、商品性状好的姬松茸新菌系白系 1 号。

姬松茸干品具有浓郁杏仁香味，美味可口，含有多种营养物质，多糖和蛋白质极为丰富，特别富含精氨酸和赖氨酸。近年来，姬松茸已被医学界证实具有抗癌作用。我国已加强了对姬松茸的药理成分、功能物质的作用机制等多方面的研究。姬松茸的抗肿瘤成分有多糖、核酸、外源凝集素、甾醇和脂肪酸，研究最多的是多糖。研究表明，菌丝体的粗蛋白质、粗多糖含量均略高于子实体，氨基酸含量与子实体相似。姬松茸菌丝体多糖和子实体多糖均有抗肿瘤活性。另据报道，曹剑虹等将姬松茸的提取物 E-1 灌入小鼠胃内，对小鼠移植性肿瘤 S180 有明显的抑制作用。

三、市场前景分析

从整体上说，我国的姬松茸生产处于较好的状态，价格逐步趋于稳定。通过对姬松茸多年发展的态势分析，发展姬松茸产业不仅要加强基础科学、加工的研究与应用，加速国内市场的培育步伐，还要发挥宏观调控机制的指导作用，有步骤、分阶段发展，切忌盲目上马，逐步建立规范化栽培模式，使姬松茸栽培朝着高产、优质、高效的方向迈进。

第二节 生物学特性

一、形态特征

姬松茸由菌丝体和子实体两部分组成。菌丝体是营养器官，菌丝白色，绒毛状，气生菌丝旺盛，爬壁力强，菌丝直径为5～6微米。菌丝体有初生菌丝、次生菌丝两种。菌丝不断生长发育，各条菌丝之间相互连接，呈蛛网状。

子实体是繁殖器官，能产生大量担孢子，即生殖细胞。子实体由菌盖、菌褶、菌柄和菌环等组成。子实体单生、群生或丛生，伞状。菌盖直径3.4～7.4厘米，最大的达15厘米。原基呈乳白色。菌盖初时为浅褐色，扁半球形，成熟后呈棕褐色，有纤维状鳞片（图4-1）。菌盖厚0.65～1.3厘米，菌肉白色，菌柄生于菌盖中央，属中央生，近圆柱形，白色，初期实心，中后期松至空心。柄长5.9～7.5厘米，直径0.7～1.3厘米，一般子实体单朵重20～50克，大的达350克。菌褶是孕育担子的场所，位于菌盖下面，由

图4-1　姬松茸子实体

菌柄向菌伞边缘放射状排列，白色，柔软，呈刀片状。成熟后慢慢会产生斑点，生长后期变成褐色。菌褶宽2～5毫米，菌褶初期为粉红色，后期呈咖啡色。菌褶表面着生子实层、担子和囊状体，经扫描电镜观察，担子无隔膜，棍棒形，外表有不规则网状形纹饰，囊状体长圆柱形，大小5.3～10.9微米。顶部有4个瓶状小梗，每个梗上着生一个短椭圆形担孢子，大小3.67～4.33微米，孢子光滑，孢子印棕褐色。

二、生态习性

姬松茸是夏秋发生的一种中温偏高温食用菌，原产于美国加利福尼亚州南部和佛罗里达州海边含有畜粪的草地上，以及巴西东南部圣保罗市周边的草原，秘鲁等国也有分布，我国吉林、黑龙江、云南、广西、四川、西藏也有这种野生菇。

姬松茸是一种腐生菌、好氧菌，具有很强的分解基质能力，其

菌丝能分泌胞外酶降解纤维素、半纤维素等物质。姬松茸菌丝生长不需要光线,子实体形成最好能有散射光的刺激。

三、生长发育条件

(一)营养

营养是姬松茸子实体形成的物质基础。姬松茸是一种腐生菌,属于粪草生食用菌,不能进行光合作用,完全依赖吸收培养料中的营养物质生长发育。

1. 碳源 姬松茸的碳源主要来自稻草、麦秸、棉籽壳、玉米芯中的纤维素、半纤维素等有机物。在制备 PDA 培养基时,一般加葡萄糖或蔗糖等碳源。

2. 氮源 牛粪、猪粪、豆饼粉、麦麸、菜饼、尿素、碳酸氢铵、复合肥等通常作为姬松茸的有机氮来源。姬松茸菌丝可吸收利用麦麸、玉米粉、花生饼中的氮素,也能利用铵态氮,如硫酸铵、氯化铵。

研究发现,姬松茸营养生长阶段所需的氮以 1.27%~2.42% 为宜。若含氮量低于 1.27%,菌丝生长受到影响;子实体发育阶段,培养基中含氮量以 1.48%~1.64% 为宜,高浓度的氮反而对子实体的分化和生长不利。

碳源和氮源的比例即碳氮比(C/N),是姬松茸子实体生长发育中的一个重要营养指标。试验发现,在菌丝生长阶段,碳氮比以(30~33):1 为好;在生殖生长阶段,最适宜的碳氮比是(40~50):1。氮含量过高会抑制原基分化,而原基发育取决于培养料的碳含量和氮含量。碳含量过高、氮含量过低对姬松茸子实体都有影响。相反,碳含量低、氮含量高也会抑制姬松茸菌丝、子实体的生长。

3. 矿质元素 姬松茸菌丝、子实体所需的矿质元素主要有磷、硫、钙、钾、锌等。

(二)温度

温度对姬松茸菌丝生长的影响:菌丝生长的温度范围为 15~

32 ℃，最适温度为 22～23 ℃，在这个温度范围菌丝生长旺盛，洁白而粗壮，爬壁力强。

温度对姬松茸子实体发育的影响：姬松茸在 16～26 ℃均能出菇，以 18～21 ℃最适宜，25 ℃以上子实体生长快，从扭结至采菇只需 5～6 天，但菇薄、轻；温度在 16～17 ℃，出菇迟，从扭结到采菇需要 11 天；而在 18～21 ℃室温下，从菌丝扭结到采收需 7～8 天，菇体强壮。

（三）酸碱度

培养料消毒前 pH 在 3.5～8.5，姬松茸菌丝均能生长，菌丝生长培养料 pH 以 7.5 最适宜，菌丝体扭结培养料 pH 以 6.5 最适宜。

（四）水分

在姬松茸菌丝、原基分化和子实体形成阶段培养料含水量非常重要，水分不足或过多都会抑制菌丝、子实体生长发育。不同发育阶段，对水分的需求不同。姬松茸培养料的适宜含水量为 65%。子实体生长阶段空气的相对湿度最适为 85%～95%。

（五）光线

姬松茸菌丝生长阶段可在黑暗中进行，而子实体形成时需要一定散射光刺激，才能促进其发育；但光线不能过强，否则会影响子实体的生长。

（六）氧气

姬松茸是一种好氧菌，菌丝生长不断吸收氧气，呼出二氧化碳。在堆料过程中，培养料会不断产生二氧化碳、硫化氢、氨气等。这些气体超过一定浓度，会抑制菌丝生长和子实体形成。栽培中必须有良好的通风设备，排除有害气体，补充新鲜空气。

第三节　安全高效栽培技术

姬松茸生长周期长，受环境影响大，必须认真抓好姬松茸生长发育各个阶段的管理，创造适宜的生长发育条件，才能取得高产量、高效益。本节重点介绍室内栽培，又称温棚栽培。

一、季节安排

栽培季节应根据姬松茸菌种特征、当地气温及具体的设备来安排。姬松茸菌丝生长最适温度为 22～23 ℃，子实体发育适宜温度为 18～21 ℃，出菇期为 2～3 个月。北方地区春栽安排在 3～5 月，秋栽一般为 7～9 月。我国幅员辽阔，应根据当地自然条件，选择适宜栽培季节。

二、场地选择

菇房场地应选择交通方便、离水源近、周围较开阔、有足够的堆肥场地、地势高、排水或排污方便、水电设备完善的地方。出菇朝向应坐北朝南，有利于通风换气，又可提高冬季室温，避免春秋季节干热的南风直接吹到菇床，还可以减少西斜日晒。周围环境清洁卫生，附近无产生有毒气体的工厂等污染源，以避免不洁灰尘、病原微生物等侵害。

三、菇床设计及菇床规格

两侧采菇的床面宽 1.5 米左右，单侧采菇的床面宽度不宜超过 0.8 米。层数一般 5～6 层，底层离地面 10～15 厘米，层间距离以 0.6～0.65 米为宜，最高一层距房顶 1.0 米左右。每间菇房栽培面积以 100～200 米^2 为宜。

四、培养料堆制发酵

(一)原料

可用于栽培姬松茸的原料有稻草、麦秸、豆秸、玉米秸、甘蔗渣、棉籽壳等。要求栽培原料新鲜、无霉变，预先收集晒干备用。栽培辅料有牛、马、猪粪（干），以及米糠、化肥、石膏粉、碳酸钙、石灰粉等。

（二）培养料配方

不同地区的原料不同，在实际生产中，种植户应因地制宜选用合适的栽培原料来制作培养料。几种培养料配方如下：

①稻草（麦秸）42%，棉籽壳42%，牛粪（干）8%，麦麸6.5%，钙镁磷肥1%，磷酸二氢钾0.5%；

②稻草（麦秸）47.25%，牛粪（干）47.25%，花生饼2%，过磷酸钙0.75%，碳酸钙1%，糖1%，尿素0.75%；

③稻草（麦秸）42%，棉籽壳42%，牛粪（干）7%，麦麸6.5%，钙镁磷肥1%，碳酸钙1%，磷酸二氢钾0.5%。

（三）培养料发酵工艺

粪草培养料先建堆，在适宜的水、温条件下，经物理、化学作用及微生物降解后才能栽培姬松茸。发酵方式有一次发酵和二次发酵，多采用二次发酵。

1. 前发酵

（1）预堆。干牛粪预堆5～7天，2～3天翻堆一次，将切碎的草料预堆2～4天，让原料吸足水分。

（2）建堆。堆料场地选择地势高燥，背风向阳且靠近菇房（棚）的地方。先在地面撒一层石灰，然后铺一层25厘米厚的草料，再铺一层厚为2厘米左右的牛粪，按一层草料一层牛粪，堆成宽2米、高1.5米、长度不限的长方体，顶层覆盖牛粪以增加压力。

（3）翻堆。一般翻堆3次或4次（间隔的时间为5、4、3天或5、4、3、2天）：第一次翻堆，先浇水再均匀加入尿素、石膏、过磷酸钙等辅料，避免肥料被冲走流失；第二次翻堆时要将料堆缩至宽1.5米、高1米；最后一次翻堆时加入石灰，调节水分和酸碱度。每次翻堆都要在草堆底部和中间每隔50厘米插上木棒，堆完后摇动抽出木棒即留出通气孔，可改善通气状况，晴天用草帘覆盖增温保湿，雨天加盖薄膜防雨淋，雨后及时揭膜以利于通风发酵。

经过前发酵的优质培养料标准：呈深咖啡色，腐熟度适中，草柔软有弹性且有韧性不易拉断，含水量65％。

2. 后发酵 将前发酵后的培养料搬进消毒的菇房内，堆放在中间三层菇架上，封闭菇房，让其自然升温，视料温上升情况开闭门窗，使其自热，在48～52℃时保持1～2天，再进行巴氏消毒，当菇房温度升至60～62℃时维持6～10小时，然后调节温度使其降至48～52℃保持3～5天（视料的腐熟程度而定），最后打开门窗排废气和降温。

经过后发酵的优质培养料标准：表层和内部可观察到白色真菌和放线菌，培养料呈黑褐色，有弹性，不沾手，有浓厚料香味，含水量65％左右，含氮量0.04％以下。

五、播种前准备及播种

(一) 进房

进房前一天，紧关菇房门窗，堵塞拔风筒，门窗缝隙也要用纸条糊严。每立方米用甲醛10毫升、高锰酸钾5克熏蒸。菇房熏蒸1天，即打开门窗，通气后进料上床。

(二) 铺料

料面铺平，稍稍拍紧，培养料每平方米20～22千克。待料温降至26℃时即可播种。

(三) 播种

播种前检查菌种质量，带杂菌、带病菌、菌丝弱的不能用。菌种长透瓶后3～4天即可播种，播种量为干料的2％～6％，散播。播完后关上菇房门。

六、覆土材料的选择和处理

(一) 材料选择

覆土的土壤应选用团粒结构、保水蓄水能力强、通气性好、肥力中等的土壤，粗土粒直径1.5～2.0厘米，细土粒直径0.5～1.0

厘米。覆土所用土粒的 pH 在 7.5～8.0，pH 过低会影响姬松茸的产量和品质。国内常用覆土材料有沙壤土、菜园土、江边土、池塘土、水稻土等。

(二) 处理

覆土是姬松茸栽培上非常重要的环节，覆土土质的好坏直接影响产量和质量。覆土材料一般选用田土和泥炭土。田土应选用刚种过水稻的耕作表层以下的土壤。先把泥土预先暴晒发白，消毒后备用。也可采用预先养土的方法，即选用团粒结构好的田土或沙壤土，每 3 米³ 土壤加入风干牛粪 100 千克、石灰 100 千克，混匀，浇透水，覆盖保湿堆积，15～20 天后晾干，用碎土机打成碎土粒，晒干备用。近年来，应用无重金属和农药残留或重金属含量和农药残留量较低的泥炭土作为覆土材料，产量高，品质好，有利于生产无公害产品。

(三) 覆土

姬松茸菌丝生长发育成子实体，需要较高湿度和良好的空气。覆土能减少培养料水分蒸发，提高表层培养料湿度，调节料中氧气和二氧化碳的比例，改变菌丝体营养条件，促进子实体形成。此外，土粒对菇体还起支撑作用。播种后 15～20 天，菌丝体长透后或长至 2/3 即可覆土。先覆粗土，厚 3 厘米，再覆 0.5～1.0 厘米细土。

七、菇房管理

要获得高产、优质姬松茸，必须加强菇房管理。

(一) 播种后的管理

播种后是培养菌丝的关键阶段。菇房温度应控制在 22～26 ℃，空气相对湿度为 80% 左右。通风应由小到大，刚播种后 3～5 天不通风，以利菌丝在料面上迅速生长，定植于料中。待菌丝生长旺盛，呼吸强度增大，需氧量增加时，逐步加大通风。菌丝深入培养料 1/3 后，增加通风次数，促使菌丝向下生长，同时还可以抑制杂菌。通风不良，菌丝变黄，易长绿霉、石膏霉等，应根据菌丝生长情况灵活掌握通风次数。

（二）播种后发生的问题及解决方法

1. 出现问题 播种后菌种不能恢复生长或不能吃料，以下原因均会影响菌种的恢复和定植，如培养料偏干或氨气过多、pH 过高，培养料发酵不好，理化性质差，发黏并有酸臭味，料中带有许多厌氧杂菌等。

2. 解决方法 若培养料偏干，则应喷水，调节好湿度，用报纸覆盖，以保持料面湿度，约一星期后，可以看到菌丝恢复生长；若菌丝干死，需要重播。若是氨气造成菌丝不萌发，则要翻料，并喷 5％甲醛，再通风 2～3 天让氨臭味消失，试播成活后才可大面积播种。若培养料偏湿并有杂菌，应撬松培养料，增加通风，降低湿度，促进菌丝迅速吃料并使杂菌难以生长。

（三）出菇前管理

从覆土到出菇，主要管理工作是促使粗土中菌丝粗壮浓密，土粒不因菌丝而板结，粗细土间形成子实体原基（图 4-2）。覆土后菌丝生长好坏、子实体形成量及速度与土粒水分和菇房通风状况密切相关。覆土后 3～4 天应关紧门窗，待菌丝长上粗土时通风换气，通风量由小到大。如土层太干，菌丝上土慢，减少通风或推迟通风，适当向地上喷水，提高空气相对湿度，制造新鲜、湿润的空气环境，促使菌丝迅速爬土。应避免菇房闷气，否则易形成一

图 4-2 床栽姬松茸

团一团的棉花絮状菌丝，一段时间后变黄、萎缩，影响出菇。若土层太湿，空气相对湿度超过 96％，再遇到高温，易长出胡桃肉状

菌，使栽培失败。所以每天都要到菇房观察，出现问题及时解决、补救。

1. 覆土后菌丝不上土及解决办法

（1）覆土后菌丝不上土的原因。①菌丝尚未长透培养料；②覆土层过酸或过碱，泥土本身带有有害物质；③气温和空气湿度偏低；④所喷的水流到下面料中了。

（2）解决办法。①待菌丝长透料底再覆土，使菌丝上土整齐有力；②土层偏酸用 1‰石灰水喷调，偏碱可用 2‰磷酸钙调节；③减少通风，注意保温，每天向空间及床面喷 2～3 次薄水，保温保湿促使菌丝向上部生长；④如喷水造成料面菌丝萎缩，应停止喷水，加强通风，使料面菌丝恢复。

2. 覆土层菌丝旺长和结菌被及解决办法

（1）覆土层菌丝旺长和结菌被的原因。覆土后若气温高，空气湿度大，菌丝容易旺长冒土并局部结菌被。

（2）解决办法。①停止喷水，加强通风，降低菇房空气湿度和覆土表面湿度，直至表土发白，待菌丝不再旺长，再慢慢喷水调湿；②菌被包土不必挖掉割破，也不要喷重水，只要降低湿度，不喷水，过一段时间就会长出子实体。

3. 覆土后及出菇前后易长胡桃肉状菌　胡桃肉状菌的菌丝初期在料面为棉絮状、奶油色，入料后抑制姬松茸菌丝的生长，使其菌丝萎缩变灰。后期，覆土层上会出现一粒粒红褐色外观似胡桃肉的子囊果，培养料暗褐色，湿腐状，具氯石灰（漂白粉）气味。胡桃肉状菌子实体直径 0.5～3.0 厘米或更大，群生，近球形，不规则至盘状，表面有不规则的皱纹，似胡桃仁，苍白，淡黄色至奶黄色或褐红色，子囊孢子能抗高温。胡桃肉状菌存在土壤、旧菇房、感病的培养料和菌种中。土壤偏酸，菇房高温、高湿、通风不良的情况下易发生胡桃肉状菌。

（四）出菇后管理

原基形成后期不要喷水，保持菇房空气相对湿度 92%～95%，有适当散射光，以促进原基进一步分化。菌盖形成期，开始喷细水，根据天气状况决定喷水次数，一般喷 1～2 次。空气相对湿度达 90％～92％时，适当通风，增加散射光。伸长期管理，喷细水，一般喷 2～3 次，保持空气相对湿度 90％～92％，适当通风，增加散射光。成熟期管理应根据天气决定喷水，一般 1 天喷 1～2 次水，保持空气相对湿度 88％～90％。

八、采收、加工及分级标准

(一) 采收

菌膜离开菌柄 0.5～1.0 厘米、菌膜未破时采收。如果开伞，品质大幅度下降，商品价值低。一般每天采收 3～5 次（根据气候而定），采收前停止喷水 1～2 天。鲜菇在 26 ℃下可保藏 4～6 天（图 4-3）。

图 4-3 采收后的姬松茸子实体

(二) 烘干

1. 一次烘干 采收后削去菇脚，刷掉泥沙，把姬松茸排在烤筛中，略关烘箱门。初始温度为 35～40 ℃，鼓风，保持 8～10 小时；温度升至 40～50 ℃后，保持该温度，至姬松茸含水量为 9％～11％时即可装袋包装。这样烤出来的姬松茸气味香浓，颜色淡黄，观感及品质都好。在烘干过程中应避免温度太高，水分蒸发太快，否则会使姬松茸变黑，影响品质及经济效益。

2. 温风二次干燥干制技术 姬松茸多糖含量高，吸附水能力强。为避免焦化和外干内湿，可采用温风二次干燥干制技术。工艺流程：自然风脱水—温风一次干燥—停烘走水—温风二次促干。具体做法：将净化处理后的鲜菇摊于筛篦上，进烘房，先自然温度风干脱水 46 小时，然后逐步加温，每小时升温 2 ℃，到 45～50 ℃，恒温干燥至色泽固定，再继续升温至 60 ℃保持 7 小时，从烘房中取出并摊晾"走水" 24 小时（让菇体内部水分外散），后于 50～

60 ℃再烘 2～3 小时至足干成品。一般每 8～9 千克鲜菇制优质干菇 1 千克。干制全过程，无论自然风还是热风均需用鼓风机吹成循环流动风。

3. 把烘干的干菇迅速分级 观品质。分级后迅速装入塑料袋中，放在干燥、阴凉处保存（图 4-4）。

注意轻拿轻放，避免破损影响外

图 4-4　烘干后的姬松茸子实体

（1）一级。菌盖直径 3.5 厘米以上，菌盖圆整，柄粗，菌膜未破，不带土，柄浅黄色。

（2）二级。菌盖直径 2.0～3.4 厘米，菌盖圆整，柄粗，菌膜未破，不带土，柄浅黄色。

（3）三级。菌盖直径 2 厘米以下，菌盖圆整，略有些畸形，柄部带黑点。

（4）四级。丁菇（菌盖直径 0.9 厘米以下）及开伞菇。

九、管理中应注意的事项

秋季，特别是 10 月底和 11 月初常常突然出现高温，11 月下旬气温突然下降。如管理不当，容易遇到以下几个问题。

1. 菌丝萎缩　秋菇前期喷水较多。如喷水不当，流到培养料里，会影响菌丝呼吸，菌丝生活力低，严重时菌丝逐步萎缩，甚至死亡。出现这种情况，可采取通风、料中用扦打洞散发水分等补救措施。

2. 高温死菇　姬松茸子实体生长温度范围为 16～28 ℃，最适出菇温度为 18～21 ℃。如果菇房室温持续数天在 26 ℃以上，秋菇会变黄死亡，尤其刚出土的子实体更易死去。在这期间要密切注意天气预报，根据气温变化及时采取措施，保证正常生长。如果发生死菇，多开窗，加强通风，停水降温。在出菇期间菇房温度持续超过 33 ℃，若不注意通风（湿度大）易导致小菇蕾枯萎死亡。

3. 低温死菇 气温在 16 ℃左右时，早晨过早喷水，易造成死菇。在这种季节一般应在早上 9：30 以后喷水。

4. 硬开伞 在温度突变或昼夜温差过大的情况下，未成熟的子实体菌膜易与菌柄分离，形成硬开伞。低温时喷水过多，也易产生硬开伞。在低温期间，不要对床面过量喷水，夜间注意关紧门窗，防止冷风吹袭菇房。

5. 二氧化碳病 姬松茸正常生长发育需要吸收氧气，排出二氧化碳。菇房长期通风不良，氧气不足，导致二氧化碳浓度增高，影响子实体正常生长发育。二氧化碳浓度过高时，菌柄伸长，菌盖缩小，形成钉头菇或部分幼菇死亡。主要原因是通风不足，应加强通风。

6. 培养料养分不足 培养料养分不足，势必影响菇体的正常生长发育，导致部分萎缩死亡。培养料营养不足的主要原因：①培养料配方不合理，氮源不足；②培养料铺料偏薄，致使后期营养不足；③培养料堆制不符合要求，堆料时没有掌握好稻草的水分，水分过多通气不良易造成厌氧发酵；水分过少霉菌迅速繁殖，或者料温没有控制好，如料温升不到 60 ℃发酵不彻底，料温在 70 ℃以上并持续高温则培养料中的养分大量消耗。

7. 水分管理不当 姬松茸各个生长发育时期对水分的要求不同。出菇前期子实体多，气温高，覆土层和培养料水分蒸发量大。如不及时对覆土层补充水分，幼小子实体会枯萎死亡；出菇水或保菇水喷施过量，渗漏至培养料引起积水，则会导致菌丝萎缩，培养料发黑，造成土层上扭结后的小菇养分供应不足而死亡；若高温时期喷水过多，菇房相对湿度超过 95％，则会由于缺氧而导致小菇蕾死亡。

8. 覆土过早，采收不当 有些菇农为了达到提早出菇，在菌丝尚未长到整个培养料的 2/3 时进行覆土，会造成第三批菇后的各潮菇营养不足而枯萎；采收及其他管理不慎，易致机械损伤造成死菇。

9. 病虫害和农药使用不当 病虫害和农药使用不当会造成死

菇。常见病虫害有胡桃肉状菌、菇蝇、菇螨、线虫等，这些病虫害一旦在菇床上发生就会引起死菇。在出菇期间防治病虫害时滥用农药或用药浓度过高，也是发生大量死菇的一个重要原因。

十、采收后的管理

从开始采菇到菇潮结束 60~83 天，每潮相隔 14~19 天，第一潮占总产量 46.20%~49.33%，第二潮占总产量 26.22%~34.80%，以后每潮逐渐减少。每次采完菇后要拣掉菇床中的菇脚、死菇，以防杂菌污染。同时要补土，停水 3~5 天，以后管理方法同上。

第五章 茶树菇安全高效栽培技术

第一节 概　述

一、学名及分类学地位

茶树菇（*Agroybe chaxingu* Huang）是我国发现的新种，首次记载于《真菌试验》1972年第一期，命名人为我国著名食用菌专家黄年来。茶树菇的形态与杨树菇极为相似，但本种色泽较深，柄中实，且仅生于油茶树上，有突出的香味，其品质和风味明显优于杨树菇。但在许多食用菌文献中，常将杨树菇与茶树菇混淆，皆称为"茶树菇"，或将"茶树菇"作为杨树菇的别名。对于茶树菇的分类地位，还有待进一步研究，本书所采用的是《中国食用菌志》（1991）的观点，将其作为一个独立的种，属担子菌亚门，层菌纲，无隔担子菌类，伞菌目，粪锈伞科，田头菇属（田蘑属）（图5-1）。

图5-1　茶树菇子实体

二、经济价值及栽培概况

在茶树菇原产地福建和江西，民间俗称茶菇、油茶菇，在产地已有很长久的利用历史。据杨延章等《福建通志》（1764）、孙尔准等《重纂福建通志》（1829）和清光绪年间郭伯苍《闽产录异》等地方志记载，茶树菇早已成为福建名贵特产。《闽产录异》说："茶菇产建宁、光泽、永福三县内，生油茶树上，其菇薄而柄长。茶菇味在柄，浓郁中得香气，尤胜香菇。所产有限，不堪装载。"所谓"薄"是相对于肉质较厚的香菇而言，但其柄长而且脆，鲜食口感极佳，经过干制的茶树菇，其香味更在香菇之上，只是野生产量有限，不能形成大批量商品。茶树菇又是民间传统药用菌，据陈士瑜等《蕈菌医方集成》（2000）记载，茶树菇能利尿渗湿、健脾止泻、清热平肝，其渗利功效不亚于茯苓。闽西民间多用于小儿发冷、呕吐、腰痛、肾虚尿频、水肿、气喘的防治，民间有"中华神菇"之称。

国外至今未见茶树菇的自然分布和人工栽培的报道。自1972年以来，黄年来、洪震、林杰等对茶树菇的自然生态、生物学特性及驯化栽培方法均有详细报道。在江西省黎川，经过近30年的生产实践，已筛选出适合人工栽培的优质高产菌株和成熟的栽培技术。在20世纪90年代初，黎川已将茶树菇栽培作为全县富民富县的新兴支柱产业，年产茶树菇鲜菇约1万吨，产品远销新加坡和印度尼西亚等东南亚国家、日本以及欧美等国。目前，茶树菇在江西省黎川、广昌、南丰、南城和资溪等地以及福建省的泰宁、建宁、光泽和邵武等地已有较大生产规模，还被推广到浙江、湖北、上海、北京等省市。

人工栽培茶树菇，经济效益显著，每生产1万袋茶树菇，生产成本约5 000元，接种后60天开始出菇，生产周期5～6个月，产干菇300～500千克，纯利约1万元。目前，我国已有70多个大、中城市有茶树菇的干品或鲜品上市，很受消费者的欢迎。

第二节　生物学特性

一、形态特征、生态习性及产地分布

1. 形态特征　子实体单生或丛生，小至中型。菌盖直径4～18

厘米，通常在 8 厘米左右，初半球形，后渐平展，中央浅凹，浅肉褐色，边缘色较淡，初内卷，后外展。菌肉白色，厚 1～2 厘米。菌褶直生或稍显隔生，不等长，初白色，后变褐色。菌柄圆柱形，长 4～10 厘米，粗 0.5～2 厘米，淡黄褐色，中实，纤维质地。菌环生于菌柄上部，白色，膜质，后期常脱落。孢子卵状椭圆形，浅褐色。孢子印咖啡色。

2. 生态习性和产地分布　自然条件下集中发生在春夏之交和中秋前后，以 6 月以后和 9 月以前的雨后特别是晚稻扬花时发生最多。大多生长在砍伐老林后的再生林中。这种再生林中残留的树桩和郁闭的环境为茶树菇的生长发育提供了良好的条件。其自然发生量明显受上一年降水量的影响。上一年降水量多，翌年 3 月以前又有适量降水，进入 4～5 月茶树菇就会大量发生。由于油茶树木质坚实，腐朽进程慢，生长在上面的茶树菇菌丝生长周期长，因而野生茶树菇组织致密，香味浓郁。

野生茶树菇仅分布于福建和山西交界的武夷山区。福建省主产地在建宁、泰宁、宁化、光泽、长泰、大田等地，江西省主产地在黎川、广昌等地。其自然分布与当地油茶树分布有关。油茶林在我国南方呈区域性分布，在这些地方是否有茶树菇的自然分布还有待深入调查。

二、生长发育条件

(一)营养

野生茶树菇仅生长在油茶树的枯干上，对木材的分解能力较弱。经人工驯化后，可利用油桐、枫树、柳树、栎树及白杨等阔叶树作为栽培原料，以材质疏松、含单宁成分较少的杂木屑较适应茶树菇生长。除杂木屑外，棉籽壳、甘蔗渣、稻草等均可作为栽培主料。目前大多用棉籽壳与木屑的混合材料作为主料，加入适量玉米粉和饼肥，增加氮源含量，可更好地满足茶树菇的营养需求，有利于提高产量，改进品质，增加香味。

（二）温度

茶树菇为中温型食用菌。在 PDA 培养基上，孢子在 26 ℃下经 24 小时即可萌发，48 小时后，肉眼可见微细的菌丝。

菌丝生长温度范围为 3～35 ℃，最适生长温度为 23～28 ℃。温度在 30 ℃以上时，菌丝长势显著减弱，32 ℃只能微弱生长，35 ℃时菌丝生长完全停止。菌丝对低温和高温有较强的抵抗力，在 -4 ℃下经 3 个月而不失去活力，在 -14 ℃低温下 5 天和 40 ℃高温下 4 天不会死亡。

茶树菇为变温结实性食用菌。子实体分化发育温度范围为 12～26 ℃，最适温度为 18～24 ℃，温度较高或较低都会推迟原基分化。温度较低时子实体生长缓慢，但组织结实，菇形较大，质量好；温度较高时则易开伞和形成薄盖菇。据试验，温度在 20 ℃左右时出菇最好，从现蕾到成熟约 10 天；温度在 24 ℃时，6 天便可开伞，柄细盖薄；温度超过 32 ℃，子实体枯萎。

（三）水分

茶树菇属喜湿性食用菌。在菌丝生长阶段，培养料含水量在 45%～75% 时均能生长，适宜含水量为 60%～65%。培养料含水量低于 50% 或高于 70%，对菌丝生长均有不利影响。菌丝生长时的空气相对湿度以 65%～70% 为好，湿度过低或过高均对菌丝生长不利。若空气相对湿度长期超过 80%，会抑制菌丝生长，并导致抗杂能力下降。在原基形成与分化阶段，空气相对湿度要达到 75%～80%，子实体生长阶段要达到 85%～95%，在生长后期适当降低空气相对湿度，有利于提高产品的保鲜期。

（四）光照

菌丝生长阶段不需要光照，过分明亮的散射光对菌丝生长起抑制作用。子实体形成和生长发育需要一定散射光，原基形成的适宜光照度为 150～250 勒克斯，子实体生长发育时为 250～500 勒克斯。子实体具有明显的趋光性，光照不足时子实体呈灰白色。

（五）空气

茶树菇为好氧菌，对二氧化碳十分敏感。通风不良、二氧化碳含量过高时菌柄细长，菌盖发育受阻，易开伞或致畸形。

（六）酸碱度

菌丝体可在 pH 为 4.0～7.0 范围内生长，以 pH 为 4.5～5.5生长较好，pH 低于 4.0 或高于 7.0 时菌丝生长不良。

第三节　安全高效栽培技术

一、常用生产菌株

1. 茶菇 1 号　福建省食用菌菌种站选育。出菇温度 15～27 ℃，菌盖褐色，柄白色，质脆，对培养料适应性较广。适于鲜销和干制。

2. 茶菇 3 号　福建省食用菌菌种站选育。出菇温度 18～24 ℃，子实体性状与茶菇 1 号相似，但菌柄略细，对培养料适应性较广。

3. 茶菇 F1 号　江西省临川先达食用菌研究所选育。出菇温度10～34 ℃，菌盖褐色，柄近白色，抗杂力较强。

4. 茶菇 F2 号　江西省临川先达食用菌研究所选育。出菇温度14～30 ℃，菌盖圆整，肉厚。产量较高。

5. 茶菇 F3 号　江西省临川先达食用菌研究所选育。出菇温度15～35 ℃，菌柄稍长，较细，夏季仍可出菇。

6. 茶树菇 1 号　武汉市江岸区新宇食用菌研究所从引进菌种中选育。出菇温度 10～25 ℃，菌盖土黄色，柄细长。生物学效率在 85% 左右。

7. 黎茶 1 号系列　出菇温度 10～30 ℃。分春季型、秋季型和冬季型（即中温型、中偏高温型和中偏低温型）等菌株。野生菌株，分离标本采自三明、南平等闽北山区，菌盖锈褐色偏灰，颜色较深，柄脆，易折断，菌盖圆整。适于鲜销和干制。

8. 黎茶 2 号系列 出菇温度 10～30 ℃。分春季型、秋季型和冬季型。野生菌株，分离标本采自福建省泰宁和江西省黎川、广昌等闽赣交界山区，菌盖表面呈麻花点状绒毛鳞片，菌盖皱，锈褐色偏黄，颜色稍淡，菌柄粗壮，香味特别浓。适于鲜销和干制。

9. 黎茶 3 号系列 出菇温度 10～30 ℃，20 ℃以上出菇良好。分春季型和秋季型。菌肉肥厚，菌柄偏白。适于制罐和鲜销，亦可干制。

10. 黎茶 4 号系列 出菇温度 10～30 ℃。分春季型、秋季型和冬季型。菌盖光滑，盖小，颜色较深。适于干制和鲜销。

在生产上使用较为广泛的还有在江西、广西等地使用较早的茶树菇 AS78、AS982 等（赣州地区菌种保藏中心选育）；近年来，在福建推广的还有茶菇 5 号（福建省三明真菌研究所选育）、茶菇 8 号（福建省南平农业学校选育）。

由于定向选育的结果，茶树菇的出菇温度可分为不同温型。以江西省黎川生产上使用的菌株为例，根据子实体发生时的温度，可分为 3 种温型。一是中偏低温型品种。子实体分化发育温度为 10～18 ℃，适温为 10～16 ℃，在春季（早春）、冬季出菇。主要品种有黎茶 1 - R，黎茶 3 - H，黎茶 4 - R。二是中温型品种。子实体分化发育温度为 10～22 ℃，适温为 16～20 ℃，在春季、秋季出菇。主要品种有黎茶 1 - M，黎茶 2 - M，黎茶 3 - M，黎茶 4 - M。三是中偏高温型品种。子实体分化发育温度为 15～26 ℃，适温为 20～24 ℃，在春末夏初及早秋出菇。主要品种有黎茶 1 - H，黎茶 2 - H，黎茶 3 - H，黎茶 4 - H。

二、菌种培养

（一）母种培养

据郑毅等（1999）试验，在母种培养基的配方中，若只含有葡萄糖，菌丝生长较疏松；若用部分蔗糖代替葡萄糖，可使菌丝生长更加浓密。在补充麦麸、蛋白胨等氮源后，培养基斜面菌丝生长整齐、均匀、粗壮，满管时间缩短。并认为比较理想的配方为：马铃薯200克，葡萄糖15克，蔗糖5克，麦麸10克，琼脂20～25克，水1000毫升。在25℃下培养，菌丝日平均生长约1厘米，7天在试管内长满。

在PDA培养基上，26℃恒温培养7天亦可在培养基斜面上长满，菌丝洁白、绒毛状，爬壁力弱，有红褐色分泌物，随培养时间延长，颜色加深，培养基变咖啡色。若在培养基中加入5%菜籽饼粉浸出液，可使菌丝生长更加浓密、粗壮，略带灰色，约60天，在培养基表面形成幼小原基。

（二）原种和栽培种培养

常用培养基配方如下：

①阔叶树木屑65%，细米糠（或麦麸）18%，茶籽饼粉（或菜籽饼粉）15%，蔗糖1%，石膏粉1%；

②阔叶树木屑58%，棉籽壳20%，细米糠（或麦麸）20%，蔗糖1%，碳酸钙1%；

③阔叶树木屑75%，麦麸20%，蔗糖2%，过磷酸钙1%，石膏粉1%，碳酸钙1%；

④棉籽壳77%，麦麸20%，蔗糖1%，石膏粉1%，石灰粉1%；

⑤麦粒88%，木屑培养料10%，碳酸钙2%。

按常规操作配料、装瓶、灭菌。每支母种可接种5～7瓶原种，每瓶原种可接种40～50瓶（袋）栽培种。在23～25℃温度条件下遮光培养，原种30～35天长满，栽培种30天左右长满。

培养好的原种和栽培种，菌丝粗壮浓白，培养后期，瓶内有时会出现红褐色斑纹或在料面出现针头状子实体原基。

三、栽培方法

茶树菇的菇棚内床架立袋出菇、脱袋覆土出菇的栽培管理方法与杨树菇相似。江西省黎川普遍采用菌墙式袋栽法。以下为黎川生产经验和我国其他地方生产经验的综合介绍。

（一）栽培季节

根据茶树菇菌丝生长和子实体分化发育对温度的要求，利用自然气温栽培，我国大部分地区均可实施春、秋两季栽培。春栽一般在2月下旬至3月上旬制袋接种，4～5月出菇；秋栽于8月底和9月初制袋接种，10～11月出菇。按照上述安排，当高温季节过后，气温降至24℃时，低温季节温度升至20℃时，便会大量形成子实体。制袋接种的时间过早或过晚，都会影响到菌丝生长和出菇，导致减产。

我国地域辽阔，南北方气候差异较大。因而不同地区的春季和秋季栽培在时间安排上应有一定差别。

长江以南地区，春栽宜在2月下旬至4月上旬接种发菌，4月中旬至6月中旬出菇；秋栽宜在8月下旬至9月底接种发菌，10月上旬至11月底出菇。

华北地区，以河北省中部气候条件为准，春栽宜在3月中旬至4月底接种发菌，5月初至6月中旬出菇；秋栽宜在7月上旬至8月中旬接种发菌，8月下旬至10月中旬出菇。

东南沿海地区，以福建省东南部气候条件为准，春栽宜在2～3月接种发菌，4～5月出菇；秋栽宜在8～9月接种发菌，10月以后陆续出菇。在闽北山区，由于气温较低，春栽发菌期需要加温，出菇后期又遇气温上升，易受病虫危害，产品质量较差，因此，应以秋栽为主。

西南地区，以四川省中部气候条件为准，春栽宜在4月上旬至5月中旬接种发菌，5月下旬至6月底出菇；秋栽宜在9月初至10月上旬接种发菌，10月中旬至11月底出菇。

就一般情况而言，春季栽培，发菌前期自然气温偏低，为不延误出菇期，需适当加温；出菇后期自然气温往往偏高，子实体生长快，朵形较小，品质相对较差，易受病虫害侵染。秋季栽培，自然气温正适宜菌丝生长，但在发菌初期要防止高温；出菇期自然气温下降，朵大肉厚，开伞慢，品质好，病虫危害较轻，生物学效率高，经济效益好。秋栽的效果一般比春栽要好。

（二）培养料配方

茶树菇的驯化菌株具有很强适应能力，在栽培上能广泛利用阔叶树木屑、棉籽壳和各种农作物秸秆。在生产上，常以木屑、棉籽壳作为主料，单一或混合使用，一般认为混合使用的生产效果更好。黎川通用生产配方如下：杂木屑38%，棉籽壳35%，麦麸15%，玉米粉6%，菜籽饼粉4%，石膏1%，蔗糖0.5%，磷酸二氢钾0.4%，硫酸镁0.1%。此外以下介绍我国各地采用的经验配方，可供参考：

①杂木屑75%，麦麸20%，蔗糖2%，过磷酸钙1%，碳酸钙1%，石膏粉1%；

②杂木屑68%，麦麸15%，茶籽饼粉（或菜籽饼粉）15%，蔗糖1%，石膏粉1%；

③杂木屑58%，棉籽壳20%，麦麸20%，蔗糖1%，石膏粉1%；

④杂木屑60%，甘蔗渣（或玉米芯）18%，麦麸（或米糠）20%，过磷酸钙1%，石膏粉1%；

⑤油茶树木屑75%，麦麸（或米糠）18%，茶籽粉饼5%，蔗糖1%，碳酸钙1%（应用此配方所产子实体香味最浓）；

⑥棉籽壳77%，麦麸（或米糠）20%，蔗糖1%，过磷酸钙1%，石膏粉1%；

⑦玉米芯45%，豆秆粉30%，麦麸15%，玉米粉7%，蔗糖1%，过磷酸钙1%，石膏粉1%；

⑧秸秆粉38%，棉籽壳38%，茶籽饼粉17%，玉米粉4.5%，蔗糖1%，普钙0.5%，石膏粉1%；

⑨菌草粉38%，棉籽壳38%，茶籽饼粉17%，玉米粉4.5%，蔗糖1%，普钙0.5%，石膏粉1%。

（三）装袋灭菌接种

按常规称量配料，调含水量60%左右，料水比约1:1.2，灭菌前pH为7.0左右。待水分渗透均匀后及时装袋。

　　卧袋栽培通常采用规格为 15 厘米×55 厘米×0.04 厘米低压聚乙烯袋装料，每袋装干料约 700 克。如果采用两端接种，则在两端袋口套塑料颈圈或用尼龙线扎封袋口。也可仿照香菇菌袋栽法，在菌袋的同一平面上打 3～4 个接种穴，接种后用透明胶带贴封穴口发菌。装料要求松紧适度，特别是料与袋膜之间不能留有空隙，以防接种时吸入空气，发生污染，或在袋壁形成原基，消耗养分。

　　培养料采用常压灭菌及高压灭菌。小型灭菌锅通常装量为 1 000 袋左右，要求点火后 2 小时袋内中心温度达 97～100 ℃，然后保持 12～14 小时；大型灭菌灶的容量一般不要超过 3 000 袋，灭菌时间要延长到 20 小时，待料温自然降到 60 ℃时出锅，将菌袋趁热移到无菌室内。料温冷却到 28 ℃在菌袋两端接种，或在袋面采用专用接种器接种。亦可在灭菌后，打孔、接种同步进行，接种后用透明胶带贴封接种孔，每瓶菌种可接种 25 袋。高压灭菌采用常规方法即可。

（四）发菌管理

　　接种后，将菌袋移入发菌室发菌。发菌期间，要注意调节室温和堆温。接种后头 3 天，室温可调节到 25～27 ℃，以促进菌种萌发定植。5～7 天后，菌丝开始吃料，将室温降至 23～25 ℃，可使菌丝生长壮健。当菌丝长到料深的一半时，由于菌丝量的增加，生长旺盛，呼吸作用强，堆温往往高出室温 2～3 ℃。此时加强通风，使发菌温度再次降到 17～23 ℃，在此温度下菌丝生长虽然较为缓慢，但健壮有力，密度大，积累营养多，有利于提高产量。

　　在发菌前期，对氧气供给无严格要求。当菌丝长到料深的 1/2 或 2/3 时，因为袋内氧气不足，二氧化碳等有害气体积累过多，菌丝生长开始变慢。此时可将袋口扎口绳松动增氧，或在接种穴贴封的透明胶带上穿刺微孔增氧，或在菌丝生长前方的 1～1.5 厘米内穿刺 1～2 行微孔增氧。在进行增氧处理后，菌丝生长比以前更快，要注意加大通风，降低堆温，排出二氧化碳。

　　发菌阶段室内空气相对湿度要控制在 70% 左右。空气相对湿度过大时，易使棉塞吸潮生霉，应在晴天的中午打开门窗通风排潮或在室内撒生石灰吸潮。若有条件，可开启除湿机，使空气相对湿度下降到合理水平。

发菌室内光照不可过强，光照过强对菌丝生长有抑制作用，还会促使菌袋过早出现原基或加快菌丝老化。因此，发菌室的门窗要用草帘、黑色塑料薄膜遮光。若用密度较大的遮阳网更好，既可遮光，又不影响室内通风。

发菌期要经常保持室内清洁，杜绝污染源。菌袋进房之前要用硫黄或甲醛密闭熏蒸菇房；不能密闭的场所，可定期用甲醛、甲基硫菌灵、苯酚交叉喷雾消毒，并在地面撒生石灰粉或石灰粉与漂白粉的混合粉剂。在开袋之前，菇房内每立方米空间用 5 毫升敌敌畏或除虫菊酯杀虫，以减少虫害。

在上述管理条件下，经 50～60 天培养，菌丝在袋内长满并达到生理成熟，菌袋表面菌丝已由营养生长转入生殖生长，可以进行催蕾管理。

（五）催蕾管理

1. 割袋排场 茶树菇可以利用空闲房屋做出菇房，也可在室外搭简易菇棚出菇，江西省黎川等地大面积栽培均采用简易菇棚。

室外菇棚排场，将场地整理成宽 30 厘米、高 15 厘米的畦床，床上铺一层沙土，再铺两层薄膜，将菌袋两端袋口割开堆放到畦床上。菌袋的堆放方向应与菇棚的门窗方向一致。成熟度相同的菌袋要排放在一起，有利于转色、催蕾和出菇管理。

适时割袋排场是生产成功与否和产量高低的关键。割袋时间由以下因素来决定。

（1）生理成熟。营养物质的积累与酶解有关，菌丝生长初期，酶活性较低，经过 30～50 天培养，胞内合成酶量达高峰期，也是胞外酶量达到高峰的时期。在这种条件下才有利于分解基质和菌丝体内营养物质的积累，并使菌丝达到生理成熟。据生产实践经验，当菌袋重量比原重减少 25%～30% 时，表明菌丝已发足，培养料已被适度降温，菌丝积累了足够的营养，正向生殖生长转化。

（2）菌龄。从接种之日起计算，正常发菌约需 60 天，菌丝达到生理成熟。由于培养期间温度变化的影响，在生产上可将茶树菇的有效积温作为生理成熟的指标。4～31 ℃为茶树菇的有效积温区，有研究表明茶树菇的有效积温为 1 600～1 800 ℃。菌袋栽培由于培养料颗粒较小，质地疏松，菌丝对基质的分解吸收利用比木材快，故其有效积温要求相对较低，一般在 1 000～1 200 ℃。

（3）菌袋色泽。菌袋色泽也是反映菌丝是否达到生理成熟的一种标志。如果袋内菌丝生长旺盛，洁白浓密，气生菌丝呈绒毛状，表面有棕褐色的色斑，菌丝代谢旺盛，有黄色水珠状分泌物，则可引起菌丝转色。

如果符合以上条件，当地气温在 12～27 ℃，则为割袋适宜期，应及时割袋排场。如果割袋过早，菌丝尚未达到生理成熟，袋口表面未转色，不形成菌皮，培养料会因没有菌皮保护而过早脱水失重，并严重影响到茶树菇产量和品质。如果割袋过晚，因菌丝生理成熟而分泌黄水，渗透到培养料内部，会使菌皮增厚，影响原基发育，造成出菇困难；或因缺氧导致子实体生长畸形，还容易导致霉菌污染。

割袋与排场同时进行。菌袋开口前，用3％～4％苯酚或2.5％溴氰菊酯可湿性粉剂3 000 倍液对菌袋消毒和场地灭虫处理。用锋利小刀沿扎口绳将袋口薄膜割掉，袋口有少量污染或局部污染的，可在挖除或切除后单独上堆。

2. 转色管理　割袋之后断面菌丝受到光照刺激且供氧充足，就会分泌色素，吐黄水，使菌袋表面菌丝逐渐转变成褐色。随着菌丝体褐化时间的延长和颜色的加深，袋口周围表面会形成一层棕褐色的菌皮。菌皮对菌袋内菌丝具保护作用，并能防止袋内水分蒸发，提高对不良环境的抗御能力和有利于原基形成。转色正常的菌皮呈棕褐色和锈褐色，具光泽，出菇正常。转色是一个复杂的生理过程，在割袋后 3～5 天内，保持棚内温度在 23～24 ℃，并加强通风，提高空气相对湿度，可使割袋的袋口迅速转色。

3. 催蕾　在褐色菌皮形成的同时，茶树菇子实体原基也随之开始形成。变温刺激对原基形成有促进作用。温差越大，形成的原基就越多，故应结合菌袋转色，连续 3～7 天拉大温差，白天关闭门窗，晚上 10：00 后开窗，使昼夜温差达 8～10 ℃，直到袋面出现许多白色粒状物——原基，并分化成菇蕾。除变温刺激之外，在管理上还要注意创造阶段性的湿度差和间隙光照条件。干、湿交替是在喷水后结合通风，使菌袋干湿交替。菌袋转色菌皮未形成之前不宜通风，以免时间过长菌袋失水。为了加大光照刺激，必要时可将棚顶遮阳物拨开或打开门窗，使较强的散射光照射菇床。处理 3～5 天，菌袋表面出现细小的晶粒，并有细水珠出现，再过 2～4 天，袋面会形成密集的子实体原基，随着原基的长大，分化出菌盖和菌柄，形成菇蕾。

在催蕾过程中，若遇环境湿度较低、自然气温较高，已分化原基会萎缩死亡。因此，在自然气温偏高时，不宜过早催蕾。若原基早已形成，要采取降温措施，并注意保湿和调节湿度差。在割袋催蕾过程中若给予过多的震动刺激，尤其是菌袋上部 1/3 部位的菌丝受到震动刺激时，会使原基过早形成，造成现蕾过小、过密，产品的质量和产量降低。

（六）出菇管理

菇蕾形成后，要创造符合子实体生长发育的环境条件。在管理工作上要注意以下几个方面。

第一，出菇期间菇棚温度要保持在 15～26 ℃，以 20～24 ℃为最好。温度在 10～15 ℃时，子实体生长较慢，菌肉肥厚，品质优良，但产量较低；温度在 24～26 ℃时，子实体发育快，菌肉较薄，易开伞，品质较差；温度超过 27 ℃，原基难以形成，易造成死亡，若此时湿度大，通风不良，会使培养料腐烂。

第二，原基形成后，随着子实体生长发育，要增加喷水次数，但空气相对湿度应掌握在比原基分化时稍低，保持在 85％～90％即可。出菇前期主要是向菇棚空间和地面喷水保湿，中后期可以直接向子实体喷水，但在子实体接近成熟时则要停止喷水。此时若菌袋失水过多，则应采取注水或浸水的方法向菌袋补水。

第三，子实体生长期间呼吸作用旺盛，每个菌袋每小时排出二

氧化碳 $0.1\sim0.5$ 克。当空气中二氧化碳浓度过大时，对子实体的分化发育有抑制作用，尤其是对菌盖的分化和展开的作用表现最为明显，会使子实体生长畸形。因此，在出菇期间，要加大菇棚通风，保持空气新鲜。但要注意适当控制局部（袋口）二氧化碳的浓度，使之能促进菌柄伸长，抑制菌盖生长和开伞，提高商品质量。

第四，出菇时的光照度要保持在 $500\sim1\,000$ 勒克斯，不能低于 250 勒克斯。光照不足时，子实体生长慢，菌盖薄，色泽淡；光照过强，对菌盖生长有抑制作用，表面干燥，产量下降。由于茶树菇子实体具趋光性，在生长期间不要随意移动菌袋，也不可使进入菇棚的光源紊乱，否则会导致生长畸形（图 5-2、图 5-3）。

图5-2 正在生长的袋栽茶树菇子实体　图5-3 正在生长的工厂化袋栽茶树菇

（七）再生菇管理

茶树菇袋的出菇期为 $2\sim3$ 个月，可连采 $3\sim4$ 潮菇。生物学效率一般在 $60\%\sim70\%$，高产者可达 $90\%\sim100\%$。

每采完 1 潮菇，将袋口用塑料薄膜盖好，停水 $7\sim10$ 天，保持空气相对湿度达 $70\%\sim75\%$，直到采菇处创面愈合，再按前述方法进行催蕾。转潮菇管理的重点是养菌，促使菌丝恢复生长，积累养分，为下潮菇的形成提供物质基础。

在出菇后期，培养料脱水失重，营养消耗过度，会使菌丝生活力下降。因此，要结合补水补充营养。补水以菌丝恢复生长之后、催蕾之前进行最为适宜。补水后要结合通风将袋口水分晾干。从第三潮菇起结合补水补充营养，可采用 1.5％三十烷醇、0.01％柠檬酸、1％葡萄糖和 0.05％酒石酸混合液作为肥液，有一定增产作用。

四、采收及加工

茶树菇子实体从菇蕾形成到成熟，一般需要 5～7 天，低温情况下需要 7～10 天。菌盖颜色由暗红褐色变为浅肉褐色、菌膜尚未破裂时，为采收适期。茶树菇成熟后很快开伞，若不能及时销售和加工，要将采收时间适当提前，以免成熟过度，因其采后很快开伞，会降低商品价值（图 5-4）。

图 5-4　采收后的茶树菇

采收时要求整丛或单株一次性采下，随即切削菇脚，进行分级。以盖肥、色艳、大小均匀、菌柄粗壮、长短整齐和不开伞者为优质菇，菌柄细长、扭曲和菌盖脱落或破碎者为次级菇。

第六章 鸡腿菇安全高效栽培技术

第一节 概　述

一、学名及分类学地位

鸡腿菇，学名毛头鬼伞（*Coprinus comatus*）又名刺蘑菇、大鬼伞等、属担子菌类，层菌纲，伞菌目，鬼伞科，鬼伞属（图6-1）。鸡腿菇在自然界广泛分布，世界各国均有，我国主要产于北方各省，如河北、山东、山西、黑龙江、甘肃、青海、吉林、辽宁等地区均有分布。

图6-1　鸡腿菇子实体

二、经济价值及栽培概况

（一）营养价值

鸡腿菇幼菇肉质鲜嫩，鲜美可口，营养丰富，被联合国粮食及农业组织（FAO）和世界卫生组织（WHO）确定为集"天然、营养、保健"三种功能于一体的16种珍稀食用菌之一。据分析，鲜菇含水量92.9%。每100克干菇中含粗蛋白质25.4克，纤维7.3克，灰分7.3克，总糖58.8克（其中无氮糖类51.5克），粗脂肪3.3克，热能值1.448×10^6焦。蛋白质中含有20种氨基酸，总量高达 25.63％，其中人体所必需的 8 种氨基酸的含量占氨基酸总量的 46.51％。其中，菌盖中的氨基酸以天冬氨酸、天冬酰胺及谷氨酸为主，菌柄中的氨基酸以鸟氨酸、谷氨酰胺、苏氨酸、甘氨酸、缬氨酸和赖氨酸等为主。此外，还含有一些游离脂肪酸，如亚油酸、硬脂酸、软脂酸等。

鸡腿菇中不仅含有人类必需的大量元素钾、磷、纳、镁、钙等，还含有人体必需的微量元素锌、钼、铁、硒、铜、锰等，是矿物质十分丰富的食用菌。

（二）药用价值

鸡腿菇具有较好的药用价值，其味甘性平，具有益脾胃，清心安肺，降血糖、血压、血脂，改善心律，治疗痔疮等功效，常食用可以助消化，增加食欲，增强机体免疫功能。鸡腿菇的菌丝体和子实体中含有治疗糖尿病的药物成分，能明显降低血糖浓度。另据《中国药用真菌图鉴》记载，鸡腿菇热水提取物对小鼠肉瘤 S180 及艾氏腹水癌具有极高的抑制率。据试验，鸡腿菇热水提取物对小鼠 S180 移植性实体瘤的抑瘤率高达 83.9％，可以明显延长 S180 腹水瘤小鼠的存活期。

鸡腿菇色泽洁白，营养丰富，味道鲜美，含有人体所需要的多种维生素和氨基酸，并含抗癌活性物质和治疗糖尿病的有效成分，长期食用对降低血糖浓度、提高人体免疫功能有较好的效果。鸡腿菇是一种具有较高商业潜能和开发前景的优质珍稀食用菌新品种，被誉为"菌中新秀"。

（三）栽培历史和发展前景

早在 20 世纪 60 年代，欧洲已开始鸡腿菇的栽培研究，70 年代后逐渐引起重视。据《茅亭客话》等书的记载，大约在公元 11 世纪，我国山东、淮北地区就有人用原始的方法栽培"蘑菇蕈"，这种蘑菇蕈就是鸡腿菇。我国的人工驯化栽培起始于 20 世纪 80 年代，90 年代后进入实用性生产阶段，目前我国福建、山西、四川、云南、浙江、湖北、山东、河南、河北等省均有发展。

鸡腿菇属于中低温型品种，季节性较强。目前主要进行春秋两季季节性生产，不能实现周年生产，有的地区通过与其他食用菌种类合理搭配，实现了周年化生产。目前，我国鸡腿菇的生产进入了一个新的历史时期，单生及丛生的新品种不断出现，可满足鲜销和制罐的不同要求。生产原料的来源不断拓宽，由最初的几种原料发展到应用农作物秸秆、菌糠等多种代用料，使农副业废弃物质得到了充分利用，同时降低了生产成本。栽培技术不断提高，栽培方法不断创新，栽培方式由棚室栽培扩展到田间露地栽培，与蔬菜、果树、粮食等作物间作套种，形成了众多的高产栽培模式，栽培效益不断提升。栽培时间由单一秋播发展到春、秋播种或周年栽培，延长了供应时间，均衡了市场需求。

第二节　生物学特性

一、形态特征

在 PDA 培养基上，鸡腿菇的气生菌丝不发达，前期绒毛状，整齐，长势稍快。后期菌丝致密，呈匍匐状，表面有线状菌索。用显微镜观察，鸡腿菇菌丝细长，分支少，粗细不均，细胞管状，细胞壁薄，中间横隔，内具二核。双核菌丝直径一般为 3～5 微米，多无锁状联合现象。

鸡腿菇子实体单生、群生或丛生。菇蕾期菌盖圆柱形，紧贴菌柄，菌柄状如火鸡腿，故名鸡腿菇。后期菌盖呈钟形，成熟后平展，菌盖直径 3～5 厘米。菌盖表面初期白色，光滑，后期表皮开裂，形成鳞片；鳞片初期白色，中期呈淡锈色，成熟时鳞片上翘翻卷，颜色加深；菌肉白色，较薄；菌柄长 7～25 厘米，直径 1～2.5 厘米，圆柱形且向下渐粗，白色纤维质，有丝状光泽；菌环白色，可上下移动，薄而脆，易脱落；菌褶密，与菌柄离生，宽 6～10 毫米，初白色，后呈黑色。孢子黑色，光滑椭圆形，（12.5～16）微米×（7.5～9）微米，囊状体无色、棒状，顶部钝圆，

(24.4～60.3)微米×(11～21.3) 微米。

二、生态习性

春夏秋季雨后生于田野、林园、路边，甚至茅屋屋顶上。子实体成熟时菌褶变黑，边缘液化。保鲜期极短，可食，但少数人食后有轻微中毒反应，尤其在与酒或啤酒同食时易引起中毒。世界各国均有分布，我国主要产于华北、东北、西北和西南，河北、山东、山西、黑龙江、吉林、辽宁、甘肃、青海、云南、西藏等省份均有报道。

三、生长发育条件

（一）营养条件

鸡腿菇属于草腐菌，对基质具有广泛适应性，以农业下脚料为主要碳源。传统碳源主要为棉籽壳、酒糟等，玉米芯、菌渣、作物秸秆等新型基质日益增多，主要氮源为麦麸。碳源和氮源除了作为鸡腿菇菌丝、子实体的营养以外，还要供给原材料发酵，一般发酵结束后碳氮比以（17～30）∶1 为宜；矿质元素主要由石灰、石膏来提供，添加量不超过 2%，不需要专门添加微量元素。

（二）环境条件

鸡腿菇为好氧型大型真菌，在菌丝生长阶段、子实体分化阶段都需要大量氧气，菌柄伸长阶段二氧化碳浓度可以适当提高至 4 000 毫升/米^3，但氧气供应量不能少；菌丝体生长阶段不需要光照，子实体分化阶段可用弱的散射光刺激，在山洞栽培一般采用白炽灯刺激，无光条件下子实体白嫩、弱小；菌丝体对 pH 要求不高，5.0～9.0 均可，由于栽培原料多为糖渣、玉米芯、酒糟等，发酵时 pH 一般控制在 8.0～9.0；鸡腿菇子实体在 18℃ 的条件下，菌丝良好，子实体粗壮、品质高，在高于 22℃ 条件下，子实体细长，容易变软、开伞、病虫害增多；子实体出菇湿度以 85% 左右的相对低湿条件为宜，湿度大容易产生黑头病、黑斑病、菌柄腐烂病等；覆土是鸡腿菇子实体发生的必要条件，一般以田园土覆土成本低，采用草炭土或混合土（草炭土和黄土体积比 1∶2）能明显提高产量，缩短生产周期。

第三节 安全高效栽培技术

一、菌种制作

鸡腿菇菌种质量要求：母种菌丝呈灰白色，稍稀疏，可见到棉线状爬壁菌丝，成熟后略有土黄色，接种块色素较重；原种菌瓶色泽一致，瓶口处有气生菌丝，稍稀疏、纤细，菌龄适宜，未分泌黄水珠；栽培种要求生命力强，不带病、虫和杂菌，未受高温培养和贮存，无老化、退化现象。

（一）母种

母种制作工艺流程：配料→制培养基→分装试管→灭菌→接种→培养→母种。

母种培养基：一般采用 PDA 培养基，配方为马铃薯 20%、琼脂 2%、葡萄糖 2%、水 1 000 毫升，pH 自然。

（二）原种、栽培种

原种、栽培种制作工艺流程：配料→拌料→装料→灭菌→接种→培养→原种、栽培种。

原种培养基配方：

①棉籽壳 75 千克，麦麸 25 千克，石膏 1 千克，磷肥 1 千克，石灰 1 千克，料∶水＝1∶（1.3～1.5）；

②麦粒 100 千克，石膏 1 千克，石灰 1 千克。

栽培种培养基配方：

①棉籽壳 90 千克，麦麸 6 千克，石膏 1 千克，石灰 3 千克，料∶水＝1∶（1.3～1.5）；

②枝条 93 千克，麦麸 5 千克，石灰 2 千克，料∶水＝1∶（1.3～1.5）。

二、栽培设施

栽培设施建在地势平坦、冬暖夏凉、通风良好、便于排水的地方，以利于保温、降温、保湿、遮阳和防治病虫害。可采用冬暖式大棚、人工土洞、人防工程设施等栽培。所选用的建筑材料、构件制品及配套设备等不应对环境和鸡腿菇产品造成污染。

(一) 冬暖式大棚

建造采用东西长 40～50 米、内宽 7～9 米的冬暖式半地下塑料大棚，棚内地面下挖 30～60 厘米，墙体厚 0.8～1.2 米，北墙高出地面 1.8 米以上，每隔 2 米设一个直径为 30～35 厘米的通风孔或建拔气筒，棚内菇畦或出菇床架设为东西向，操作道宽 40～60 厘米。棚顶覆盖无滴膜或黑色薄膜，上覆草帘，低温季节顶膜下适度横遮黑色薄膜，高温季节棚顶上方架空搭盖遮阳网。

(二) 人工土洞建造

选择适宜的黏土沟壑，于距地面垂直厚度大于 6 米处，水平开挖长 80～100 米、宽 2.5 米、高 2 米的土洞。洞要平直，洞门处应建通风缓冲室，一般长 4 米、宽 3 米、高 2.5 米，前、后门高 1.8 米、宽 1.2 米。洞里端通风口上下垂直，下口直径 1.5～2.0 米，上口直径 0.6～0.7 米，总高度 7.5～8.0 米，一般高出地面 1.5～2.0 米。洞顶部呈弓形，洞内靠两壁可搭支架，进行多层栽培，中间设走道，宽 0.4～0.5 米（图 6-2）。

图 6-2　人工土洞

三、栽培季节

利用冬暖式大棚栽培，一般安排在 3～6 月和 10～12 月出菇。

在装袋栽培前 2 个月生产原种，提前 1 个月生产栽培种。采用发酵料生产，需在栽培前 10 天左右对原料进行堆制发酵。

采用人工土洞和人防工程设施可进行冬夏反季节栽培，实现周年生产。采取洞内洞外结合发菌与低温存袋、洞内出菇方式，一年分三批料栽培出菇，每批料出菇 2 潮，洞内栽培管理期平均 3 个月左右，批次间隔期约 1 个月。即从每年 3、4 月开始装袋发菌，5 月入洞覆土，6 月上旬开始出菇，至 7 月中下旬第一批栽培结束；清理土洞及换茬消毒后，于 8 月上中旬第二批菌袋入洞，9 月中下旬开始出菇，至 10 月下旬第二批栽培结束；第三批菌袋于 11 月中下旬入洞，12 月下旬开始出菇，直到翌年 2 月下旬至 3 月第三批栽培结束。

四、常规栽培模式

鸡腿菇的栽培模式主要有两大类：袋式栽培和畦式栽培。袋式栽培又分为大袋直接覆土栽培和菌袋脱袋覆土栽培（图 6-3）。畦式栽培又分为室内床架式栽培和野外拱棚地畦式栽培。根据不同的环境可以选择不同的栽培模式，而较为典型的则是大袋直接覆土栽培。栽培时应因地制宜，根据鸡腿菇出菇时所需要的最适温度及当地的气候变化来确定鸡腿菇的栽培时间。

图 6-3　鸡腿菇袋式栽培

袋式栽培的工艺流程则为：备料→拌料→装袋→灭菌→冷却→接种→发菌管理→脱袋覆土→出菇管理→采收加工。

大袋直接覆土栽培法避免了脱袋制畦的烦琐步骤及脱袋后菌袋之间的交叉感染，并可防止病害的传播。

畦式栽培的工艺流程为：备料→堆料发酵→床畦铺料→播种→

发菌管理→覆土→出菇管理→采收加工。

目前，鸡腿菇和农作物、果蔬套种技术也得到了空前的发展。可以把畦设置在农作物、果树和蔬菜之间，将长斑菌丝的菌袋脱袋后直立并覆上一层土，进行常规管理。这种栽培方式，套种的农作物、果树及蔬菜可以为鸡腿菇遮挡日光，且栽培鸡腿菇的菌渣可以作为农作物及果蔬的有机肥料。这样不仅增加了鸡腿菇栽培的收入，还可以将菌渣重复利用，是实现循环再生的生态系统。

五、栽培原料与配方

(一)原料选择

生产鸡腿菇的原料有棉籽壳、玉米秸秆、玉米芯、麦秸、稻草、豆秸、废棉、酒糟、菌糠、饼肥、麦麸等，要求新鲜、纯净、无霉、无虫、无异味、无有害污染物和残留物。

(二)参考配方

①玉米芯60%、棉籽壳30%、麦麸5%、尿素0.3%、石膏粉1%、过磷酸钙1%、生石灰2.7%；

②类菌糠50%、棉籽壳38%、玉米粉7.5%、尿素0.5%、石灰4%；

③玉米秸秆88%、麦麸8%、尿素0.5%、石灰3.5%；

④玉米秸秆及麦秸各40%、麦麸15%、磷肥1%、尿素0.5%、石灰3.5%。

六、栽培技术要点

严格进行环境消毒，采用鼓风增氧发酵处理酒糟、玉米芯等新型基质，利用"三网、一灯、一板、一缓冲"防虫，咪鲜·氯化锰消毒覆土降低土壤病原菌基数，混合覆土（草炭土与黄土体积比为1∶2）缩短生产周期提高产量，通过低湿管理、适时采收提高产品品质。

(一)鼓风增氧发酵

发酵堆底部采用PVC管加鼓风机，继电控制，每小时鼓风一次，每次 3 分钟，发酵 12～14 天，中间翻堆一次。

（二）环境消毒

首先将旧土洞清理干净，然后用 50% 咪鲜·氯化锰可湿性粉剂 1 000～1 200 倍液及 4.5% 高效氯氰菊酯乳油 1 000～1 500 倍液对洞壁、地面及洞口周围 5 米范围内进行全面彻底喷洒，最后地面撒施石灰粉。菇房门口设置石灰或漂白粉消毒隔离带，栽培操作工具要用 0.5% 苯扎溴铵溶液浸泡 30 分钟消毒或 75% 酒精擦洗、浸泡消毒。

（三）设置防虫网、杀虫灯、粘虫板

分别在洞口及缓冲间内设置 2 道防虫网，洞口间隔 1.5 米安装 3 层 60 目防虫网，第二层网内安装厚帘作为缓冲间，通风口亦设置防虫网；缓冲间内放置一盏杀虫灯；洞内每隔 8 米放置一张粘虫板，黄、绿色板交替放置（不可用蓝色板）。

（四）增氧低湿管理

缓冲间增加鼓风机，继电控制，每小时鼓风 3 分钟，环境相对湿度控制在 80%～90%。

（五）覆土

可采用黄土（远离栽培场地从未种过鸡腿菇地块的土壤，最好是地表 20 厘米以下的壤土）及草炭土，且黄土与草炭土体积比 2∶1。

覆土的处理：50% 咪鲜·氯化锰可湿性粉剂 30～35 克加水 10～15 千克配制成溶液均匀喷洒在 1 米^3 覆土上，然后再按覆土质量的 2%～3% 加入石灰粉，混匀，加水调节含水量至 25%～30%，用薄膜密封堆闷处理 4～5 天，覆土使用前除掉薄膜晾堆 5～6 小时后即可使用。

（六）出菇期管理

注意菇房通风换气，防止菇房形成高温、高湿、又不通气的不良环境。但通风量不宜太大，以免影响菇体外观品质。

发现病菇时，及时剔除，料面撒施石灰粉覆盖消毒。并对接触病菌的工具用体积百分比浓度为75%的酒精或质量百分比浓度为0.25%的苯扎溴铵溶液进行消毒。

（七）采收及转潮期管理

利用小刀等卫生采收，采收后于洞外削根处理，下脚料深埋、焚烧或发酵处理。

一潮菇采收后要及时清理料面，清除死菇、烂菇、残菇及其他杂质。均匀喷洒一遍50%咪鲜·氯化锰可湿性粉剂1 500倍液，等待出二潮菇。对发病的严重区和中心区，挖掉被污染的覆土，用调湿好的新土填平，再用pH为8的石灰水喷洒床面，使覆土和料层含水量达到适宜程度，然后盖好塑料薄膜养菌。

出菇结束后，要彻底清理病菇及各种残体，并且及时清除废弃培养料、杂物等，运离产地较远的地方集中处理，并进行清洁卫生和消毒灭虫工作。处理后，菇棚通风干燥至下次使用。

七、病虫害防控技术

食用菌病虫害防控一般按照"预防为主，综合防治"的方针，坚持以"农业防治、物理防治、生物防治为主，化学防治为辅"的无害化治理原则，以规范栽培管理技术预防为先，采取综合、安全的无公害防控措施。

（一）鸡腿菇常见病害

1. 鸡爪菌

（1）病原菌。病原菌为叉状炭角菌（*Xylaria pedunculata*），生于覆土层上，是鸡腿菇生产中常见且危害较重的病原菌，因病原菌的子座形似鸡爪，被菇农称为"鸡爪菌"。叉状炭角菌作为危害食用菌生长的一种病菌，目前仅在鸡腿菇中发生，而且无论是鸡腿菇袋栽、床栽、畦栽均可发生，在高温高湿环境中发生尤其严重，发生季节大多在鸡腿菇秋季栽培的9~10月和春季栽培的4~6月。叉状炭角菌发生初期隐蔽性较强，菌丝体不易被察觉，只有在其子座长出覆土后才会被发现，该病一旦发生，往往发展迅速。在其发生的菇床上，鸡腿菇子实体生长受到抑制，幼小鸡腿菇生长缓慢、畸形、萎缩直至腐烂、死亡。该菌发生轻时导致鸡腿菇子实体减少，产量下降，严重时整个菇床全部被叉状炭角菌所占据，不再生长鸡腿菇，这种情况在秋栽的初期和春栽的第一潮菇以后极易发生。

（2）防治方法。

①使用纯菌种。

②脱袋覆土栽培时，要仔细检查菌袋内菌丝生长状况，菌丝体呈索状、变黄的菌袋，疑为受叉状炭角菌侵染的菌袋，应单独栽培，以防止扩散传染。

③在气温较高时，采取不脱袋、袋内覆土栽培，可防止鸡爪菌传染扩散。

④出现鸡爪菌时，及时挖出菌筒和取出覆土，防止传染整个菇床。

⑤栽培场地和覆土喷洒多菌灵或甲醛进行消毒。

⑥棚内温度控制在20 ℃以下，可显著降低鸡爪菌发病率和危害程度。

2. 黑斑病

（1）病原菌。病原菌为轮枝孢霉（*Verticillium* sp.），该病发病初期，菌盖上出现黑褐色斑点，后逐渐扩大，病斑中心凹陷，病斑部位质地较干，局限于菌盖表层组织，随着菇体生长和病斑发展，子实体多呈畸形，菌盖短薄，病斑开裂干腐，菌柄受感染时上部外层组织剥裂，产生黑斑，菌肉由外向内变污白至黄褐色，病菇一般不分泌褐色汁液，无特殊臭味，最后病菇整体变黑褐，失去商品价值（图6-4）。该病在菇房中

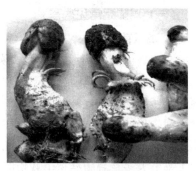

图6-4 鸡腿菇黑斑病

传染性极强，一丛菇体中若有一株菌盖开始发病，很快便传染到菇丛中的其他菇或邻近菇丛，最后造成大面积减产甚至绝产。

（2）防治方法。

①环境消毒。菇房使用前用50％咪鲜·氯化锰可湿性粉剂1 000倍液对洞壁、地面进行全面彻底喷洒，最后地面撒施石灰粉；菇房门口设置石灰或漂白粉消毒隔离带，地面经常撒施石灰、漂白粉混合消毒剂；菇房应安装纱门、纱窗，防止风、虫等介质对病菌的传播。

②覆土处理。覆土要选择远离栽培场地从未种过鸡腿菇地块的土壤，最好是地表20厘米以下的壤土，老菇区需用咪鲜·氯化锰喷洒。覆土消毒：50％咪鲜·氯化锰可湿性粉剂35克加水15千克均匀喷洒在1米³覆土上，建堆，灌水，盖上薄膜，四周封严，密闭3～4天，使水分充分浸润土壤备用。

③栽培管理措施。注意菇房通风换气，防止菇房形成高温、高湿、又不通气的不良环境。出菇时，空气相对湿度要保持在85％～90％，不要超过90％，菇房温度应尽量控制在18℃以下。

④发现病菇时，及时剔除，挖掉被污染的覆土，用调湿好的新土填平，再用pH为8的石灰水喷洒床面，使覆土和料层含水量达到适宜程度，然后盖好塑料薄膜养菌。

3. 黑头病 病原菌为假单胞菌。主要侵染菌盖，病斑黑色湿腐，不开裂，后期菌盖停止生长，形成黑色斑头。黑头病在温度15～25℃，湿度大时易发生，主要是通过土壤、蚊虫传播。常与黑斑病混合发生。防治方法参见黑斑病。

4. 褐色石膏霉（又称褐皮病）

（1）病原菌。病原菌为黄丝葚霉（*Papulariopsis fimicla*），覆土前后都可发生。培养料受侵染时首先出现白色病斑，后虽菌落逐渐扩大，中央部分变黄色，再进一步变成褐色皮状物，但边缘一圈仍是白色。覆土受侵染时在土面上出现白色病斑，并逐渐形成黄色小沙粒状菌核，这些菌核可向料内蔓延，使料内形成更多的菌核，长有褐色石膏霉的部位，鸡腿菇菌丝不能生长。培养料发酵不彻底或湿度过大，堆料中氨气含量过高，都容易发生褐色石膏霉。小菌核随气流传播，可在堆制不良的培养料中存活，旧菇房周围环境中也会有小菌核存在。

（2）防治措施。培养料彻底发酵或熟料栽培，适当增加过磷酸钙和石膏的用量，降低培养料 pH，防止过碱；覆土消毒；局部发生褐色石膏霉时喷 1∶7 醋酸溶液或食醋溶液；发生严重时，子实体采收后，在床面喷代森锌或多菌灵。

5. 白色石膏霉（又称白皮病、臭霉菌等） 病原菌为粪生帚霉 [*Scupulariopsis fimicola*（Cost et Matr.）Vuill]，常发生在培养料及覆土层表面，初为斑块状浓密的白色菌丝，像撒上石膏粉一样，成熟后变粉红色。有白色石膏霉生长的地方，鸡腿菇菌丝生长受到抑制。当病原菌干枯减少后，鸡腿菇菌丝仍可生长，但活力已大减。病原菌可产生大量孢子，借气流传播，常常反复感染。培养料发酵不良，湿度过大，偏碱性（pH 8.2 以上）时，病害发生严重。防治措施参见褐色石膏霉。

（二）鸡腿菇常见虫害

危害鸡腿菇的害虫主要有嗜菇瘿蚊及其幼虫（菇蚊、菇蛆）、黑腹果蝇及其幼虫（菇蝇，菇蛆）、跳虫、螨类、线虫、蛞蝓（鼻涕虫）等。

遵循"预防为主、综合防治"的防治方针，坚持以农业防治措施为主，以药剂防治措施为辅，采取"农业、物理、生态"绿色综合防控技术。

1. 农业防治 保持环境卫生，菇房在使用前喷洒一次农药，杀灭害虫后再撒上一层石灰；发菌期间，发菌室地面、墙壁、袋子上喷洒长效杀虫剂；覆土后出菇前喷洒一次氯氰菊酯。

2. 物理防治 菇棚的门窗要安装防虫网，防空洞、地下室进门处留一段黑暗区，以防飞虫乘隙进入菇棚内引发病虫害。采用黑光灯、粘虫板诱杀或采用毒饵诱杀，用菜籽饼（也可用棉饼、豆饼替代）主要诱杀螨虫，方法是在菇床上铺若干纱布，纱布上铺一层炒熟的菜籽饼粉，螨类闻到香味后便会聚集于纱布上取食，此时将纱布连同螨虫一起放入沸水中浸烫，或取子实体掺入农药，置盘中诱杀。

3. 生物防治　使用植物源农药和生物农药等防治虫害。

4. 药剂防治　产前结合场地整理进行药剂消毒与灭虫，生产过程中定期消毒与灭虫。选用已在食用菌上登记的、允许使用药剂进行针对性防治，但出菇期不得向子实体喷药。

第七章 蛹虫草安全高效
栽培技术

第一节 概 述

蛹虫草（*Cordyceps militaris*）又名北冬虫夏草、北蛹虫草、虫草等。属于真菌门，子囊菌类，核菌纲，麦角菌目，麦角菌科，虫草属。蛹虫草是我国一种名贵的中药材，所含药用成分和多种药效与冬虫夏草相似，特别是其活性成分虫草酸和虫草素含量明显高于冬虫夏草，使其得到人们的关注。近年来，由于野生蛹虫草资源不断减少，而人们对其需求量却日益增加，因此，蛹虫草的人工栽培具有重要意义。

蛹虫草在我国东北和西南有广泛分布。可治疗结核、人体虚弱、贫血症等，据报道蛹虫草具有抗癌功效。

第二节 生物学特性

一、形态特征

（一）菌丝体

蛹虫草是一种子囊菌，通过异宗配合进行有性生殖。其无性型为蛹草拟青霉。其子实体成熟后可形成子囊孢子（繁殖单位），孢子散发后随风传播，孢子落在适宜的虫体上，便开始萌发形成菌丝体。菌丝体一面不断地发育，一面开始向虫体内蔓延，于是真菌就会感染蛹虫，分解蛹体内的组织，以蛹体内的营养作为其生长发育的物质和能量来源，最后将蛹体内部完全分解。

（二）子实体

一般当蛹虫草的菌丝把蛹体内的各种组织和器官分解完毕后，菌丝体发育也进入了一个新的阶段。形成橘黄色或橘红色的顶部略膨大的呈棒状的子座（子实体）。

二、生长发育条件

（一）温度

在蛹虫草的不同生长发育阶段都有最适温度、最低温度和最高温度的界限。菌丝生长温度 6～30 ℃，低于 6 ℃极少生长，高于30 ℃停止生长，甚至死亡，最适生长温度为 15～25 ℃；子实体生长温度为 10～25 ℃，最适生长温度为 18～25 ℃。人工栽培时应保持恒温培养，原基分化时需较大温差刺激，一般应保持 5～10 ℃温差。

（二）水分

水分是蛹虫草细胞的重要组成部分。菌丝生长阶段，培养基含水量保持在 60%～65%，空气相对湿度保持在 60%～70%；子实体生长阶段，培养基含水量要达到 65%～70%，空气相对湿度保持在 85%～90%。要注意培养基适时补水和补充营养液。

（三）空气

蛹虫草需要少量空气。但在子实体发生期要适当通风，增加新鲜空气。否则，二氧化碳积累过多，子座不能正常分化，影响生长发育，易出现密度大、纤细的畸形子实体。

（四）光照

菌丝生长阶段不需要光照，应保持黑暗环境。但转化到生殖生长阶段需要明亮的散射光，光照度为 100～240 勒克斯。光照强，菌丝色泽深，质量好，产量高；光照弱或完全黑暗，气生菌丝生长旺盛，易出现冒菌现象，阻碍子实体的形成。

（五）酸碱度

蛹虫草菌丝生长发育适宜 pH 为 6.5。pH 过高或过低均不利于菌丝和子实体生长。

第三节 安全高效栽培技术

一、栽培品种

选用经过出草试验，菌丝洁白、适应性强、见光后转色、出草快、性状稳定的速生高产优质蛹虫草菌种。泰安市农业科学研究院采自泰山、自繁自育品种 TS3，该品种抗杂性强、出草快、品质好、子实体橘红色、粗细适中，长度平均在 8 厘米左右，生物学效率高，是适合山东省栽培的优良品种。

二、栽培时间

蛹虫草属于中温型食用菌。虫草子实体原基分化的最低温度为 18 ℃，子实体适宜生长温度在 18～25 ℃。代料栽培的蛹虫草从接种到采收需 40～60 天，利用自然条件栽培，北方适宜的栽培季节为春、秋两季，春季 4～6 月，秋季 9～11 月。如在培养室和可控温的栽培大棚里可进行周年栽培。

三、栽培方式

采用液体菌种接种，500 毫升罐头瓶立体床架式培养。该方式接种快、菌丝萌发均匀、单位面积栽培量增加、缩短生产周期、降低成本、提高设备利用率。也可以用耐高温高压的塑料盒栽培。

四、培养基配方

（一）液体菌种培养基

马铃薯 200 克（煮汁）、麦麸 40 克、磷酸二氢钾 1.5 克、硫酸镁 0.7 克、葡萄糖 20 克、维生素 B_1 1 片、水 1L，pH 自然。

(二) 出草培养基

配方 1：大米 93%、葡萄糖 2%、蛋白胨 2%、蚕蛹粉 2.5%、柠檬酸铵 0.2%、硫酸镁 0.2%、磷酸二氢钾 0.1%。

配方 2：大米 90%、蚕蛹粉 9%、蛋白胨 0.35%、酵母粉 0.5%、硫酸镁 0.05%、磷酸二氢钾 0.1%。

配方 3：大米 68%、蚕蛹粉 26%、蛋白胨 1%、蔗糖 5%、维生素 B_1 1 片。

五、菌种制作

(一) 摇瓶菌种制作

将液体培养基分装于 500 毫升三角瓶中，每瓶加培养液 200 毫升，聚丙烯薄膜封口，温度 122℃、压力 0.11 兆帕，高压灭菌 20 分钟，冷却至 23℃，在无菌条件下，从活化好的斜面菌种中挑取 4~5 块黄豆粒大小的菌块，接入三角瓶中。避光、静置培养 24 小时，置于摇床上，摇床转速 160 转/分，于 23℃下培养 5 天左右，形成大量菌丝体，培养液清亮，有浓郁的蛹虫草香味，即可用于栽培接种。若培养液浑浊，被杂菌感染，应禁止使用。

(二) 发酵菌种制作

利用液体发酵罐，100 升发酵罐加入液体培养基 80 升，温度 122℃、压力 0.11 兆帕，灭菌 40 分钟。灭菌结束冷却至 25℃通入无菌空气，调节通气量，接入 1 升事先做好的摇瓶菌种培养。发酵培养条件：温度（24±1）℃、通气量 1：0.8（液体和气体的比例）、培养时间 72 小时。

六、接种发菌

(一) 装料

以 500 毫升罐头瓶为栽培容器，上述出草培养基配方任选一种。每瓶加干料 30 克，拌料要均匀，含水量 60%~65%，pH 为

6~6.5，用聚丙烯薄膜封口。

（二）灭菌

装瓶完毕及时进行灭菌，防止培养料酸败。在 0.15 兆帕蒸汽压力下灭菌维持 40 分钟，或常压 100 ℃蒸汽灭菌 10 小时。灭菌后培养基要求上下湿度一致，大米粒间有空隙，不能呈糊状。

（三）接种

瓶内温度降至 25 ℃即可接种。在无菌条件下，接入摇瓶或发酵菌种，每瓶接种 8 毫升。接种完毕移入发菌室发菌。在蛹虫草栽培过程中，应选用发酵菌种。发酵菌种栽培种生长速率、菌丝含量、菌丝活力、转色率、原基分化率、子实体得率、子实体商品性，每环节都表现出优势，且一次性制种量大、接种快捷、栽培周期短、效益高，易于规模化生产蛹虫草。

（四）发菌

将接完种的瓶子放于 22~23 ℃、空气相对湿度为 60％~70％的发菌室，避光培养。发菌室要求清洁、保温、通风透气，并经过灭菌处理。每天通风 1 次，每次 0.5 小时左右，保持室内空气新鲜。定期检查发菌情况，发现污染袋立即清除。一般接种 7 天左右，菌丝长满培养基即可出草。

七、出草管理

（一）见光转色

当菌丝长满料面，根扎到瓶底，长得浓茂密集，并出现鼓包突起，营养生长完成，开始见光转色出草。白天利用自然散射光，晚间可利用日光灯作光源，保持 200 勒克斯左右，每天应不少于 10 小时光照，温度 18~23 ℃，相对湿度保持在 85％以上，促使菌丝体转色和刺激原基形成。菌丝见光 10 天左右，由白色逐渐变为橘红色，并分泌橘红色水珠，培养基表面即会出现米粒状橘红色原基。注意环境湿度，湿度太大易诱发培养基产生过多气生菌丝，对诱导原基不利；湿度太小易使培养基过早失水而影响产量。

（二）子实体生长

大部分料面原基形成后，用粗针在封口膜上扎几个孔，适当通风，以利瓶内气体交换，补充新鲜空气，相对湿度加大到85％～90％，保持温度20～23℃，促使原基伸长形成子实体。蛹虫草子实体有较强的趋光性，因此在子实体形成后，应根据情况适当调整培养瓶与光源的相对方向，或调整室内光源方向，使受光均匀，以保证子实体的正常生长形态，从而增加产量，提高商品性。

（三）子实体采收

待子实体长到8厘米左右时，不再生长，其顶端出现龟背状花纹时，表明已成熟，适时采收。如采收过晚，子实体枯萎、倒苗腐烂、表面易出现气生菌丝，且子实体颜色暗淡，失去商品性。采收时，去掉封口膜，将子实体连同培养基一起取出，用刀片从子实体根部切断即可。采收下的子实体及时晾干或低温烘干，用塑料袋包装，出售。如暂不出售，应密封置于低温干燥处贮存，水分应低于13％，防止发霉变质。

八、病虫害预防

能否有效地防治病虫害是蛹虫草人工栽培成功与否的关键。危害蛹虫草的病害主要有绿霉、黑霉、黄霉等真菌病害和醋酸杆菌等细菌病害；虫害主要有螨类、蝇蛆等。适合蛹虫草生长的环境也适合病菌害虫滋生繁殖，病虫害一旦发生，单靠药物治疗不容易根除，也易杀伤蛹虫草，用药不当造成药害，形成农药残留，失去商品价值。因此在蛹虫草人工栽培中，应按照预防为主综合防治的原则进行病虫害防治。

（一）搞好室内及环境卫生

栽培场所要远离仓库、饲料房、饲养场、垃圾场等污染源，杜绝病虫害传播途径。接种室、菌种室、栽培室等的门窗及通气孔要安上纱网，防止蝇虫飞入，经常清扫、消毒和检查。消毒时，可用0.5％高锰酸钾或3％甲酚皂溶液等对室内地面、墙壁和空间进行喷雾消毒，也可用甲醛进行熏蒸。

（二）严格选用原料

栽培原料要新鲜、无霉变、无质变、无虫蛀、无异味，培养基灭菌要彻底。

（三）选用优质菌种

选用优质、高产、健壮、适龄、无污染的菌种，不用老化、退化、被污染的菌种，菌种应从正规菌种厂购买或自行选育。

（四）严格无菌操作

接种环境、接种工具要清洁、消毒，接种时严格按无菌操作规程进行。

（五）及时防治

适时检查，发现污染及时妥善处理，并找出原因，加以克服，把病虫害消灭在发生之前。

第八章　草菇安全高效栽培技术

第一节　概　　述

　　草菇是一种重要的热带亚热带食用菌。草菇属于伞菌目，光柄菇科，草菇属。全世界记载的草菇种、亚种和变种有 100 多个。由于分布和生活条件的差异，不同的种在形态特征上也有区别。目前的栽培种主要是草菇，有少数地区栽培同属的其他种（如 *Volvariella diplasia*、*Volvariella esculent* 等）。草菇的人工栽培起源于广东韶关的南华寺，300 年前我国已开始人工栽培，在 20 世纪 30 年代左右由华侨带到世界各国。草菇因常常生长在潮湿腐烂的稻草中而得名，又有秆菇、麻菇、兰花菇、南华菇、贡菇、中国菇、美味苞脚菇等之称。

　　草菇肉质脆嫩，味道鲜美，菇汤如奶，营养价值很高，是宴席珍品。草菇含有较多的鲜味物质——谷氨酸和各种糖类，故草菇具有独特鲜味。草菇性寒凉，味甘，微咸，无毒。有补脾益气、清热解暑、抗坏血症、提高免疫力、加速伤口和创伤愈合等功效。它还具有降低胆固醇和抗癌、解毒作用，可使铅、砷、苯等与维生素 C 结合形成抗坏血元，随小便排出体外。还可阻止体内亚硝酸盐等形成。

　　草菇栽培主要在中国、韩国、日本、菲律宾、马来西亚和泰国等亚洲国家，草菇是中国的传统出口产品，中国草菇产量居世界之首，主要分布于华南地区，多产于两广、福建、江西、台湾等地。

第二节　生物学特性

一、形态特征

(一) 菌丝体

草菇菌丝体呈白色或黄白色，半透明，具丝状分枝。在显微镜下观察，为透明体，有分枝和横隔。草菇的菌丝细胞是多核的，每个细胞内，细胞核的数目不定，且在细胞内分布不均匀，有时几个集结在一起，有时均匀分布在细胞质中，有些是在细胞的正中，有些则是贴近细胞壁。草菇菌丝无锁状联合。草菇菌丝分为初生菌丝和次生菌丝。初生菌丝是从担孢子萌发形成的，呈辐射状，通常比较细长、分枝少、气生菌丝旺盛。次生菌丝是由不同的初生菌丝体融合发育而来的，次生菌丝比较粗短，分枝多且主要分枝更宽、生长更多更快，我们平时看到的菌丝体即为次生菌丝交织而成。次生菌丝在适当时期还会产生无性的厚垣孢子。

(二) 子实体

草菇子实体单生或群生。菌盖近钟形，直径为5～19厘米，完全成熟后伸展为圆形，中部稍凸起，边缘完整，表面有明显的纤毛，近边缘呈鼠灰色或褐色，中部色深，具有放射状条纹，菌肉白色、细嫩。成熟开伞的草菇子实体由菌盖、菌褶、菌柄及菌托四部分组成。菌盖展平，中央稍突起，表面灰色，中间较深，往四周渐浅，其色泽的深浅随品种和环境光照度的不同而有差异，有黑褐色纤毛，形成放射状条纹。菌盖下面是密集的菌褶，菌褶是孕育担孢子的场所，由280～380片不等的刀片状薄片组织组成，菌褶与菌柄离生，不等长，边缘完整，初期菌褶为白色，随着子实体发育逐渐变为粉红色，子实体成熟时变为红褐色，外表着生草菇孢子。孢子光滑，椭圆形，(4～5)微米×(6～8)微米，孢子印粉红色或红褐色。菌柄浅白色，内实心，呈圆锥或圆柱状，长 5～18 厘米，粗 0.8～2.0 厘米，菌柄组织由紧密条状细胞组成，最顶端为生长组织，其下为伸长部分，成熟后质地变粗，纤维质增多。

从菌丝扭结到子实体成熟，草菇子实体大致经历了针头期、小纽扣期、纽扣期、蛋形期、伸长期和成熟期 6 个时期。针头期是次级菌丝扭结形成的针头大小的草菇原基的时期；原基不断长大进入小纽扣期，此时还没有器官分化；当长到纽扣大小时开始菌盖和菌柄的分化，进入的幼菇阶段称为纽扣期；草菇幼菇不断长大，内部开始分化出菌盖、菌柄、菌褶等器官，外观上看呈鸡蛋或鸭蛋状，此时为蛋形期；让其继续生长发育，便进入伸长期，此时顶端的菌膜将被突破，突破后外菌膜残留在菌柄基部，形成灰黑色、边缘不规则、杯状的菌托，在菌托中伸出菌盖和菌柄，菌盖呈钟罩形，菌柄上小下大呈圆锥或圆柱状；继续生长就会开伞进入成熟期。

二、生长发育条件

（一）营养

草菇是一种草腐菌，只能利用现成的有机物生长。菌丝体对营养的要求主要是碳源和氮源，其生长最好的碳源是纤维素或半纤维素的分解产物，适宜的氮源为尿素、铵盐和多种氨基酸；营养生长阶段碳氮比（C/N）以 20：1 为宜，而在生殖生长阶段其碳氮比（C/N）则以（30～40）：1 为好。此外，添加多种矿质元素，如钾、镁、铁、硫、磷和钙等以及一定量的维生素，尤其是 B 族维生素对菌丝体的生长更好。

（二）温度

将接有草菇菌丝的 PDA 平板分别放置在温度间隔为 5 ℃的环境中培养，结果表明草菇菌丝体的生长要求较高温度，在 20～40 ℃，温度的变化对其生长速度影响很大。菌丝体生长最适温度为 32～35 ℃，高于 42 ℃或低于 15 ℃都会受到强烈抑制，5 ℃以下或 45℃ 以上的温度容易引起菌丝体死亡，子实体分化发育的适合温度是 27～31℃，23℃ 以下难以形成子实体，21℃ 以下或 45℃ 以上菇蕾死亡。厚垣孢子萌发最适温度是 40℃，可以在 50℃ 下 24 小时或 4℃ 下 14 小时不失活。不同草菇菌株的温度习性有一定差异。

（三）水分和湿度

在不同含水量的培养料中接种草菇菌丝，放置 35℃ 培养：基质含水量 50%～75% 菌丝均能生长，最适基质含水量 65%～75%，含水量高菌丝较稀疏。不同含水量下不同品种间菌丝生长情况存在差异。子实体生长要求 80%～95% 的相对湿度，以 85%～95% 为宜，高于 95% 时菇体易腐烂，低于 80% 时菇体生长受到严重抑制。

（四）酸碱度

草菇菌丝体生长的适合 pH 为 5.0～10.0，培养料中最适于菌丝生长的 pH 为 8.0，担孢子的萌发以 pH 6.0～7.5 为宜，最适 pH 是 7.5，高于 7.5 时担孢子萌发率急剧下降。

（五）氧气

草菇是好氧性真菌，在进行呼吸作用时吸入氧气和排出二氧化碳。空气中的二氧化碳浓度太高对草菇的生长发育具有明显的抑制作用，甚至导致生长停止或死亡。充足的氧气是保证草菇子实体能够正常生长发育的重要条件之一，生产中要注意通风，以增加氧气和控制二氧化碳浓度。

（六）光照

草菇担孢子的萌发和菌丝的生长不需要光照，太阳光直射甚至会影响菌丝体的生长；草菇的子实体在黑暗的条件下可以正常生长，但是一定的散射光对子实体的形成有促进作用。子实体的颜色会随着散射光变强而加深，同时子实体组织也变得更致密，但强烈的直射光会抑制子实体的生长发育。

第三节　安全高效栽培技术

一、菌种制作工艺

（一）母种制作

草菇母种培养一般采用马铃薯葡萄糖琼脂（PDA）培养基或马铃薯葡萄糖琼脂综合培养基，生产上也常用到稻草浸汁培养基、蔗糖酵母膏培养基和葡萄糖蛋白胨培养基。

马铃薯葡萄糖琼脂培养基：马铃薯（去皮）200克、葡萄糖20克、琼脂18～20克、水1 000毫升，pH自然。

马铃薯葡萄糖琼脂综合培养基：马铃薯（去皮）200克、葡萄糖20克、磷酸二氢钾2克、硫酸镁0.5克、琼脂18～20克、水1 000毫升，pH自然。

稻草浸汁培养基：切碎稻草200克、蔗糖20克、硫酸铵3克、琼脂18～20克、水1 000毫升，pH自然。

蔗糖酵母膏培养基：马铃薯（去皮）200克、蔗糖20克、酵母膏或酵母粉6克、硫酸铵3克、琼脂18～20克、水1 000毫升，pH自然。

葡萄糖蛋白胨培养基：葡萄糖20克、蛋白胨2克、磷酸二氢钾0.6克、硫酸镁0.5克、维生素B_1 0.5克、琼脂18～20克、水1 000毫升，pH自然。

接种完应及时移入已消毒的培养场所，如隔水式恒温培养箱进行培养，空间相对湿度控制在75%以下，调控培养温度32～35℃，菌种培养期间应每隔2～3天检查一次。发现斜面培养基或棉塞受杂菌污染，菌丝不生长、长势弱或生长不均匀，菌落形态与所培养的食用菌种类菌丝菌落的典型特征不符的以及培养基干燥收缩等等不合格的试管菌种，要及时拣出、及时处理或淘汰。

（二）原种、栽培种制作

草菇原种与栽培种培养基配方如下。

纯麦粒培养基：小麦粒 97%、碳酸钙 1.5%、石灰 1.5%。

稻草、麦粒合成培养基：小麦粒 88%、稻草粉 10%、石膏 1.5%、食盐 0.5%。

稻草、牛粪、麦粒合成培养基：小麦粒 83%、发酵干牛粪粉 10%、稻草粉 5%、石膏 1.5%、食盐 0.5%。

砻糠、牛粪、麦粒合成培养基：小麦粒 75%、发酵干牛粪粉 18%、砻糠 4%、石膏 1%、石灰 2%。

草木灰、砻糠、牛粪、麦粒合成培养基：小麦粒 78%、发酵干牛粪粉 12%、砻糠 5%、草木灰 1.5%、石膏 1.5%、石灰 2%。

棉籽壳、麦粒合成培养基：小麦粒 87%、棉籽壳 10%、碳酸钙 1%、石灰 2%。

草菇堆肥培养基：马厩肥 42%、废棉 42%、碎稻草 11%、米糠 2%、石灰 3%。

将晒干的马厩肥、废棉、稻草浸湿，与米糠、石灰混匀。堆积发酵 3 周，调水至含水量 65%，装瓶灭菌。此为印度尼西亚培养草菇原种、栽培种菌种的配方，使用效果很好。

培养基灭菌、冷却后，无菌操作接种母种或原种，接种后全部移至培养箱或培养室，室温在 30~32 ℃。24 小时后即可检查，在菌丝封口前最好每天检查一遍，及时捡出污染的菌种。菌种长满瓶后 3~5 天为最适菌龄，750 毫升菌种瓶，菌龄为 20~30 天，特别要指出的是培养室要清洁、通风，室外环境也要清洁。

二、栽培工艺

（一）草菇栽培的一般要求

1. 栽培模式 草菇栽培模式有袋栽、床架式栽培、地栽三种。袋栽采用稻草半熟料栽培，生物学效率可达到 40%，但制作工艺较复杂，推广面积较小。床架式栽培采用废棉、杏鲍菇菌渣、玉米芯等原料，设施有土棚、砖棚、保温棚等，生物学效率在 20%~30%，是目前推广面积最大的栽培模式。地栽的传统原料是稻草，采用生料栽培，生物学效率较低，仅 10%，但近年山东莘县推广的以玉米芯为主料的强碱性生料栽培技术突破了地栽生物学效率低的瓶颈，逐步将草菇生物学效率提高到 80%～100%。不同栽培模式针对不同人群，投入大小也不同，所以企业或种植户可以因地制宜，结合自身情况选择不同栽培模式。

2. 栽培季节的选择 草菇属于高温型恒温结实性食用菌，菌丝生长温度 20～40 ℃，菌丝生长最适温度为 32～35 ℃，子实体分化发育的适合温度是 27～31 ℃。因此，草菇的栽培季节多在夏季，但不同菌株对温度的要求有别，不同地区气候也存在差异，应根据草菇菌株的种性和当地的气候特点确定栽培时机。通常希望接种后发菌和出菇温度都能在栽培菌株生长最佳的温度范围内，并以出菇温度为主，查阅草菇栽培地 20 年的气象资料，找到日平均温度稳定在草菇最适宜出菇中心温度 27～31 ℃的时间，往前推 6～7 天确定为下种的时间。确定了下种时间后，再以这一时间为基准调节各级菌种的制种时间。南方多在 4～10 月、北方 6～9 月。

3. 环境条件 选择通风良好、地势高，地面开阔，远离禽舍、畜厩、仓库、生活区和粉尘飞扬的工厂等污染源的场所，在接近溪流、水渠等用水方便的位置，借鉴食用菌标准化栽培菇房搭建草菇专业菇房。

菇房坐北朝南，东西走向，每间菇房面积不宜太大，在 100～120 米² 为佳；菇房内用毛竹或角铁搭建出菇架，出菇架底层离地 0.4～0.5 米，顶层离屋顶 1.0 米以上，层间距 0.6 米，层数 5～7 层，单面操作床架宽 0.6～0.7 米，双面操作 1.2～1.4 米，床架离墙至少 0.3 米，床架间过道 0.8～1.0 米。房内要求有足够的散射光，实墙菇房或菇房较大的要配备 40 瓦的照明日光灯，日光灯安装在过道上方或墙面中心高度 1.5 米左右处，每隔 4.0～5.0 米均匀布设，光照度要达到 300～500 勒克斯，以菇房内能正常阅读为宜；墙体以土墙为好，若用砖墙厚度应达到 24 厘米，墙体隔热保温性能差的可考虑内贴白色聚苯乙烯塑料泡沫板，每个走道设有上、中、下通风窗，通风窗大小为 0.4 米×0.6 米。沿海地区也可直接用泡沫板搭建保温菇房，选用的泡沫板厚度和密度根据栽培地的冬季气温而定，越是温度低的地方保温板材厚度应越大、密度越高，南方沿海地区冬季气温较高、昼夜温差小，可以考虑用 7 厘米厚密度为 15 千克/米³ 的泡沫板。当然，无论什么地方泡沫板厚度越大，密度越高，保温性能越好就越有利于冬季栽培时的环境条件控制，但菇房构建成本也就越高，应根据具体的气候情况和栽培者的经济实力做出恰当的选择。有的是利用双孢蘑菇栽培房在非双孢蘑菇产季用于草菇栽培。

另外，在冬季栽培时还要配备加温设备。发菌期间随着菌丝的生长，培养料不断降解，自身会发热，夏季栽培需要特别注意通过通风透气促进其散发热量，而冬季栽培则应充分利用这些热量来提高菇房内的温度促进菌丝生长，温度不够时有必要借助加温设备加以调节；栽培后期进入出菇阶段后菌丝对培养料降解效果明显降低，发热显著减少，更需要通过加温设备来调控理想的出菇温度。

4. 生产用水 培养料配制、发酵料用水应符合灌溉用水的规定，出菇期喷水应符合国家饮用水标准的规定。

5. 栽培原料 适合草菇床架栽培的配方很多，一般纯稻草栽培出来的草菇口味比废棉栽培出来的草菇浓郁得多，但纯稻草栽培基质保水性能差，产量低；废棉持水力高，对高温型的草菇薄料床栽而言大大提高了培养料的保水能力，更方便水分管理，故可明显提高产量；选择稻草、废棉混合料栽培草菇，既有较好的风味又能获得较高的产量。山东莘县、江苏常州及福建漳州等一些地区的菇农还采用杏鲍菇、金针菇的废菌料作为草菇生产主料的栽培方式，取得了很好的经济效益。

（二）莘县"一步法"地栽模式

莘县"一步法"地栽模式是一种利用种植蔬菜用的日光温室、大棚或拱棚在夏季休闲期覆土栽培草菇的模式，它的优点在于设施简单、成本低、产量高、效益好，栽培后菌渣还田，可以改良土壤理化性质，增加土壤有机质含量和有益微生物数量，大大减少土传病害发生，减缓土壤连作障碍，不仅能增加下茬蔬菜产量，还能避免土传病害导致的减产。该模式采用整玉米芯覆土栽培，将玉米芯使用石灰水浸泡，使原料由酸性变成强碱性，有利于草菇菌丝生长。整玉米芯呈畦状堆置在大棚地面，播种后覆土，由于整玉米芯颗粒较大，因此原料间缝隙比较大，有利于草菇菌丝生长，料面覆土后可以压紧原料，使原料不至于太松散，还能保温保湿。该模式由于采用生料栽培，播种量较其他模式更大，占玉米芯用量的15％，有利于菌丝快速占领料面，提前出菇。采用料面＋覆土面两层播种的方式，有利于菌丝快速发满出菇。发菌6～8天后通过喷水、降温等措施催蕾，8～9天后就可采菇，一般可采3～5潮。草菇有较强的分解纤维素、半纤维素能力，而半纤维素比纤维素容易降解。玉米芯中半纤维素含量高，属于较好利用的碳源，而且石灰能破坏纤维素、半纤维素的结构，使之更易于降解，因此产量比传统稻草、废棉或杏鲍菇菌渣栽培要高，一般每 667 米^2 产量都在4 000～5 000 千克。该模式主要有大棚和原料预处理、上料播种、发菌和催蕾、出菇管理、应急管理、采收和转潮管理、栽培后管理等几个过程。

1. 大棚和原料预处理 栽培前先把处理好的鸡粪或牛粪均匀撒入棚内，可增施碳酸氢铵100～200 千克，有增加氮源和杀灭杂菌作用。施完粪后，旋耕 2 遍，然后关闭大棚所有通风口，闷棚5～7天，上料前大棚浇一遍透水。

（1）玉米芯预处理。如图8-1所示，选用新鲜、无霉变的整玉米芯，不用粉碎，整穗即可，暴晒 3 天左右，期间翻晒几次。根据玉米芯的数量，挖好浸泡池，铺上塑料布，均匀撒 30 厘米厚的玉米芯，其上撒一层 1～3 厘米厚的生石

图 8-1 玉米芯泡料

灰，之后铺一层玉米芯撒一层石灰，最后在浸泡池内灌满水，使料完全浸入水中，石灰用量掌握下层少上层多的原则，石灰要留1/5，以后分次补充加入。根据气温高低和玉米芯材质不同，一般需要浸

泡6~9天，中间翻料2~3次，当掰开浸泡的玉米芯，中间完全发黄，达到表里一致，原料就算泡好了。泡料池选址以方便上料为原则，可选在大棚内、棚前或大棚周边。池深80~100厘米，上宽下窄。大小根据料的多少设定，按照每立方米玉米芯约重90千克的系数推算泡料池的大小，池内铺设大棚膜以防渗水。

（2）畜禽粪预处理。如图8-2所示，上料前20天发酵处理鸡粪或牛粪，将鸡粪或者牛粪堆制成2米宽的圆形堆，边加粪边洒水，建堆后在鸡粪或牛粪上面盖上塑料布并压紧周边，保温防水，这样自然发酵15~20天就可以使用了。

2. 上料播种　草菇进料的时候普遍采用人工进料。在规模化生产时，可以选用专用的进料机进料，效率会更高。地栽草菇进料采用人工进料，先用工具把浸泡好的玉米芯从浸泡池中捞出，可以将泡料的池子挖在棚内，这样方便上料，上料时在地面上铺上竹竿，装料筐在竹竿上滑动，十分方便（图8-3）。

图8-2　鸡粪发酵　　　　　图8-3　上　料

铺料时在棚内横向铺设料床，料床宽0.8米左右，留料床间距0.5~0.6米作走道，料面整成龟背形，最高处25~30厘米（低温时料厚，高温时料薄），在高温时，如果料铺得太厚，发菌时容易造成料内温度过高，造成烧菌的现象，会造成一定程度的减产。

如图8-4所示，播种时破开袋后把菌种均匀撒播在料床上，菌种用量一般占培养料的5%~10%。地栽时因为是生料栽培，菌种用量较大，需要占到培养料的12%~15%，而且地栽需要覆土，播种需要在料面和覆土面播两层，3/4播在料面，1/4播在覆土面。

一般每 667 米^2 播种量 600～750 千克。播种时可以将少量麸皮或玉米粉混在菌种里播种，效果会更好，麸皮用量一般为菌种量的 5%。

播种后覆土时可以直接在走道中取土，覆盖料面要均匀，土层不宜过厚，以 2～3 厘米为宜（图 8-5）。覆土后覆盖薄膜，保温保湿，2～3 天后料温升至 38 ℃时撤去薄膜。

图 8-4 播　种　　　　　　图 8-5 覆　土

播种时要选择优良的菌种，好的菌种是高产的必备条件。目前北方地区可选用的优良菌种有 V15、V23、V28、V53、V35 等。莘县"一步法"地栽模式常用的品种有 V15、V23 等。

需要注意的是，草菇是一种高温食用菌，菌丝在培养基内生长迅速，极易老化，因此在生产时，要根据生产需要，选择菌龄15～20 天的栽培种。

菌龄超过 25～30 天，会出现菌被，表面呈淡黄色。厚垣孢子浓密，呈红褐色，菌丝活力有变弱趋势。这样的中老龄菌种不可再继续贮藏，要立即使用。

菌龄超过 35～40 天，培养基内的菌丝逐渐变得稀疏，且表面菌被变黄，厚垣孢子布满料面，菌丝开始萎缩。属老龄菌种，其生活力明显下降，不宜再作为菌种使用。

菌种对草菇生产影响很大，慎重起见，不建议农民朋友自行制作菌种，最好到正规的菌种厂订购。还有一点需要注意，草菇的生殖方式是异宗结合，因此在生产中如果在一个棚里栽培两个品种时，不同品种的菌丝会发生"异宗结合"现象而延缓子实体的生长，造成严重的减产。因此在生产中要注意品种的使用。地栽的农户，尽量不在一个棚内连年栽培。

3. 发菌和催蕾 草菇菌丝生长不需要光照，因此棚内有一定的散射光即可。草菇菌丝体最适生长温度30～35 ℃，低于15 ℃或高于41 ℃，菌丝生长受到强烈抑制，长期在5 ℃以下或45 ℃以上菌丝便会死亡，因此发菌时保持棚内温度28 ℃以上，料温控制在30～35 ℃，最高不超过38 ℃，空气相对湿度在80%～85%。每天定时通风，保持空气新鲜，气温高时多通风，气温低时少通风。密切观测料温，每天至少早、中、晚观察三次，务必控制料温在38 ℃以下。料温过高可喷水降温，必要时可在料床打孔降温。播种后4～5天，菌丝长到占料床面积70%以上时，就要及时进行催蕾，否则菌丝旺长影响出菇导致减产（图8-6）。

催蕾是进行光、温、气刺激，主要措施是通风、透光、喷冷水降温刺激菇蕾形成。喷水以18 ℃左右的井水为好，每667米² 喷水量以100千克为宜。草菇属恒温结实食用菌，恒温有利于子实体形成与发育，因此在喷水后棚内要避免很大的温差。催蕾后1～2天即播种后6～7天，床面开始有菇蕾扭结，进入出菇管理阶段（图8-7）。

图8-6 发 菌

图8-7 催 蕾

4. 出菇管理 草菇生长比较快，因此很容易受到外界环境变化的影响。菇蕾形成后，如果温度突然升高或降低大多会造成死菇；通风不足或湿度过大会导致棚内缺氧，形成畸形菇；光线不足子实体颜色浅，光线过强则会抑制草菇生长。因此，要掌握棚内温、湿、光、气的全面平衡，以促使菇蕾的健康发育和生长。

（1）温度。棚温保持在 30～35 ℃，高于 37 ℃易造成菇蕾死亡，低于 28 ℃则生长缓慢。还要避免棚内昼夜温差过大、温度骤变和大风直吹。

（2）湿度。保持菇床不见干土，空气相对湿度控制在 85%～95%，以 90%～95%为宜。高于 95%时小菇蕾容易长出菌丝，从生殖生长返回到营养生长，出菇少，产量低；低于 85%时菇体生长受到严重抑制。出菇期间尽量不向菇床喷水，补水可向走道灌 1%的石灰水或喷洒在棚内预存 1 天以上的温水。

（3）空气。草菇是好气性食用菌，需要充足的氧气。但是生料栽培，在播种之后培养料还会继续发酵，消耗大量氧气，积累大量的二氧化碳。在出菇的时候，二氧化碳浓度会达到 10%～15%，大大超过草菇正常生长发育的要求（2 000～3 000 毫克/米^3），这种情况会出现肚脐菇。因此在出菇阶段要常通风，可在早晚通风两次以补充新鲜空气，具体时间要结合气温和控制棚温需要而定。通风时长根据出菇量而定，出菇多、菇大每天通风 1～2 小时，出菇少、菇小通风 1 小时以内，尽量避免在夜间通风。

（4）光照。草菇的子实体在黑暗的条件下可以正常生长，但是一定的散射光对子实体的形成有促进作用。子实体的颜色会随着散射光变强而加深，同时子实体组织也变得更致密，但强烈的直射光会抑制子实体的生长发育。

5. 应急管理　出菇期间，每天要注意天气变化，大风大雨天调节好棚内的温度、湿度，避免温差、湿差过大，做好大棚防风工作，及时排水，背风向通风，一旦发生不良情况，及时采取补救措施。现蕾后 1～2 天即可采收。

6. 采收和转潮管理　当草菇长至蛋形且即将伸长时采摘最合适。采收草菇时尽量不碰损其他小菇，用手捏住成熟的菇体连同少量根土一起采下，不要留菇根在料面上。否则，看似采收的草菇漂亮干净，但菇根断裂处菌丝很容易发生霉变，导致病害的发生。采草菇技术的高低会直接影响草菇的产量和收益（图8-8）。

图8-8 采 收

采菇4～5天头潮菇基本结束，就要进入转潮管理，不再喷水或浇水，使菌丝恢复生长。然后调棚温30 ℃以上，畦间蓄水沟浇1%石灰水，使棚内空气相对湿度再开至95%左右，少量通风见光，刺激分化现蕾，草菇可采收3～5潮。

7. 栽培后管理 草菇栽培完成后，将草菇菌渣直接翻耕，不用再施用基肥，对下茬蔬菜生长还有极大的帮助，能有效培肥土壤，改善土壤理化性质和生物性状，减轻土壤病虫害，有助于克服连作障碍，增加下茬蔬菜产量，改善品质。经过试验，栽培草菇后，菌渣直接还田，种植的黄瓜、番茄明显口感变好了，土壤中根结线虫明显变少了，一些理化指标如维

图8-9 栽培后处理

生素C、可溶性糖含量等都增加了，增产幅度达到了10%以上（图8-9）。

（三）周年化栽培模式

周年化栽培模式是在福建模式的基础上优化而来的，区别在于周年化栽培使用现代化的出菇房，棚体采用保温材料，棚外有控温的空调和通风系统，棚内的环境相比传统的菇房有保温效果好、不易受外界环境干扰的优点。传统的福建模式使用的是砖混式的出菇房，保温效果不好，冬季栽培草菇时需要使用煤炭加温，能耗高。棚内也没有温控系统和通风系统，需要经验丰富的技术人员才能掌握好各个环节的栽培要点。近年，山东莘县富邦菌业发明出一种食

用菌专用的菇棚，如图 8-10、图 8-11 所示，菇棚长 33 米，宽 7 米，栽培面积 450 米^2。投资 6 万～8 万元，一年可种植草菇 6～8 个周期，生产效率大大提高。

图 8-10　周年化栽培大棚

图 8-11　周年化栽培大棚内部

　　如图 8-12 所示，周年化栽培的原料是杏鲍菇或金针菇菌渣，可以加一些牛粪，这种模式充分利用菌渣自身发酵产生的生物热，在不使用外部设施加温的情况下，棚内的温度就能达到灭菌和草菇正常发育对温度的要求。该技术可以实现草菇的工厂化生产，具有能耗低、成本低、收益高、易操作等诸多优点，生产出的草菇品质较好，不易开伞，保存时间长，

图 8-12　杏鲍菇菌渣

菇型也好，适合鲜销，售价比普通菇高出 2～3 元/千克。

（四）"一料双菇"栽培模式

　　"一料双菇"栽培模式是近几年在莘县发展起来的一种新模式，采用当地丰富的玉米芯和牛粪资源，加上少量石灰，在栽培双孢蘑菇的土棚或砖棚内先生产一季草菇，再把草菇菌渣发酵后栽培双孢蘑菇。这样只用一茬的培养料，就能实现草菇和双孢蘑菇的双丰收。利用短短一个多月的时间生产一季草菇，利用这一季草菇的收入不仅可以把生产草菇的成本全部收回，做得好的话，还能把下茬生产双孢蘑菇雇佣工人上料、采菇以及菇房用煤炭加热等费用提前挣出来，收获的双孢蘑菇卖到的钱就是纯利润。利用"一料双菇"模式生产双孢蘑菇几乎见不到病虫害，并且双孢蘑菇产量高、商品性好。

栽培双孢蘑菇用的土棚一般墙壁厚达 1 米，保温效果很好，南北和上部设有通风口，内部为床架式栽培，非常适合栽培草菇（图 8－13）。由于栽培原料在发酵时自身会产生一些热，这样在每年 4 月末、5 月初双孢蘑菇废料出棚后，就可以备料栽培

图 8－13　双孢蘑菇栽培用的土棚

草菇了，可以比"一步法"地栽模式生产的草菇更早进入市场。栽培时玉米芯使用量约为 30 千克/米^2，牛粪使用量约为 15 千克/米^2，如图 8－14 所示，将玉米芯和牛粪建堆预湿，堆上加 3％的生石灰，玉米芯预湿 8～10 天才可使用，采用人工上料，厚度约 28 厘米，上料后使用工具将料面拍平，之后再加一层牛粪，充分预湿后就可以开始消毒灭菌了。灭菌时需要锅炉加温，使棚内温度达到 68 ℃以完成巴氏消毒和发酵的过程。灭菌后等温度降下来就可以接种了，发菌 7～9 天时安装灯管降低棚内温度，1～2 天后就有菇蕾冒出，12～16 天开始采菇，可以采多潮（图 8－15）。

7 月中旬等草菇出得差不多了就出棚，将废料加入发酵好的双孢蘑菇发酵料中，再预湿后发酵一遍，进行下一茬双孢蘑菇的栽培。栽培双孢蘑菇时可以使用热风炉等加温设备，相比传统的暖气片加温方式可节省一半的能源。

图8-14 草菇栽培原料　　　　图8-15 大棚内部

三、草菇病虫害防治

草菇是一种高温型大型真菌，它的整个生长、繁殖过程都是在高温、高湿环境下进行的，这种环境条件适合很多病害、虫害及竞争性杂菌繁殖。草菇栽培主要的病害有鬼伞、木霉、青霉、白色石膏霉等；常见的虫害有菇蚊、菇蝇、螨虫、线虫。此外，草菇生长发育时，环境温度控制不好会导致菌丝徒长、生理性死菇、脐状菇等生理性病害。

（一）常见的病害及防治方法

1. 鬼伞　鬼伞属是一种生长环境与草菇类似的腐生真菌，是草菇的主要竞争杂菌（图8-16）。鬼伞多发生在草菇覆土之前，覆土之后则很少。鬼伞子实体出现在料堆周围或床面上，发生很快，从子实体形成到溶解成黑色黏液

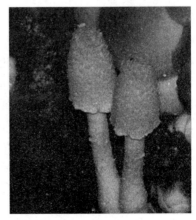

图8-16 鬼　伞

团，只需 24～48 小时。鬼伞与草菇争夺培养料，从而影响草菇产量。

防治方法：配培养料时，应掌握适宜的碳氮比，防止料中游离氨过多而促使鬼伞暴发。堆制好培养料，提高堆温，降低氨气含量，防止培养料过湿，以便抑制鬼伞生长。若堆料周围长有鬼伞，应注意将产生鬼伞的料翻入中间料温高的部位，以便杀死鬼伞孢子。料进房后进行发酵处理，进一步将残存的鬼伞孢子杀死，但室温应逐渐上升，使料内氨气得以充分散发。菇床上发生鬼伞之后，适当降低室内湿度，提早覆土，可抑制鬼伞子实体生长。床面发生的鬼伞，应及时摘除销毁，以免成熟后孢子四处传播。

2. 木霉 木霉是草菇栽培中最重要的竞争性杂菌和病原菌（图 8-17）。木霉污染培养料消耗草菇的养分，争夺草菇的生存空间；分泌毒素抑制草菇菌丝生长，使子实体腐烂；缠绕和切断草菇菌丝。

防治方法：培养料要求新鲜、干燥，发酵要求充分；加强通风，降低二氧化碳浓度可

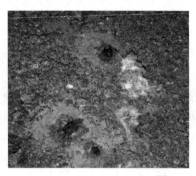

图 8-17 木 霉

预防木霉发生；若受到木霉感染后，可用 50％的多菌灵可湿性粉剂 800～1 000 倍液浇灌，抑制其进一步扩展。

3. 青霉 青霉是草菇栽培中常见的杂菌，由青霉属真菌感染引起。常在用棉籽壳和废棉为原料时发生。青霉属真菌最容易发生的条件：pH 为 5.0～5.5，温度 28 ℃或低于 28 ℃。

防治方法：使用无霉变的培养料，使用前在太阳底下暴晒 2～3 天；最好建堆发酵，培养料的 pH 控制在 8.0 以上；当料面出现霉菌侵染时，在污染区撒一层生石灰粉；控制好温度和湿度，加强通风换气。

4. 白色石膏霉 白色石膏霉菌落初期为白色，成熟后变水红

色或粉红色（图 8 - 18）。菌丝
自溶后使培养料发黑、变黏、
产生恶臭。草菇菌丝生长受到
抑制，甚至造成绝收。

防治方法：堆制好培养
料，提高堆温，增加过磷酸钙
和石膏的用量，降低培养料

图 8 - 18　白色石膏霉

pH，防止过碱。局部发生后
喷 1∶7 醋酸溶液或食醋溶液。发生严重时，采收子实体后于床面
喷施多菌灵。

（二）常见的虫害及防治方法

1. 菇蚊　菇蚊在菇房内可以整年发生，在适宜的温度下完成
一代只需要 21～32 天。成虫虽然不直接对草菇的生产造成危害，
但是能传播各种病原菌和螨虫。危害草菇生产的主要是菇蚊的幼
虫，幼虫生活在培养料中，可以吃食用菌的菌丝体，影响发菌、推
迟出菇，造成草菇子实体在生长发育期间营养不良而减产；幼虫也
会侵蚀子实体，严重时将菌柄蛀成空洞，造成草菇完全失去商品
价值。

防治方法：培养料进行后发酵处理，杀死料中藏匿的菇蚊幼虫
及卵；搞好菇房内外的清洁卫生，尤其是菇房内的清洁卫生；如果
菇房内已经出现成虫，利用其趋光性，设灯诱杀，同时可以在灯下
放置加入 0.1% 敌敌畏的水盆。

2. 菇蝇　菇蝇产虫卵在菇床上或菌盖上，幼虫可能会取食培
养料，使之潮湿；或吞食培养料中的菌丝体，造成上面的草菇死
亡；或在菌柄中挖洞穿孔，一直钻到菌盖，同时传播轮枝霉等病
害。菇蝇在 24 ℃时，整个生活史（从卵到蝇）为 14 天，16 ℃时
从卵到蝇要 6～7 周。

防治方法：同菇蚊。

3. 螨虫　螨类个体很小，身体较圆，螨类主要通过培养料进
入菇床，也可以通过昆虫传播进入，在草菇生产的各个阶段均能造

成危害。螨类可咬断菌丝，使菌丝枯萎、衰退，菌丝消失后，培养料变坏腐烂，并传播杂菌；发菌期危害严重时可将菌丝全部吃光且会滋生霉菌，在被害菇体周围可见到爬行的螨和掌状排泄物，造成接种后不发菌，或发菌后出现"退菌"现象。

防治方法：

①使用好的菌种。使用活力高、生命力强的菌种，保证菌种中不带任何害螨。

②搞好卫生。搞好菇房内外的卫生，栽培室远离仓库、鸡舍，及时清理死菇和废料。

③后发酵。选用干燥、新鲜、无霉变的原料，培养料进房后进行后发酵处理，可有效杀死老菇房中藏匿的和培养料内部带有的各种害螨。

④诱杀。可用糖醋液湿布法诱杀或者毒饵诱杀，取1份食醋、1份清水、0.1份白糖，混匀后滴入1～2滴敌敌畏，即配成糖醋药液，将纱布条或棉花浸湿放在培养料料面上，待螨虫群集其上时，取下杀死螨虫。重复以上操作，直到无螨虫为止。

4. 线虫 线虫生存能力强，能借助多种媒介和不同途径进入菇房。线虫不耐高温，45℃时5分钟即死亡。草菇菌丝生长阶段和子实体发育阶段均可受线虫危害。线虫以吻针刺入菌丝细胞内吸取营养，吞食破坏菌丝，使培养料变湿、发黏、发黑，表面呈水浸状，菌丝萎缩死亡；培养料常有一种刺激性的臭味。子实体受害后生长瘦弱，颜色发黄，最后死亡腐烂，并诱发其他病害发生。草菇覆土出菇时受到侵害，死菇剧增，病区界限较明显，并且很难根除。

防治措施：采用高温处理方法。线虫对高温的忍受力很弱，在40℃以上15分钟内死亡率可达100%。培养料进行二次发酵处理，60℃的发酵温度可以杀死培养料及床架上的线虫和虫卵。栽培结束后，及时将废料清除出菇房，切勿堆放在菇房附近或堆料场地上。

（三）生理性病害及防治方法

生理性病害多是在管理疏忽大意或极端天气下发生的，主要包括菌丝徒长、生理性死菇、脐状菇等。

菌丝徒长的防治：菌丝徒长多是由发菌时间过长、温度过高或催蕾管理太晚等因素导致（图8-19）。因此在发菌阶段，当菌丝长满料面时就应及时加大通风，以刺激菌丝扭结现蕾，避免菌丝徒长影响产量。

生理性死菇的防治：生理性死菇多是由温度过高或过低所致，昼夜温差过大、降水或喷水不当也会导致菇蕾死亡，因此在出菇管理时，应严格棚内管理，避免出现温差过大、温度过高或过低以及缺氧等情况（图8-20）。

图8-19　菌丝徒长

图8-20　生理性死菇

脐状菇的防治：通气量不够时草菇棚内易缺氧出现脐状菇，因此在出菇管理时应注意棚内通风（图8-21）。

总之，只有充分了解草菇的生物学特性，掌握其生长发育的规律并满足草菇各个不同生长阶段对营养、环境的要求，才能最大限度减少生理性病害的发生。

图8-21　脐状菇

四、草菇的加工贮运

草菇采收后及时去杂整理、分级保鲜、加工处理。加工方法主要有煮熟后盐渍、脱水干制等。

贮运时草菇不能用低温保鲜，低温（4 ℃）菇体会自溶出水，要求 15 ℃保鲜。

第九章 灵芝安全高效栽培技术

第一节 概　述

灵芝（*Ganoderma lucidum* Karst）又称林中灵、琼珍，是多孔菌科真菌灵芝的子实体。具有补气安神、止咳平喘、延年益寿的功效。用于眩晕不眠、心悸气短、神经衰弱、虚劳咳喘。主要分布于中国浙江、黑龙江、吉林、安徽、江西、湖南、贵州、广东、福建等地。

第二节　生物学特性

灵芝的大小及形态变化很大，大型个体的菌盖为 20 厘米×10 厘米，厚约 2 厘米，一般个体为 4 厘米×3 厘米，厚 0.5～1 厘米，下面有无数小孔，管口呈白色或淡褐色，每 1 毫米内有 4～5 个，管口圆形，内壁为子实层，孢子产生于担子顶端。菌柄侧生，极少偏生，长于菌盖直径，紫褐色至黑色，有漆样光泽，坚硬。孢子卵圆形，（8～11）厘米×7 厘米，壁两层，内壁褐色，表面有小疣，外壁透明无色。

第三节　安全高效栽培技术

一、主栽品种及特性

菌种是生产灵芝的基础，选用良种是灵芝优质高产的关键，菌种质量的好坏关系到栽培的成败，要求菌种的遗传性状稳定、繁育质量好。在品种选择上，商品性是重要依据，目前栽培者主要根据收购要求确定生产品种。山东地区生产上栽培的比较广泛的品种，主要有泰山赤灵芝、韩国灵芝、日本灵芝。这些品种具有适应性广，稳定性好，抗杂抗污染能力强，片大型好，生物学效率、商品率高等特点。除选择优良品种外，在培养灵芝的三级菌种中，都要严格把关，注意合理配料，以保证适龄菌种繁育菌丝洁白、纯正，无杂菌污染，生长快，菌丝浓密，长势旺盛，无菌膜、无黄水，菌龄短，生活能力强，为灵芝的优质高产打下坚实的基础。

1. TL-1（泰山赤灵芝1号） 国家认定品种，子实体单生或丛生；菌盖半圆形或近肾形，具明显的同心环棱，红褐色至土褐色，有光泽，腹面黄色，厚1～1.5厘米，直径5～20厘米；菌柄深红色，光滑有光泽，柱状，长1～2厘米，特殊培养可长达10厘米以上。代料栽培发菌期45天左右，无后熟期。原基形成不需要特殊温差刺激，原基形成到子实体采收需60天左右；菌丝体耐受最高温度33℃，最低温度4℃；子实体耐受最高温度35℃，最低温度18℃。

2. 韩国灵芝 子实体单生；菌盖半圆形或近肾形，具瓦楞状环纹，纹凸，褐色，腹面黄色，厚1.1～1.6厘米，直径4～21厘米；芝柄深褐色，有光泽，柱状，正常长3～5厘米。菌丝生长温度15～32℃，最适26～28℃，子实体生长发育的温度以27～29℃最适宜，空气相对湿度以80%～90%为宜，原基形成不需要特殊温差刺激。

3. 日本灵芝 子实体单生或丛生；菌盖肾形或近半圆形，菌盖表面有环状棱纹，褐色，腹面鲜黄色，厚1.1～1.2厘米，直径4～20厘米；芝柄紫褐色，侧生，有光泽，正常长2～3厘米。发菌适温25℃，原基分化温度22～28℃，原基形成不需要温差刺激。

二、适宜栽培季节

灵芝属于高温结实性食用菌，根据灵芝生物学特性，其子实体发育与菌丝体生长所需适宜温度条件基本一致，但是子实体发育对低温敏感，尤其是原基形成到菌盖开始扩展时，温度稍有降低灵芝的产量和质量明显降低，而温度较低时菌丝体生长不会受到大的影响。根据这一点，灵芝栽培适期应该是子实体发育适温时期。所以，利用自然温度大面积栽培时，以旬平均气温达 22 ℃以上开始安排出芝为宜。适温出芝，原基大而饱满，出芝整齐，容易管理。菌种生产和栽培袋的菌丝体培养可以提前安排。山东大部分地区于 3 月即可安排制作母种，3 月中旬开始安排制作原种，4 月下旬开始制作栽培袋，自然温度下经 50 天左右发满菌袋，6 月中旬即可开始安排出芝，一般栽培一潮。当然，具体的栽培时间，应根据当地气候特点和规模大小具体安排，而且在有控温设施的条件下，适期范围可以扩大。

三、栽培设施

灵芝产地环境应符合《绿色食品产地环境技术条件》（NY/T 391—2000）的规定。栽培场地应远离工业"三废"及微生物、粉尘等污染源；栽培大棚建在地势平坦、朝阳、通风，便于排水的地方；栽培大棚周围 300 米范围内无污水、污物、废菌料堆及畜禽养殖场、医院、废品垃圾粪便场等，并远离公共场所、生活区、厕所、原料饲料粮食仓库；水源水质清洁，符合《生活饮用水卫生标准》（GB 5749—2006），土壤无污染。

根据灵芝的生物学特性，选择保温、保湿、通风良好、光线适量、排水顺畅的专用灵芝棚或民用房，地面清洁，墙壁光洁耐潮湿。灵芝栽培入棚之前，棚房要严格消毒，灵芝的栽培方式为熟料栽培，采用塑料大棚、半地下墙式栽培和仿野生栽培等多种形式。由于灵芝生长需要高温、高湿和较强的散射光，在各种栽培方式中半地下墙式袋栽较好，投资少，管理方便，产量高，质量好。

半地下芝棚建造将地面下挖 80 厘米，用竹竿搭建成两边高 2 米、中间高 2.5～3.0 米、宽 9 米的塑料大棚，面积 600～900 米^2，易于控制病虫害的发生。上搭草帘，使棚内形成适于灵芝生长的散射光。棚内分左右两面，中间留 1 米走道，两边与走道垂直做畦梗，畦梗宽 40 厘米，与走道平高，畦梗间距 80 厘米，畦梗之间为排水沟，深 25 厘米，以便灌水和排水。

四、栽培技术

(一) 原料准备

培养料的配方各地因地制宜，根据当地原料情况进行选配。木屑加麸皮或玉米芯是山东地区传统栽培灵芝的基本原料，大多数阔叶树木屑均可，但以壳斗科树种最佳，榆木和楸木较差。近年来，大规模栽培主要以棉籽壳为主料，添加部分麸皮或玉米芯，容易获得优质高产灵芝产品。常用配方如下：

①木屑 78%，麦麸 20%，蔗糖 1%，石膏 1%；

②木屑 70%，麸皮 25%，黄豆粉 2%，磷肥 1%，糖 0.5%，石膏 1.5%；

③棉籽壳 85%，麦麸 10%，过磷酸钙 3%，石膏 2%；

④木屑 42%，棉籽壳 42%，麦麸 15%，石膏 1%；

⑤棉籽壳 75%，麸皮 20%，玉米粉 2%，糖 1%，磷肥 1%，石膏 1%。

以上所用原料应新鲜、无霉变、无虫蛀、干净、干燥，木屑应过筛，剔除硬木屑等杂质，防止刮破菌袋。由于木屑吸水性差，拌料时应提前一天预湿，防止留有干料，造成灭菌不彻底。

(二) 装袋和灭菌

选用新鲜、无霉变、无虫蛀、干净、干燥的原料，任选一配方，按配方称取原料和辅料机械拌匀，料水比例一般以 1：(1.2～1.4) 较为适宜。对于培养料的水分要求，因通透性而异，通透性差的含水量应低一些，通透性强的含水量应高一些，如以棉籽壳为培养料，通常以 60%～65% 为宜，木屑麸皮培养料以 60% 左右为宜。根据实际情况，以拌料后手握一把料，指缝间有水滴渗出但不滴下为宜；灵芝喜中性偏酸基质，pH 以 5.5～6.5 为宜，棉籽壳麸皮培养料一般不需要调节，自然 pH 即可。高温季节拌料后应及时装袋，拌好的料不能过夜，防止酸败。

将培养料拌好后，闷半小时后装袋，使培养料充分均匀吸水，硬的培养料变软，防止划破菌袋。装袋前，应检查栽培袋有无破损，破损袋一律不能使用，防止灭菌后杂菌再次侵染，影响发菌和出芝。灵芝栽培袋一般采用 17 厘米×33 厘米或 18 厘米×39 厘米聚丙烯袋，机械装料后用屈起五指的指关节向袋的四周压实，中间不必用力压，整平料面，袋口和袋的外面要擦洗干净，用细绳扎紧袋口，每袋可装干料 0.4 千克或 0.6 千克，填料松紧度要适宜，过松、过紧都影响灵芝的生长发育，导致总产量下降。装袋后及时进行常压蒸汽灭菌或高压灭菌，以防培养料发酵变质。灭菌时，将料袋分层排在锅内，袋与袋之间留 2 厘米的空隙，同时一次装锅灭菌不可过多，以 3 000～4 000 袋为宜，以便蒸汽流通，灭菌彻底。当料垛内温度达到 100 ℃时维持 12 小时，停火后再闷 12 小时即可出锅晾袋，待料袋温度降至 28 ℃以下时即可接种。高压灭菌，在 0.15 兆帕蒸汽压力下灭菌维持 3 小时，待压力自然降至 0 时，放气出锅。

（三）接种与发菌管理

1. 接种　可在棚内搭盖塑料简易移动式接种帐进行接种，接种 1 次移动 1 次，原来所在的位置用于菌袋发菌。为提高成功率，最好用超净工作台或接种箱接种。接种前进行接种设备和工具的消毒，一定要做到接种室、接种箱和接种工具严格消毒，以避免杂菌污染，提高接种的成功率。具体做法：先将灭菌后冷却的料袋和经 75％酒精表面消毒的原种瓶（袋）以及清洗干净的接种工具放入接种室或接种箱内，接种前一天用噁霉灵烟雾剂熏蒸接种场所，关闭门窗。若装有紫外灯，可同时灭菌，效果更好。简陋的接种室应用石灰水将墙涂白，接种前用噁霉灵水剂喷洒墙面、地面和空间，保持室内清洁、无灰尘即可使用。接种用具如接种铲、匙、钩等，在接种时先经酒精灯火焰严格进行杀菌后，方能转接菌种，转接过程中，应时常进行火焰杀菌。接种方法：在已消毒的超净工作台、接种箱或接种帐内点燃酒精灯，用灭菌后的镊子剔除菌种表面的老化菌层，并将菌种搅散，不可过碎，捣成花生仁大小为宜，便于镊取和快速萌发。打开料袋两端的扎口，分别接入原种，立即封口、扎紧，周而复始。菌种散撒在料面上，不要集中在袋口以免影响发菌和出芝，每袋菌种可接种 40 袋栽培袋。接种过程应尽可能缩短开袋时间，做到无菌操作，减少污染，在菌种充足的情况下，可适当加大接种量，降低污染概率。

2. 发菌 将接种后的菌袋移到培养室或就地码垛进行发菌培养，搬运过程中要轻拿轻放，防止损坏塑料袋。培养室或塑料大棚在使用前 3 天应预先用噁霉灵烟雾剂熏蒸，密闭门窗一昼夜，做好消毒灭菌处理。培养室内菌袋分层放在床架上，一般放 6～8 层高，袋与袋之间应留有适当空隙，以利于气体交换。塑料大棚内将栽培袋沿畦埂方向垂直摆放在畦埂上，袋与袋之间留 2 厘米空隙，高度不能超过 7 层，如果栽培袋摆得过高，菌袋散发出的热量不能散发出去，会造成烧菌，影响菌丝的生长。发菌期温度控制在 23～26℃为宜，早春季节气温较低，菌丝也可生长，但生长速度慢一些。空气相对湿度控制在 70%以下，一般自然湿度即可。发菌期间结合温度、湿度情况进行通风换气，保持空气新鲜，每天通风 2～3次，每次 40 分钟。发菌培养期间不需要光线，一般散射光可以，但避免强光照射，菌丝在黑暗条件下生长良好，光线过强抑制菌丝生长，并易引起菌丝老化发黄。因此，光线宜弱不宜强。

为使各层菌袋生长一致，培养过程中，结合检查杂菌污染倒袋 2～3 次。接种 5 天后开始检查袋口两端及菌袋四周是否有杂菌污染，凡出现红色、绿色、黑色菌丝的即是杂菌，应及时进行防治。防治方法：取 75%酒精或 75%酒精与 36%甲醛溶液 1：1 混合液，装入注射器中，注到袋子有杂菌的位置，然后贴胶布封住针口，也可用其他杀菌剂或 10%新鲜石灰水注射。每隔 10～15 天结合检查杂菌翻垛一次。翻垛过程中要上下内外调换位置，以便保持温度一致，承受压力一致，有利菌丝均匀生长，经 50 天左右即可发满栽培袋。

本来在袋栽的情况下，发菌期生活条件容易满足，管理并不困难，但是在生产实践中，往往出现菌丝细弱、生长缓慢的现象，出现这种情况，多半是由于培养料灭菌不彻底，耐高温菌的繁殖使料温升高或厌氧、兼性厌氧菌引起培养料酸败，抑制了灵芝菌丝体的生长。这时，要尽快散堆降温、加强通风换气，改善环境状况，以利于菌丝恢复生长。所以发菌期要注意第一批投料的发菌状况，如出现上述问题，要延长灭菌时间，提高灭菌效果。

还需要注意的是，灵芝出芝适温与菌丝体生长适温相同，发菌未结束就出现原基，不利于菌丝体培养，也影响出芝管理，因而要加以控制。具体措施：在适宜温度范围内取较低的温度发菌、遮光培养，不要提高空气湿度，更不要松袋口加强通气，防止原基的形成，直到发菌结束。

(四) 出芝管理

只要菌丝体生长发育健壮，原基形成就比较容易，但是为了达到优质高产，还需要创造最佳的培养条件。首先，温度要控制在25~30℃的适宜范围内，促使料面原基集中隆起，稳健生长，为长成圆整、个大、厚实、无分枝、不重叠的菌盖打下基础。要避免温度出现较大波动，防止低温、高温天气的影响。其次，要把空气相对湿度提高到80%~90%，同时给予充足的光照和良好的通风条件，防止出现料面干燥、空气闷热或过度的阴暗潮湿等不良状况。尤其北方地区应注意春末夏初时多干热风，保湿困难。

1. 菌袋摆放 栽培袋发满菌后即可摆袋出芝。将栽培袋沿畦梗方向垂直摆放在畦梗上，码成墙垛式，袋与袋之间留2厘米空隙，利于通风，摆放高度不超过8层，如超过8层，每层间用竹竿隔开，便于通风，栽培袋两端开口出芝。也可墙式覆土栽培，袋栽灵芝发好菌后，脱掉三分之二的塑料袋，排放在地上，未脱袋的一头朝外，两两相对，袋与袋之间、层与层之间填湿土，顶部再覆一层土，垒成墙式。

2. 开口 培养条件具备后，要及时开袋口，不要让原基在开口前长出来。开口时技巧性很强，袋栽（包括脱袋畦栽、墙式栽培和覆土栽培）要求在原基形成前，先从扎绳处剪去袋头，轻轻松口或不松口，或在即将要形成原基的菌膜隆起处开口，促使原基圆整、饱满，防止多头、分叉。一般情况下，开口一周，原基发育完成，开始生长菌盖。

3. 原基期 菌袋开口 6～7 天，培养料表面原基集中隆起，在袋口处形成指头肚大小的白色疙瘩，即灵芝的原基。原基期环境温度控制在 25～28 ℃，空气相对湿度 85%～90%，为保证芝棚里的湿度，可每天向排水沟灌水 1 次，如湿度达不到要求，可再向空中喷雾，禁止向原基喷水，防止湿度过大霉变、腐烂。原基期对二氧化碳敏感，每天打开通风口通风换气，保持空气新鲜。原基生长阶段，保持芝棚里有散射光，光照度 500～2 000 勒克斯。

4. 开片期 灵芝开片期环境相对湿度控制在 85%～90%，每天向排水沟灌水 1 次，增加棚内湿度，为始终保持灵芝棚里的湿度，可以采用棚内喷水的方式，灵芝刚开片时，喷雾的雾点要细小，且喷水量不可过多，不宜向芝片上喷水。芝片稍大时，喷水量可逐渐增加，可向芝片上轻轻喷雾，如湿度过大，在已形成的芝片上会引起霉菌感染，影响产品质量、产量。光照度要求 2 000～3 000勒克斯，二氧化碳浓度不超过 0.1%，如得不到良好的通风和光照，芝片不易形成，原基会一直生长，不长菌盖，只长菌柄，形成鹿角一样的畸形灵芝。环境温度控制在 25～30 ℃，低于 25 ℃或者高于 30 ℃都会造成子实体发育不良，变温不利于子实体分化和发育，容易产生厚薄不均的分化圈，因此调整好通风、温度、湿度和光照间的关系，是开片期的关键。

5. 成熟期 子实体经 30 多天的生长发育进入成熟阶段，芝片边缘白色生长点消失，菌盖不再扩展，边缘开始增厚，芝片增重，芝片木质化加重。此阶段适当控制通风，环境相对湿度在 85% 左右，对芝片成熟有促进作用，同时防止高温高湿霉菌发生，影响灵芝商品性。

6. 孢子粉收集 子实体经过 35 天时间生长发育，表面呈现出漆样光泽，即可释放孢子。释放孢子前，排水沟灌水一次，于第三天将灌水沟和走道铺上塑料薄膜，不漏地面，以便把散发的孢子粉收集起来，同时减少通风量，防止孢子粉被风吹走，定时通微风，每天 2～3 次，每次 30 分钟，芝棚内不再喷水。经过 7～10 天，孢子陆续释放完毕，将塑料薄膜上的孢子粉收集起来，芝片上的孢子粉用毛刷轻轻扫下也收集起来，及时晾干、包装、出售。

7. 出芝条件管理　灵芝子实体生长期管理，从原基形成开始至采收结束。此期是夺取丰收的关键，主要管理目标是及时调整温度、湿度、通风与光照等限制性因素，满足菌盖形成的必须生活条件。

（1）湿度管理。灵芝子实体形成期，特别是菌盖迅速增大时气温高，蒸腾量大，需水多，栽培袋（瓶）内原有的水分满足不了，养分的供应也因水分不足而受到限制。所以，保持空气湿度，减少过度蒸发和增加水分供应，对于提高灵芝产量十分重要。主要措施：①每天向空间洒水，使地面始终保持湿润，空气相对湿度达到90％左右；菌盖较大时，可以向子实体轻轻喷水，但不要直接向原基和幼芝喷水；菌盖开始成熟、孢子粉大量散发时，也不要向菌盖喷水，以免冲掉孢子粉，影响商品性。②采用覆土栽培，培养料长满菌丝后，脱袋覆湿土，土内随时可以补水，保证了水分供应，同时土壤通气性好、热容量大，改善了气热状况，因而可以大幅度提高产量，墙式覆土栽培芝房空间利用率也比较高。

（2）空气调节。灵芝子实体发育对空气状况反应敏感，通气不良、温度又较高时菌盖难以正常形成，如果湿度也较高，在已形成的原基或菌盖上，会引起细菌或霉菌感染，对产品质量、产量影响很大。所以管理要点是原基形成后，要经常注意观察形态变化，如果原基长度超过 3 厘米，不横向伸展，甚至分叉，就应通过开门窗、掀薄膜、增加通气孔等措施，增强通风换气。

通风换气常与保湿有矛盾，在具体操作上要尽量兼顾，一般在湿度难保持的情况下，以提高湿度为主，适当通风，在湿度较高的情况下，应尽量加强通风换气。

（3）光照和温度控制。灵芝喜欢较强的散射光，夏季棚室内自然光可以满足灵芝对光照的需要，生产上主要应避免阳光直射和过于阴暗两种极端情况。在春末、秋初温度较低时，给予较强的散射光，有利于子实体发育，可以提高产品质量。

对于温度条件，只要按季节适期栽培，容易控制，主要是通过覆膜、盖草苫等措施防止低温，通过喷水、通风和掀薄膜防止高温。如采用墙式覆土栽培，温度比较稳定，容易控制。但是当培养料灭菌不彻底时，栽培袋排放后，容易产生30℃以上的高温，超过35℃时，子实体生长受到严重抑制，应尽快在墙中间注水降温。

（五）采收和干燥

1. 采收标准 灵芝成熟的标志为菌盖充分展开，菌盖边缘黄白色生长圈已消失，菌盖由薄变厚，颜色由浅黄变深棕或褐色，菌盖变硬，上附少量孢子粉。

2. 采收 成熟的灵芝已停止生长，抗逆抗杂菌能力减弱，加之芝棚的温度和湿度较高，易感杂菌，应及时采收，采收不及时或阴雨天采收芝片易霉烂。采收时选择晴天采收，用利刀或枝剪从芝柄根部割下或剪断芝柄，留柄蒂0.5～1厘米，不带培养基，采下的灵芝应及时放在干净的水泥场上晾晒，严防杂物黏附。采收灵芝时，要逐一检查，采收那些已经完全成熟，表面覆盖着一层灵芝粉的灵芝，而没有开始弹射孢子的灵芝暂时不要采收，待孢子释放后再采收。

3. 干燥 新鲜灵芝的含水量较高，不易储存，所以灵芝采收后，要在2～3天内晒干或烘干，否则，腹面菌孔会变成黑褐色，降低品质。采收后按规格要求剪去芝柄，放于铺席上或干净的水泥地面上，腹面向下，一个个摊开，连续晒3天，10天后再晒一次；也可以在40～60℃下烘干，由低温慢慢升高温度，温度不可过高，防止烤焦或芝片变形，失去商品价值，待芝片含水量降至13%以下，冷却后即可装袋封口，置于干燥的室内保存或出售。

（六）转潮管理

灵芝子实体采收后，停止喷水2～3天后，提高相对湿度至

90％～95％，温度仍保持在 25～28℃，待 7～10 天后又可在原来菌柄上继续长出子实体来，按照前一阶段方法培养管理，可以采收第二潮灵芝。

经上述栽培管理，干灵芝的生物学效率可达 14％～16％，且畸形芝少，子实体商品率高。山东地区栽培法一般只采第一潮灵芝，第二潮灵芝芝片小，生物学效率低，管理成本高，有条件的也可采收第二潮灵芝。

五、病虫害防控技术

灵芝栽培过程中，主要病害是木霉、绿霉（青霉）和链孢霉；栽培过程中主要受花蚤科、夜蛾科害虫为害，贮藏过程中主要受窃蠹科、谷蛾科害虫为害。病虫害控制应尽可能减少化学农药的使用，必要时采用低毒、低残留或无残留、选择性强的高效药物安全防治。一般按照"预防为主，综合防治"的方针，坚持以"农业防治、物理防治、生物防治为主，化学防治为辅"的无害化治理原则，以规范栽培管理技术预防为先，采取综合、安全的无公害防控措施。现就灵芝主要病虫害的发生及防治方法介绍如下。

（一）病害

木霉、绿霉（青霉）和链孢霉在发菌和出芝期间均可发生。绿霉初期的菌丝为白色，松絮状，产生分生孢子后，为浅绿色或蓝绿色。木霉初期菌丝为灰白色或白色浓密棉絮状，不久便产生黄棕色、黑色或深绿色的分生孢子。链孢霉在高温高湿的夏季危害严重，主要在培养料袋口和子实体根部及边缘蔓延极快，产生大量的橘红色粉状孢子。在温度高、湿度大和不通风的条件下容易滋生和蔓延。霉菌的繁殖力强，在培养料上，灵芝菌柄生长点和菌盖下面的子实层均易受伤害。灵芝在发菌期被侵染后，菌丝生长受到抑制，严重时不能产生子实体；子实体被侵染后，失去商品价值，严重时会腐死，造成绝产；子实体成熟后受霉菌危害，产品失去商品价值。对于轻度污染的杂菌，可选用噁霉灵注射，子实体可用噁霉灵加石灰擦洗或覆盖，严重时可以清除、火烧或深埋。

霉菌病危害目前尚无法补救，防治霉菌重在预防。

1. 科学选择制备培养料　不用发霉的培养料，培养基灭菌要彻底。瓶栽、袋栽培养基常压 100 ℃不应少于 10 小时，装锅时菌袋不能挤压过紧，适当留有空隙，以利蒸汽穿透，灭菌彻底。

2. 做好接种环境消毒　接种过程中，坚持无菌操作，芝棚周围环境要清洁，做好消毒工作。

3. 保持清洁卫生　保持菌种培养室的清洁卫生，轻搬轻放，避免人为损坏而造成污染。

4. 发菌期预防　定期消毒，保持发菌场所、芝棚及周边环境的洁净卫生和通气良好，降低空气湿度；发菌温度严格控制在 28 ℃以下，避光培养，及时检查发菌情况，发现杂菌污染袋，及时挑出，集中处理，防止侵染其他菌袋。如果发现有链孢霉污染的菌袋，立即用纸或塑料薄膜把污染部分包扎紧，拿到远离培养室的地方深埋或烧掉，并用高锰酸钾水擦洗培养架，用高锰酸钾和甲醛将接种室、培养场所彻底熏蒸一次，防止链孢霉暴发。

5. 出芝期预防　注意培养棚里的卫生，在菌袋进棚前，将大棚整体消毒灭菌，包括空间、墙面、覆土材料，减少病菌来源；出芝期内定期对棚内外环境进行消毒灭菌；保持良好的通气条件，防止棚内湿度过大，杂菌滋生；剪口初期，不要直接向剪口处及原基上喷水；采收时将料面清理干净，将病料及时挖除，及时处理。

（二）虫害

1. 主要虫害种类

（1）花蚤科害虫。

①形态特征。成虫体长 3～5 毫米，卵圆形，体色褐色至黑褐色。幼虫体长 5 毫米左右，长筒形，体色乳白色至乳黄色。

②发生规律。成虫在大棚的土块下、土缝中或周围杂草根际越冬。4 月下旬至 5 月越冬虫开始活动产卵，6～7 月幼虫开始为害，7 月上旬至 8 月中下旬羽化成虫，2 代幼虫交互为害。7～8 月是灵芝生长旺盛期，也是该虫大发生期。在大棚内温度为 20～30 ℃，相对湿度为 85％以上时，尤其是光线较暗的大棚内，成虫群集量

较多，受惊后成虫迅速逃离。

③为害症状。幼虫取食菌丝，造成原基难以形成。成虫主要取食刚分化的原基及子实体的幼嫩部分，受害的子实体边缘凹凸不平，难以形成平滑边缘，降低商品价值。原基受害出现凹凸不平的小圆坑，严重时不能分化形成正常的菌盖、菌柄，出现畸形，影响质量和产量。

（2）夜蛾科害虫。

①形态特征。成虫为中到大型的蛾类，体较粗壮。幼虫体细长，腹足 3 对，行动似尺蠖。

②发生规律。以老熟幼虫结茧越冬，4 月下旬至 5 月上旬羽化，在灵芝培养料上产卵，卵期平均 5 天左右，5 月中旬以后幼虫开始为害。

③为害症状。成虫不为害，以幼虫取食菌盖背面或生长点的菌肉，造成隧道，并在虫口处布满褐色子实体粉末和虫粪，严重时整株子实体被蛀空。

（3）窃蠹科害虫。

①形态特征。成虫 3 毫米左右，圆筒形，暗褐色到暗赤褐色，小甲虫类。幼虫 3 毫米左右，乳白色至淡棕色。

②发生规律。该虫最高发育温度 38 ℃，最低为 18 ℃，最适为 34 ℃。抗寒性差，在 0.6 ℃只能生存 7 天，在 0.6～2.2 ℃下生存不超过 11 天。

③为害症状。成虫、幼虫均蛀食仓储子实体，将子实体咬成碎末。

（4）谷蛾科害虫。成虫为体长 5 毫米左右的小型蛾类。主要以幼虫蛀食栽培中的灵芝或仓储中的灵芝，严重时将灵芝蛀空，留下大量褐色小颗粒粪便。

2. 防治方法

①消除栽培场所内外垃圾、杂草等，减少越冬虫源。

②栽培棚使用之前，用菊酯类药物喷洒一遍。

③栽培棚安装防虫纱网，防止成虫迁入。

④在栽培棚内安装 20 瓦的黑光灯，放置粘虫板或毒饵诱杀消灭害虫；在大棚通风口设置防虫网和防鼠网。

⑤夜蛾科、谷蛾科害虫发生时，可进行人工捕捉。适当降低菇棚内空气湿度，提高光线强度，能有效地降低花蚤科害虫的为害程度。发现虫害，用菇净喷雾能及时驱赶成虫、杀死幼虫。

⑥仓储灵芝用塑料袋封闭，先进行冷冻处理，再进入常温保存。入仓前进行空仓消毒，消灭仓内潜藏的害虫。

总之，为生产优质、高产、安全的灵芝产品，应保证栽培环境卫生，保证培养基料或菌种无菌、无病毒，创造适合灵芝生长而不适合病原菌生长和虫害发生的环境条件。重在预防，尽量不在病虫害发生后使用杀菌剂、杀虫剂，将病虫害消灭在萌芽状态。

第十章 毛木耳安全高效
栽培技术

第一节 概　述

毛木耳 [*Auricularia polytricha*（Mont.）Sacc.] 又名构耳、粗木耳，又称黄背木耳、白背木耳，我国南方地区称黄背耳、白背耳。属真菌门，层菌纲，木耳目，木耳属。毛木耳质地脆、可口，似海蜇皮，有"树上蜇皮"之美称，可以凉拌、清炒、煲汤，深受消费者的喜爱，目前在我国已广泛栽培，尤其以福建、山东、江苏、河南栽培较多。毛木耳干品也是重要的出口商品，在国际市场上有很好的销路，特别是日本、菲律宾等国家认为毛木耳切成细丝凉拌食用比黑木耳耐嚼、香脆、回味好，毛木耳干品深受消费者喜爱。

毛木耳具有较高的药用价值，它具有滋阴强壮、清肺益气、补血活血、止血止痛等功用，是纺织和矿山工人很好的保健食品。据日本的资料报道，毛木耳背面的绒毛中含有丰富的多糖，是抗肿瘤活性最强的六种药用菌之一（其他为灵芝、云芝、桦褶孔菌、树舌、红栓菌）。不少学者认为纤维素是保持人体健康所必需的营养素，毛木耳的质地比黑木耳稍粗，粗纤维的含量也较高，但与其他食用菌相比，其含量也并不高，而且这种纤维素对人体内许多营养物质的消化、吸收和代谢起促进的作用。

第二节　生物学特性

一、形态特征

(一) 菌丝体

毛木耳菌丝无色透明，有横隔和分枝，次级菌丝具有锁状联合。孢子萌发产生的初级菌丝仅 1 个细胞核，菌丝较细弱。可亲和的两根初生菌丝扭结后形成的次级菌丝较粗壮。

(二) 子实体

毛木耳子实体初期杯状，渐变为耳状至叶状或不规则形，通常群生，有时单生，棕褐色至黑褐色（图 10-1）。子实体角质，干后变硬。子实体大部分平滑，稀有脉络状皱纹，基部常有皱褶，红褐色，常微显紫色，直径 10～15 厘米，干后强烈收缩。背面（不孕面）灰褐色、红褐色、茶褐色至灰瓦色。

图 10-1　毛木耳子实体形态

毛木耳主要分为黄背木耳和白背木耳两大类，两类子实体形态上有一定的区别，尤其在色泽和背毛上差异较大。黄背木耳耳基在光线较弱的情况下呈红色，光线越弱，颜色越浅；随着光线的增强，耳基表面呈棕灰色，耳片展开后，背面密生白色绒毛，内面表层着生一层粉红的粉状物。白背木耳在通风好、光线足、温度为 15～20 ℃的条件下，朵型大，面黑背白，肉质肥厚，干制后色黑，背面毛白，商品外观性好；最典型的特点是背面绒毛多而白，耳芽杯状，黄褐色附白绒毛；成熟后耳片角质脆嫩，腹面紫褐色，晒干后变为黑色，背面白色，耳片直径 8～43 厘米，耳片成熟时反卷。

二、生态习性

毛木耳在世界内广泛分布，是一种在腐木上生长的食用菌，我国南北各地均有分布。

野生毛木耳夏秋两季雨后丛生于臭椿、锥栗、栲、樟、柿、核桃、乌桕、杨、栎、柳树、桑树、洋槐等朽木或腐木上，在山林及庭院中各种阔叶树的腐木上也有分布。国内主要分布于吉林、内蒙古、河北、山西、河南、陕西、甘肃、青海、安徽、江苏、浙江、江西、贵州、云南、广西、广东、福建、海南、台湾、西藏、山东、湖南、香港、黑龙江、湖北、四川，分布最高海拔 3 400～3 800米；国外主要分布于美洲、非洲、澳大利亚、太平洋群岛等地区。

三、生长发育条件

(一)营养条件

1. 碳源 毛木耳为木腐菌，可广泛利用多种有机碳源，菌丝通过分泌胞外酶降解基质获得营养。菌丝生长的最适碳源为葡萄糖和麦芽糖，以此为碳源，菌丝洁白致密，长势良好；以淀粉与蔗糖为碳源，菌丝也较洁白、致密；而以糊精与甘露醇为碳源则菌丝稀疏，长势较差。菌丝对双糖（如蔗糖、麦芽糖）、淀粉、木质素、纤维素和半纤维素等有很强的分解能力。在实际栽培中，棉籽壳、玉米芯、甘蔗渣、杂木屑、农作物秸秆、稻草等是常用碳源。

2. 氮源 氮源是合成氨基酸和核酸不可缺少的原料，氮源不足，菌丝细弱无力，严重影响质量和产量；但高浓度氮在促进营养生长的同时，又会抑制生殖生长。毛木耳能利用的氮源包括蛋白质、氨基酸、尿素、铵盐等，生产栽培中，硫酸铵、硝酸铵容易与石灰反应释放氨气而影响菌丝生长，一般不用。硝酸钾、硝酸钠对菌丝生长不利，甚至有阻碍作用。在实际栽培中，一般添加麦麸、豆饼、米糠和玉米粉等作为氮源。

3. 矿质元素 无机盐在调节毛木耳生命活动中起着很大作用，

有的是酶活性物质的组成部分，有的是酶的激活剂。毛木耳需要的矿质元素有磷、硫、钾、镁、钙、铁、铜、锰、锌、硼等。生产中常添加过磷酸钙、石膏和石灰等补充矿质元素和调节酸碱度。最适宜的无机盐为磷酸二氢钾，其次为氯化钠、硫酸亚铁、硫酸镁，但在含硫酸铜和硫酸锌的培养基上几乎不生长。

4. 维生素 维生素是食用菌生长所必需的营养物质，特别是 B 族维生素可促进酶的合成，加强对培养料的分解利用。B 族维生素缺乏时，生长发育受阻。维生素 B_1、维生素 B_2 在麦麸、米糠中含量丰富，一般不需要另加。

（二）环境条件

1. 温度

（1）孢子萌发的适宜温度。毛木耳孢子在 25～30 ℃较易萌发，23 ℃以下萌发迟缓。

（2）温度对菌丝生长的影响。黄背木耳菌丝生长温度范围 5～35 ℃，最适温度 25～30 ℃，35 ℃以上停止生长，40 ℃以上几小时会死亡。在适宜的温度范围内，温度越高，生长速度快，但长势不及在相对低温条件好。稍低的温度菌丝生长速度稍慢，但粗壮有力，有利于后期出耳。白背木耳菌丝生长适温范围 8～37 ℃，最适温度为 25～28 ℃。

（3）温度对原基分化和子实体发育的影响。毛木耳为中高温、恒温结实型食用菌，但不同的菌株对温度具有不同的耐受性。黄背木耳子实体适宜在 18～32 ℃生长，最适宜温度 22～28 ℃；白背木耳生长的温度范围较窄，子实体生长发育适宜温度 13～30 ℃，最适为 18～22 ℃，高于 26 ℃耳片生长快，但薄且发红、变皱，产品质量差；低于 15 ℃生长缓慢，10 ℃以下停止生长。

2. 水分

（1）水分对菌丝生长的影响。毛木耳菌丝生长的培养料适宜含水量为 60%～65%。培养料水分过高，袋内水分过多，含氧量相对减少，会影响菌丝透气性，菌丝代谢过程中的废弃物不能及时排出，容易造成培养料发酸，菌丝难以生长，杂菌也会趁机而入。菌丝体培养阶段，空气相对湿度70%。白背木耳培养料含水量为58%左右，不能高于60%或低于55%。

（2）湿度对子实体形成的影响。耳片生长期空气相对湿度应达到85%～90%，相对湿度低于80%时，耳基易干枯死亡，耳片边缘变干，耳片不能正常展开。但若喷水次数过多，空气相对湿度长期大于90%或子实体表面积水，水分处于饱和状态，又会影响组织细胞的呼吸，易形成流耳。

3. 光线 毛木耳菌丝生长期间不需要光照。光照过强，菌丝生长速度减慢，一般室内散射光线对菌丝生长的影响不大。有研究表明，红光和黄光对菌丝生长有明显抑制作用，绿光对菌丝生长影响不大，且初期对菌丝生长有促进作用。

毛木耳耳基形成需要散射光诱导，在完全黑暗条件下，不易形成耳基。在较强散射光和少量直射光情况下，子实体生长最好。在子实体生长阶段，光照的强弱对耳片色泽、厚度及背毛生长有较大影响。光照度在100勒克斯以上，耳片厚、颜色深、绒毛长、密；光线不足，耳片薄，色泽浅，绒毛短而少。白背木耳子实体生长期最适光照度为400～500勒克斯。

4. 空气 毛木耳为好氧性真菌，栽培场所的通风是毛木耳子实体分化的先决条件。菌袋培养中，菌丝生长要求基质透气性好，因此培养料不能过细。耳片生长期间需要充足的氧气，室内排袋量大，耗氧量也大。若通风不良，氧气不足，原基不易分化，耳片展开受到抑制，不能正常开片，将导致产品头大耳片小，原基转为酱油色甚至霉烂或杂菌蔓延。所以栽培场所必须具备良好的通风条件。

在白背木耳生产中，无论是发菌期还是产耳期都应加强通风换气工作。特别是耳芽形成后，若通风不良，二氧化碳浓度过高，耳片不易展开，将会形成"鸡爪耳"，失去商品价值。

5. 酸碱度 酸碱度能影响毛木耳菌丝细胞内酶活性、细胞膜的透性以及对金属离子的吸收能力。黄背木耳在pH 5.0～10.0范围菌丝均可生长，最适pH为7.0～8.0，培养料在灭菌和菌丝生长过程中 pH 会降低，因此在配制培养基时，应将 pH 调至 8.0～9.0。白背木耳菌丝在 pH 在 4.0～7.0 范围内均能生长，而以 pH 在 5.0～6.5 为宜。

装袋时培养料 pH 应保持在 8.0～9.0，不足时还要加入石灰，调高培养料的 pH，使其呈弱碱性，有利于防止杂菌感染，提高成活率。

第三节　高效栽培技术

一、季节选择

毛木耳属中温偏高型食用菌，一般春季栽培，春季栽培制种和栽培时间：1～2 月制栽培种，2～3 月制栽培袋，4～5 月采收第一批木耳，7～8 月生产结束。各地可根据当地气候条件选择适宜时期生产。

二、栽培设施

凡能满足毛木耳对温度、湿度和空气的要求，且阳光不直射的地方均可作为栽培场地。一般民房、半地下室、耳房、室外树荫和简易的遮阳棚均可利用。无论栽培场地选择何处，均要求环境清洁、通风、近水源、交通便利。在使用前，应做好清洁及消毒处理。生产中也可自行建设耳棚和耳畦。

（一）耳棚建设

耳棚可采用竹竿或木杆做支架建造，四周和顶棚用草帘或秸秆围成，也可利用空闲屋及塑料大棚（图 10 - 2）。耳棚宽 8.0 米、棚边高 2～2.5 米、中心高 3～3.5 米、长度 50 米左右。

（二）耳畦建设

在耳棚内设置耳畦，耳畦间距 80～100 厘米，耳畦最下层铺一立砖（高约 10 厘米）；中间走道 1～1.2 米；每耳畦排袋 10 层以下；耳畦两侧可设水泥立柱，用来夹住菌袋（图 10-3）。

床架栽培常采用竹竿床架、砖框柱床架、活动式床架等，棚内床架高 2.5 米，宽 20～30 厘米，能横放一个菌袋，床架层距 25～30 厘米，放 1 个菌袋，每架可建成 8～10 层。架间留 60 厘米走道。

图 10-2　毛木耳耳棚

图 10-3　毛木耳耳畦

三、栽培原料及配方

（一）栽培原料

1. 主料　主料是指生产中主要的生产原料，用料量占 70% 以上，主要为农林副产品，如杂木屑、玉米芯、棉籽壳、蔗渣、棉渣、棉秆、玉米秸秆、稻草、麦秸、高粱壳以及各种野草等。

（1）杂木屑。杂木屑是指阔叶树的木屑。含有油脂和芳香类物质的树木的木屑不能使用，如松树、柏树、杉树、香樟树、桉树等。若杂木屑中含有少量松、柏、桉、杉、香樟等树木的木屑，应堆积在室外，经日晒雨淋处理 6 个月以上去掉有害物质。即使不含有害物质的木屑，经堆积处理后，也可改变木屑的物理性能，粗木屑吸水软化，有利于毛木耳生长。

（2）玉米芯。玉米芯是指玉米棒的中轴部分，又叫玉米轴，是生产毛木耳的优质原料。玉米芯中粗蛋白质含量为 2.0%，粗脂肪含量为 0.7%，粗纤维和木质素含量为 28.2%，可溶性碳水化合物含量为 58.4%。由于玉米芯中可溶性碳水化合物含量高，有利于菌丝分解吸收利用而使菌丝长势好，产量也较高。但缺点是木质素和纤维素含量较低，利用纯玉米芯栽培时，会出现前期产量高、后期出耳少、菌袋软化快的情况。若与杂木屑和棉籽壳等木质素和纤维素含量高的原料混合组成培养基栽培毛木耳，能提高产量和质量。

玉米芯须用机械粉碎成细颗粒，颗粒直径以 0.2～0.3 厘米为宜。过粗的玉米芯装袋后会在料中形成较大的空隙，玉米芯粉碎后颗粒仍较粗，应与较细的木屑、麦草、黄豆秸秆等碎物混合，以达到养分和物理性状互补以及提高产量的目的。

由于玉米芯颗粒较大，吸水渗透速度缓慢，因此，若加水拌匀后立即装袋灭菌，会造成灭菌不彻底。在拌料时，应先用水浸泡 1～2 小时，让玉米芯颗粒吸水浸透后，再捞出与其他干料混合拌匀；或者将玉米芯提早一天加水拌匀、堆积，让其内部吸水湿透后，再与其他原料混合；或者将玉米芯与其他原料混合拌匀，加足所需的水后，堆积发酵 4～6 天，让培养料吸足水并软化后，再装袋。

（3）棉籽壳。棉籽壳是指棉花籽粒的种皮，是榨取棉籽油后的下脚料。棉籽壳碳氮比适宜，物理性状好，是栽培毛木耳的优质原料。据分析，棉籽壳中粗蛋白质含量为 4.1%，粗脂肪含量为 2.9%，粗纤维、木质素含量为 69.0%，可溶性碳水化合物含量为 22.0%。利用棉籽壳或加入较多的棉籽壳栽培白背木耳时，不能生产出白背黑面的优质白背木耳，应以杂木屑为主料来栽培。目前，棉籽壳价格高，若与杂木屑、玉米芯以及其他原料混合后组成栽培基质，同样可以获得高产，而且成本可降低。栽培黄背木耳的培养料中含有 30%～50% 的棉籽壳有利于提高产量。

（4）棉渣。棉渣又叫废棉，是指棉纺企业加工的下脚料，是一种棉花短纤维。废棉中粗蛋白质含量为 7.9%，粗脂肪含量为 1.6%，粗纤维、木质素含量为 38.5%，可溶性碳水化合物含量为 30.9%，粗灰分含量为 8.6%。用棉渣栽培毛木耳时，棉渣用量以 30%～50% 为宜，应与杂木屑、玉米芯或其他较粗硬的原料混合组成栽培基质，可改变其纤维素和木质素含量低造成的后劲不足、通透性不良、易发热等现象。

（5）棉秆。棉秆中粗蛋白质含量为 4.9％，粗脂肪含量为 0.7％，粗纤维和木质素含量为 41.4％，可溶性碳水化合物含量为 36.6％。棉秆质地坚硬，使用时，需用机械粉碎成小段，粉碎物不宜过粗，以防止装袋时刺破塑料袋。

（6）蔗渣。蔗渣是指甘蔗榨取糖汁后留下的皮层和髓层部位的粉碎物。甘蔗皮层坚硬，而髓层柔软。一般皮层部分用于生产纤维板，而髓层部分很少被利用，但可用于生产毛木耳。蔗渣中粗蛋白质含量为 1.5％，粗脂肪含量为 0.7％，粗纤维和木质素含量为 44.5％，可溶性碳水化合物含量为 42.0％，粗灰分为 2.9％。蔗渣较柔软、疏松、富有弹性，装入袋中的量少，应与杂木屑、棉籽壳、玉米芯等原料混合使用。蔗渣中往往含有尖而硬的皮层，易刺破塑料袋，须粉碎后使用。

2. 辅料

（1）麸皮。麸皮又叫麦麸、麸子，是面粉加工中的下脚料，主要是小麦的种皮。麦麸中含粗蛋白质 15％，粗脂肪 1.62％，粗纤维 6.57％，可溶性碳水化合物 59.26％。麸皮是毛木耳生产中常用的氮素来源，一般用量为 10％～20％。

（2）大豆饼粉。大豆饼粉是榨取大豆油后的下脚料，蛋白质含量高，是麸皮的 2.5 倍，其粗蛋白质含量为 35.9％，粗脂肪含量为 6.9％，粗纤维含量为 4.6％，可溶性碳水化合物含量为 34.9％，它是一种氮素含量高的有机营养物质。由于蛋白质含量高，在用量上要适当减少，一般用量为 10％左右。单独使用时，因数量少不易在料中分布均匀，可与麸皮或米糠混合使用，但大豆饼粉用量要少，一般以 5％为宜。

（3）玉米粉。玉米粉是由玉米籽粒加工粉碎的粉末，是毛木耳生产中优质的氮素来源。玉米粉中粗蛋白质含量为 9.6％，粗脂肪含量为 5.6％，纤维素含量为 1.5％，可溶性碳水化合物含量为 69.7％。玉米粉中所含的蛋白质比麸皮高，因此在用量上比麸皮少，一般用量为 8％～10％。此外，还可与麸皮、米糠混合使用，但用量要适当减少。

（4）米糠。因加工稻米的机械和糠壳部位的不同，米糠养分含量有较大差异。米糠大致分为三类，第一类是统糠，是由一次性加工出稻米而生产出来的米糠；第二类是洗米糠，是指脱去谷壳后，再从大米表面脱下的一层糠；第三类是谷壳糠，是指用谷壳粉碎而成的糠，谷壳糠是稻谷最外层壳。三类米糠中蛋白质含量最高的是洗米糠，含量为 9.4%；其次是统糠，含量为 2.2%；最后是谷壳糠，含量为 2.0%。生产上常用统糠作为氮源物质加入培养基中，一般用量为 20%～30%，比麸皮用量大。

米糠中所含的丰富的 B 族维生素是毛木耳等食用菌生长不可缺少的物质。谷壳糠因表面含有蜡质层，不易被毛木耳等食用菌菌丝分解利用，因此，不宜直接加入作为氮素营养物质，否则会造成菌丝生长不良，须经粉碎后使用，但要加大用量。在通透性不良的培养基中加入谷壳糠，可改变培养料的透性。洗米糠也可作为氮素补充营养物质，但因其蛋白质含量高，要适当减少用量，一般用量在 8%～10%为宜。

（5）菜籽饼粉。菜籽饼粉指油菜籽经榨油后的下脚料，其蛋白质含量高，略高于大豆饼粉，其粗蛋白质含量为 38.1%，粗脂肪含量为 11.4%，粗纤维含量为 10.1%，可溶性碳水化合物含量为 29.9%。由于菜籽饼粉中含氮量高，因此用量要少，一般用量为 3%～5%。用量过多，易出现杂菌污染。用量还要根据基质中主料的含氮量而定，在含氮量低的原料中加入菜籽饼粉，有利于提高毛木耳的产量。

（6）花生饼粉。花生饼粉指花生榨油后的下脚料，其蛋白质含量高于菜籽饼粉和大豆饼粉，粗蛋白质含量为 43.8%，粗脂肪含量为 5.7%，粗纤维含量为 3.7%，可溶性碳水化合物含量为 30.9%。由于花生饼粉蛋白质含量高，因此用量要少，同时须粉碎成细粉后再与其他原料混合均匀使用。

（7）石膏。石膏主要化学成分为硫酸钙，分子式为 $CaSO_4 \cdot 2H_2O$，为白色、粉红色粉末，细粉状。石膏是培养料中常用的辅料，一般用量1％，其作用是改善培养料的结构和水分状况，增加通气性，补充钙素营养，调节培养料的pH，使pH稳定在一定的范围。

（8）石灰。石灰是石灰石经高温煅烧、失去二氧化碳后生成的氧化钙。石灰分熟石灰和生石灰，生石灰是经煅烧后的块状的氧化钙，熟石灰是生石灰接触水以后，通过化学反应，生成的氢氧化钙。不管是生石灰还是熟石灰都是碱性的，都具有一定的消毒作用。加入干料的1％～5％的石灰粉可以促进或不影响毛木耳菌丝生长，且能抑制杂菌的生长。

（9）碳酸钙。碳酸钙是一种盐类，纯品为白色粉末，分子式为$CaCO_3$，极难溶于水，水溶液是弱碱性。碳酸钙可分为轻质碳酸钙和重质碳酸钙，生产上常用的是轻质碳酸钙，一般用量为1％。碳酸钙水溶液能对酸碱度起缓冲作用，常用作缓冲剂和钙素营养加入培养料中。

（二）高产配方

在原料选择上，不要只选成本低的原料，如选秸秆作主料来栽培，虽然成本较低，也能正常出耳，但产量不高，消耗的塑料袋、燃料、消毒药品、人工和占用的房间与用其他原料的费用一样而效益却低得多。实践表明，以棉籽壳、玉米芯、杂木屑为主料，混合使用，不仅产量高，而且还可降低成本，经济效益显著。以下为一些高产配方：

①阔叶树木屑71％，棉籽壳15％，麸皮（米糠）10％，糖1％，石膏1％，石灰2％；

②玉米芯（粉碎成玉米粒大小，下同）60％，杂木屑29％，麦麸5％，玉米面2％、石灰2％，过磷酸钙1％，石膏1％；

③棉籽壳90％，麸皮或米糠6％，石膏1％，石灰3％；

④棉籽壳50％，玉米芯46％，石膏1％，石灰3％；

⑤棉籽壳30％，玉米芯30％，杂木屑30％，麸皮或米糠6％，石膏1％，石灰3％；

⑥棉籽壳20％，玉米芯30％，杂木屑46％，石膏1％，石

灰 3%；

⑦玉米芯 48%，杂木屑 48%，石膏 1%，石灰 3%；

⑧玫瑰枝木屑 50%，玫瑰精油花渣 6%，玉米芯 30%，麦麸 10%，糖 1%，石膏 1%，石灰 2%；

⑨玫瑰枝木屑 50%，玫瑰精油花渣 6%，棉籽壳 30%，麦麸 8%，玉米面 2%，石灰 2%，过磷酸钙 1%，石膏 1%；

⑩杂木屑 50%，秸秆粉 36%，麸皮 10%，石膏 1%，石灰 3%；

⑪蔗渣 66%，泥炭 10%，麸皮 20%，石膏 1%，石灰 3%；

⑫蔗渣 45%，杂木屑 30%，麸皮 20%，石膏 1%，石灰 4%；

⑬蔗渣 56%，玉米芯 30%，麸皮 10%，石膏 1%，石灰 3%；

⑭木糖醇渣 74%，麦麸 15%，豆粕 5%，石膏 1%，石灰 5%。

各配方培养基含水量 60%～65%；pH 8.0～9.0；各配方使用前应先做出耳试验。

以上配方中石灰的加入量，还要根据原料和装袋之前是否要将培养料进行堆积发酵确定。如果原料为木糖醇渣，其本身酸性很强，并且不同厂家的原料 pH 也不同，在生产中一定要调整 pH 至 8.0～9.0，否则培养料非常容易变酸，导致接种后菌丝不吃料。如果拌料后立即装袋，石灰用量以 3%～4% 为宜；若需将培养料进行堆积发酵后再装袋，石灰用量要加大，以 5%～7% 为宜，这是因为培养料堆积发酵过程中，料中微生物活动产生有机酸，使培养料中 pH 下降较多。

另外还可在培养料中加入 1%～2% 的磷肥，如过磷酸钙，以补充培养料中的磷元素，有利于毛木耳的生长。

四、菌袋制作

（一）过筛

如果使用的原料中含有粗而尖的物质，如木屑中混杂的尖而长的小木片、小枝条等，要过筛去掉，防止刺破塑料袋，出现杂菌污染。若料中含有尖而硬又较细的物质，过筛时无法去掉，要在机械粉碎后再使用。

（二）拌料

在料中加水后，进行拌料，使其含水量和养分均匀一致。

1. 拌料方式

（1）手工拌料。用铁锨从料一侧开始翻料，边翻动边打散培养料，翻动后的料堆呈圆锥形。经多次翻动和拍打，将料打散混合均匀，使料含水量一致。

（2）机械拌料。

①料槽式搅拌。将各种原料加入拌料机槽内，加入适量的水，开动机械搅拌。

②过腹式拌料。先将各种原料混合并将干料拌匀，再加入所需的水，然后用铁锨将料铲入拌料机的漏斗内，利用拌料机内旋转的叶片将料打散、拌均匀。如果一次拌不匀，可进行多次，直至拌匀为止（图10-4）。

③装袋机拌料。先将各种原料加入搅拌槽内，再加入所需的水分，初拌料一次后，将培养料倒入二次搅拌机内，通过上料机将料倒入装袋机的料斗内（图10-5）。

图10-4　过腹式拌料　　　　　图10-5　装袋机拌料

2. 培养料含水量检测　　一般要求配制好的培养料的含水量在65%左右，水分检测的方法有两种，一种是用水分测定仪检测，另一种是烘干法检测。虽然这两种方法检测含水量较为准确，但需要设备，花费时间长。

3. 原料处理 培养料拌匀后，应及时装袋灭菌。若培养料中含有吸水性能差、不能很快吸水湿透的原料，如玉米芯、粗木屑、棉渣等，要等这类原料被水浸透后，才能装袋灭菌。处理方法有以下两种。

（1）预湿。先将这类原料用水浸泡 2～3 小时，使其吸水浸透，捞出来再与其他干料混合拌匀。或者提前一天，按料水比 1∶1.4 的比例，加水拌匀、堆积，并盖上塑料薄膜，让其吸水湿透，待原料含水量一致时，再与其他原料混合并加水拌匀。

（2）堆积发酵。

①短期堆积发酵。将培养料加水拌匀，堆积处理 2～3 天后，再将培养料装入袋中。具体做法：将各种原料混合，先将干料拌匀，再加水拌匀，使其含水量达到 65% 左右，将料堆积成长馒头状，料宽 2 米、高 1.5 米，长度不限。在装袋之前，要先将培养料翻堆均匀。

②长期堆积发酵。将加水拌匀的培养料堆积起来，发酵处理 7～10 天。由于堆积发酵时间较长，经堆积发酵后的培养料 pH 下降较大。因此，在堆料之前，要适当调高 pH，可通过加大石灰用量来调节 pH 达到 10.0～11.0，石灰用量一般为 5%～7%。料堆堆成长馒头状，料堆宽 2 米、高 1.5 米，长度不限。堆好料后在料堆上每隔 50 厘米打一个直上直下的通气孔，待距离表层 10 厘米的料温上升至 60℃以上时，保持 24 小时后翻堆。翻堆目的：一是补充料中氧气，二是调节培养料的水分。翻堆方法：上下层、内外层料相互交换后，重新建堆。待距表层 10 厘米料温又升至 60℃以上时，保持 24 小时后翻堆。第三次翻堆后即可装袋灭菌。

4. 装袋

（1）袋的规格。毛木耳生产选用（20～23）厘米×（46～49）厘米、厚 0.4～0.45 毫米的聚丙烯塑料袋或 17.2 厘米×43 厘米、厚度为 0.30～0.40 毫米的聚乙烯袋。若采用高压灭菌，应选用聚丙烯袋；常压灭菌时常用聚乙烯袋。

（2）装袋方式。

①手工装袋。手工装袋，需要将塑料袋的一端扎好，将塑料袋张开成筒状，抓取培养料放入袋内，边装入边用手压实，沿着袋壁将培养料向下压实，层层压紧，使上下松紧一致。袋口留5厘米长度，用扎口绳扎紧或套上颈圈。菌袋松紧以抓起菌袋放下后，手指印处能恢复原状为宜。装料人松，在搬动时袋内的料易松动，影响产量和易污染；装料太紧，透气性不好，菌丝生长缓慢。

②装袋机装袋。先将塑料袋一端用绳扎好或热合封好。装料时将未封口的一端套在出料筒上，当培养料装满料袋后拿下，最后封好袋口。

装好的料袋放在平整光滑的地面上，要防止地面上尖硬杂物将料袋刺破。若发现料袋上有被刺破的小孔，可用不干胶胶布封住。装好的袋要及时灭菌，因堆放时间过长，料袋中微生物会大量繁殖并且厌氧发酵，会造成培养料变质，长出大量杂菌，特别是气温较高时，更不能堆放时间过久。

5. 灭菌 灭菌方法分为常压灭菌和高压灭菌两种方式。

（1）常压灭菌。常压灭菌灶的样式有多种，无论哪种灭菌灶，灭菌原理都一样。装入常压灭菌锅内的菌袋应及时灭菌。用大火迅速升温，尽量缩短温度上升到100 ℃的时间，以2小时内达到100 ℃为好，要求"大火攻头、小火保温灭菌、余热加强灭菌"，这样才能防止培养料变酸和袋内积水。灶内温度达到100 ℃左右时，保持8～12小时。灭菌结束后，焖5～6小时再出锅。如果为了连续进行灭菌作业，应在停火后打开灶门，降温1～2小时后，取出料袋，再装下一灶的料袋，这样趁灶热装袋，可缩短加热到100 ℃的时间，节省燃料（图10-6）。灭菌时间根据蒸汽发生器和灭菌

图10-6 常压灭菌

灶的大小而定，如果灶大，菌袋较多，灭菌时间应相应延长。

灭菌结束后，要及时将料袋取出，不宜在灶内放置几天后取出，否则会出现一些不良现象。取出的料袋放入冷却室或已消毒的室内，散开放置，让料袋内热量散发，使料袋温度下降。经灭菌的料袋在室外放置时间不要太长，以免外界杂菌孢子落在料袋上，接种时将杂菌带入料中，造成杂菌污染。

（2）高压灭菌。当压力上升到 0.05 兆帕时，排出锅内冷空气，如此两次，其目的是放净锅内冷空气，防止假升压。当压力上升到 0.15 兆帕时，保持 3～4 小时。灭菌结束后，待压力表自然降至 0 时开启排气阀门打开锅盖，否则打开阀门放气时减压过快料袋会被气体冲破，降温 2 小时之后取出料袋（图 10 - 7）。

图 10 - 7　高压灭菌

6. 接种

（1）接种前准备。

①菌袋冷却。必须将菌袋冷却，避免高温导致接种块死亡。冬季气温在 15 ℃以下接种时，料袋温度在 30～35 ℃时就可接种，趁热堆码菌袋，有利于保温发菌；当接种气温在 20 ℃以上时，料袋需冷却到 28～30 ℃，才能接种。

②消毒。接种时对使用的菌种瓶（袋）表面、接种者的双手和操作工具均要进行消毒处理，75%乙醇、0.25%苯扎溴铵（新洁尔灭）等都是常用消毒剂。接种场所（接种箱、接种室、接种罩）用气雾消毒剂进行熏蒸杀菌，每立方米空间用 2～3 克，或者用甲醛与高锰酸钾混合产生气体来杀菌，也可喷洒杀菌剂来消除杂菌。消毒处理须提前 3～4 小时进行。

（2）接种。接种是毛木耳生产最关键的环节之一，常用的接种方式为接种箱接种和接种室接种。

①接种箱接种。如采用接种箱接种，对长期未用的接种箱首先要进行清洗和消毒，检测接种箱的密封性，箱口要用透明胶贴严，或用灰浆封严。

接种前认真检测菌种是否有污染，可疑的菌种应舍弃不用。将菌种、料袋、接种工具等放入接种箱，用气雾消毒剂进行熏蒸，40分钟后方可进行接种操作。接种时，应严格按照无菌操作规程进行操作。首先打开菌种瓶（袋）口，去掉菌种瓶（袋）口表层较老和干燥的菌块，用接种钩将菌种钩入袋内并稍压实，要求速度快，菌种在空气中暴露时间短。然后用绳扎紧，但注意不要扎得过紧，应留出一些可透气的缝隙。接种后及时进行恒温培养发菌，让菌种萌发并长满菌袋。

②接种室接种。在接种室内接种，与接种箱接种相比具有操作方便、劳动强度相对较小等优点，但成功率低于接种箱接种。接种室在使用前或使用一段时间后，应进行全面的消毒灭菌，常用0.25％苯扎溴铵擦洗天花板、墙壁、门窗、地板、工作台。关闭门窗后用气雾消毒剂或甲醛熏蒸。一般 6.0 米^3 的接种室，使用前5小时左右，需要5～6盒气雾消毒剂熏蒸消毒。接种前 0.5 小时，接种室内用 5％苯酚（石炭酸）、5％的含氯石灰（漂白粉）或0.25％的苯扎溴铵喷雾，使空气中的微粒和杂菌沉降，并用紫外灯照射进行表面消毒，也可采用熏蒸消毒的方式。接种具体操作和接种箱接种相近，但要加强接种人员自身的消毒。

7. 培养 培养是将接上菌种的菌袋放在培养室内，保持菌丝生长的最佳条件，使菌种萌发吃料健壮成长并长满菌袋的过程。

（1）培养场所。培养场所即培养室，可利用住房以及能遮雨的菇房和塑料大棚。培养场所要求干燥、不潮湿，空气湿度控制在60％左右；能调节通风量，门窗完好，开关自如。在使用之前，用甲醛熏蒸或喷杀菌剂，或者用 0.25％苯扎溴铵喷雾杀菌。同时也要喷杀虫剂杀灭害虫。若培养室易受潮，可先在地面上铺一层塑料膜或干稻（麦）草除湿。在冬季气温低时，为便于保温也可在地面上铺一层稻（麦）草，再排放菌袋。

（2）堆码方式。菌袋分层堆放在床架或地面上，气温不同，采取的堆码方式也不一样。冬季气温在 15 ℃以下时，要将菌袋堆码起来，堆码成墙状，堆码高度为 5～6 层；每排之间相距 10 厘米，间隔 3 排后，将菌墙间距离增至 30 厘米，这样便于进入检查温度、菌袋的发菌情况和感染杂菌情况。然后，在菌袋上覆盖编织袋或塑料薄膜进行保温管理。气温在 20 ℃以上时，应将菌袋单层立放在床架上，或以"井"字形堆放在地面上，每堆为 5～6 层，或者在地面上排放一层菌袋后，在其上放 2 根竹竿或竹板，然后一层袋一层竹板排放，使上下层菌袋间隔开来，这样有利于通风散热。

（3）培养条件。菌丝体生长阶段不需要太多的光线，菌袋培养要控制培养温度，加强通风换气，并注意清理污染的菌袋。关键是前期保温、升温，后期降温，防止高温"烧菌"。

菌袋培养的 2～3 天，室温控制在 26～28 ℃，以利于菌丝尽快萌发，占领料面，减少污染。菌丝正常生长后，菌丝生长产生热量，料温会高于室温，这时室温应调整到 25～26 ℃，室内相对湿度调整到 60%～70%，采取遮光措施并注意通风，袋间温度高于 28 ℃时，要及时通风散热降温。做好遮光发菌，以免光照过强引起发菌不良。覆盖塑料薄膜可保温发菌，每周揭膜通风换气一次，揭膜时间不宜过长。当温度下降到 20 ℃时，及时覆盖塑料薄膜保温。培养 15 天后，将上下层菌袋调放在中部，使其菌丝生长速度一致。温度适宜，正常情况下培养发菌 30～40 天，菌丝体可长满菌袋。

菌袋培养过程中，需要注意避免温差刺激，并且合理安排生产季节。过早生产菌袋，菌丝体长满后外界条件不适宜出耳管理，菌丝体会消耗袋内的营养，总产量降低 10%左右，同时会出现耳片较薄等问题。

培养期间光线过强，菌丝体会胶质化，即菌丝体变成胶质状的黑色斑点，而无菌丝体。随着培养时间延长，胶质状的黑色斑点加大，菌丝体长满袋后，还会在菌袋上出现褐色斑块，生产上称为"疣巴病"，出现的这种褐斑，随着菌龄的增长而扩大，长褐斑的部位不能长出毛木耳子实体，随后在褐斑上长出木霉等杂菌，使整个菌袋被杂菌感染，造成出耳量减少。

五、出耳管理

（一）菌袋摆放

耳棚进行清洁并用生石灰消毒地面后，把发好菌的栽培袋排在耳棚内进行出耳。菌袋排放的方式多样，若只两头出耳，可在耳畦（床架）上多层摆放；若要开口出耳的，可采用单层排放、三角形（图 10-8）、"井"字形、夹袋等摆放。

图 10-8　毛木耳多层摆放和三角形摆放

（二）诱导催耳

当棚内温度稳定在 15 ℃以上时可开袋催耳。具体做法是两头袋口各用小刀割 4 个分布均匀的"一"字形小口，口长 1.5 厘米左右（图 10-9）。

割口的菌袋在前期要保温保湿，以向空间和地面喷水为主，相对湿度保持在 90% 左右。一般割口后 5～7 天菌袋两头出现大量耳芽，当耳芽长到米粒大小时可向袋头喷水。

图 10-9　毛木耳菌袋割口

（三）出耳管理

1. 水分管理　耳片长到 6～8 厘米大小时，生长速度快、喷水不足易使耳片干硬，应向耳片采用少喷、勤喷的方法补足水分。要求每天浇一次透水，根据通风的强弱在耳畦上部和通风口处局部补水；同时注意喷水不宜过多，避免耳片积水，使毛面变成棕色，造成产品质量下降。在耳片边缘出现变黑内卷时，要及时喷水保湿，保持耳片呈湿润状。当毛木耳标准耳片充分展开时，即可减少喷水量，甚至停水 1~2 天。如果耳片已成熟，但又遇阴雨天，不能采收干燥时，要停止喷水，加大通风量，降低湿度。

2. 温度管理 在正常栽培季节，温度一般适宜毛木耳生长。这一阶段保持 18~30 ℃，温度低于 16 ℃时，耳片生长缓慢；温度超过 35 ℃时，耳片生长受到抑制，严重时会出现耳片停止生长或流耳，应采取降温管理（图 10-10）。

3. 光照管理 毛木耳生长期间需要适当散射光，光线较弱时耳片黑度不够，但毛面白度好；若光线太强，耳片黑度良好，但毛面呈红棕色；适宜的光照度为 400~500 勒克斯，一般耳棚光线要求二分阳八分阴（图 10-11）。

图 10-10　毛木耳耳棚外部喷水降温　　图 10-11　毛木耳出耳管理

4. 通风管理 耳棚内应保持良好的通风环境，特别是耳芽形成后，若通风不良耳片不易展开。当耳棚温度高于 30 ℃时，应早晚通风；当耳棚温度低于 15 ℃时，应中午通风。

（四）采收

1. 采收时期 耳片充分展开，边缘开始卷曲，耳基变小，腹面可见白色孢子粉时，为采收适期。采收前 2~3 天停止喷水。

2. 采收方法 第一、二潮耳采用"采熟留幼、采大留小"的方法采收（图 10-12）；棚温在 27~30 ℃采收时应全部采收。轻轻连同耳基一同采下，采下的耳片及时摊于晒场晒干。

图 10-12 毛木耳采收

（五）采后管理

采收后清理料面上死耳、烂耳及耳棚内卫生。如果袋上没有生长的耳片，应停止喷水，让伤口上的菌丝恢复，待下一潮耳基形成后，再喷水保湿。若袋上仍生长有未成熟的耳片，要继续喷水保湿，但要干湿交替，以利于伤口愈合，又不影响耳片生长。小耳严禁大水直喷，采用喷雾法提高空间相对湿度，避免直接向耳片喷水。

六、晾晒、分级

（一）晾晒

晴天晒干时，将采收下来的耳片，分成单片，若将整丛耳片相互重叠，下层的耳片不易晒干。应选择干净的水泥地面，将耳片一片一片铺开日晒，若无干净水泥地面，可先在地面上铺一层塑料薄膜或竹席等（图 10-13），再将耳片

图 10-13 毛木耳晾晒

铺开晒干。耳片未发硬时不要翻动，以防耳片卷曲，影响商品外观。

已干燥的耳片，要及时装入塑料袋或编织袋中，储存在干燥的室内。在储藏期间，要防止耳片受潮，出现杂菌感染。若耳片已受潮，要及时取出晒干，否则会发霉变质。

（二）分级

晒干的毛木耳按出口标准进行分级。

一级：耳片厚，狭径 4 厘米以上，光面乌黑发亮，毛面洁白，无病虫害，无杂质。

二级：耳片比一级耳片薄，光面黑度、毛面白度略差，其他条件同一级耳。

等外级：耳片 3 厘米以上，单片或整朵，片薄，不适合加工，晒干后可直接流向干货市场。

第十一章 秀珍菇安全高效栽培技术

第一节 概　　述

秀珍菇（*Pleurotus pulmonarius*），又名肺形侧耳、珊瑚菇、袖珍菇、迷你蚝菇等。隶属担子菌类，伞菌纲，伞菌目，侧耳科，侧耳属。原产于印度，是热带和亚热带地区的一种食用菌，因菌柄5～6厘米，菌盖直径小于3厘米，所以称秀珍菇。经过分离和人工栽培，证实是一种高产优良食用菌，且菌丝生活力极其旺盛，具有很强的腐生能力，可以在稻草、麦秆、香蕉秆、废棉、茶叶渣等各种植物残渣上生长，极易进行人工栽培。

秀珍菇因外形优美、鲜嫩清脆、味道鲜美、营养丰富而获食客好评。秀珍菇富含蛋白质、糖分、脂肪、维生素以及铁、钙等微量元素，含人体必需的8种氨基酸。秀珍菇还具有保健功效。据医学界报道，秀珍菇具有消积化瘀、清热解毒、治疗胃病、伤寒等功效，同时还有降低血压和预防动脉硬化的作用。其中维生素D含量是其他食用菌所不及的，也是预防儿童佝偻病、软骨病、中老年骨质疏松的辅助食品。

秀珍菇由于口感好、味道鲜美，在我国栽培面积逐年上升。随着"一带一路"倡议的实施我国对外贸易事业迅速发展，加之世界食用菌产业结构变化，秀珍菇栽培将具有广阔的前景。

第二节　生物学特性

一、形态特征

（一）菌丝体

菌丝体在 PDA、菌种培养基和栽培培养基中均呈白色、纤细绒毛状，气生菌丝发达。菌落外观较普通平菇菌丝细、薄，平坦、舒展。菌丝生长过程中，显微镜下能明显地观察到菌丝的锁状联合。

（二）子实体

秀珍菇子实体单生或散生（图 11-1），与大多数丛生或簇生的平菇不同，也是与姬菇相区别的重要特征。子实体菌盖多数 3~6 厘米，呈扇形、肾形、圆形、扁半球形，后渐平展，基部不下凹，成熟时常波曲，盖缘薄，初内卷、后反卷，有或无后沿，灰白或灰褐色、表面光滑，菌肉厚度中

图 11-1　秀珍菇子实体形态

等。菌褶延生、白色、狭窄、密集、不等长，髓部近缠绕型。菌柄白色，多数侧生、间有中生，上粗下细、宽 0.4~3 厘米或更粗，长 2~10 厘米，基部无绒毛。

二、生态习性

秀珍菇是由我国台湾科研机构从人工栽培品种中选育出的，而非野生分离驯化的结果。个别报道指出秀珍菇分布于亚洲的热带、亚热带地区，甚至称福建、云南、江西等地有野生秀珍菇分布，估

计是将平菇、白黄侧耳等误认为了秀珍菇。

三、生长发育条件

(一)营养条件

1. 碳源 一般由麦秸、豆秸、玉米芯、木屑、玉米秆、棉籽壳、作物下脚料提供。

2. 氮源 一般由麸皮、米糠、豆饼、玉米面等辅料提供，一般添加量为 20%～25%。

尿素、化肥不宜加多，一般添加量不超过 0.3%。过量使用，不仅增加成本，而且挥发的气体会对菌丝产生抑制作用，严重的会造成菌丝死亡，同时鬼伞（狗尿苔）却因此大量发生蔓延。

3. 微量元素 添加 2%的复合肥即可满足。

(二)环境条件

1. 温度

(1)菌丝。菌丝生长的温度范围为 7～30 ℃，最适宜温度22～25 ℃。温度低于 5 ℃菌丝停止生长，但不会死亡；低于 15 ℃，菌丝生长极其缓慢，呈气生状；低于 20 ℃，菌丝生长缓慢。温度高于 27 ℃，菌丝生长慢、稀疏，色泽变黄，易于老化；温度高于 35 ℃，菌丝会死亡。

(2)子实体。子实体生长的温度范围较广，在 10～32 ℃条件下都能出菇，这是与其他侧耳不同的地方。原基形成和菇蕾生长最适宜温度是 12～20 ℃，给予一定的温差刺激会使子实体分化加快，出菇整齐，产量增加，一般给予 10 ℃温差处理即可，处理时间约24 小时，2 天后可出现大量原基。温度低于 10 ℃，很少再产生原基；低于 15 ℃，子实体生长缓慢；温度高于 25 ℃，菇蕾生长快，成熟早，菌盖成熟时多呈漏斗状。

2. 水分 秀珍菇是喜湿性真菌，一般菌丝生长期要求培养料含水量为 55%～65%，空气相对湿度一般应掌握在 60%～70%为宜，空气湿度大，病虫害严重，污染率大。培养料含水量低，菌丝生长会受到抑制；含水量过高，则培养料的密度增大，透气性差，使菌丝生长衰弱无力。含水量以手握紧料，水珠从手指缝间渗出而不下滴为宜。秀珍菇在原基分化和子实体发育时，菌丝代谢活动比生长时更旺盛，因此需要比菌丝生长时更高的空气相对湿度，一般要求在85%～95%，空气相对湿度低于80%，子实体生长缓慢，瘦小易干枯；空气相对湿度大于95%时，菌盖易变色、腐烂。

3. 空气 秀珍菇为好氧真菌，菌丝体阶段，对二氧化碳有一定的耐受力；子实体阶段，则需要有良好的通气条件，如果空气中二氧化碳浓度高于0.1%，极易形成菌盖小、菌柄长的畸形菇；子实体伸长期，需保持一定的二氧化碳浓度，特别是袋口局部环境，这样可促进菌柄伸长，限制菌盖长得过大。

4. 酸碱度 秀珍菇菌丝在pH为3.0～7.0范围内均能生长，但以pH为6.0～6.5最好，配料时为防止杂菌侵染，一般配成pH为7.5～9.0，因为在发酵过程中pH会逐渐降低。

5. 光照 菌丝生长阶段以黑暗条件最好，较强光线（主要是蓝光）对菌丝生长有抑制作用，造成出菇不整齐、产量低；子实体阶段对光要求敏感，出菇阶段需要一定的散射光来诱导出菇使菇体发育，无光条件下子实体难以形成，但强烈的直射光会危害菇体，以500～1 000勒克斯的散射光为宜（标准：三分阳七分阴为好）。子实体伸长期、成熟期，减弱光照度会使菌盖颜色变浅。

第三节 安全高效栽培技术

一、传统设施高效栽培技术

（一）栽培季节

根据秀珍菇菌株的生物学特性以及不同地区的气候条件，确定栽培季节，一般在春、秋季栽培较多。大棚栽培秀珍菇，除了在1月、2月、7月、8月、12月不能正常出菇以外，其他月份都可以出菇，而在1月和2月可以进行秀珍菇的菌包生产，因此，一年中可以有 9 个月进行秀珍菇的栽培生产。如果辅以一定的加温设施，在温度较低的月份里也可以进行秀珍菇的出菇。

（二）栽培原料选择和配方

秀珍菇栽培可采用木屑、棉籽壳、玉米芯、稻草粉、作物秸秆等原料，必须选用新鲜、无霉变、无虫蛀、不含农药和其他化学药品的原料，栽培前最好放在太阳下暴晒 2～3 天，杀死料中的杂菌和害虫。参考配方如下：

①棉籽壳 80%、麸皮 12%、玉米粉 5%、过磷酸钙 1%、石膏粉 1%、石灰 1%，另加糖 1%、磷酸二氢钾 0.2%、硫酸镁 0.1%；

②稻草粉（粉碎成绒状）70%、麸皮 26%、糖 1%、石灰粉 3%，另加磷酸二氢钾 0.2%、硫酸镁 0.1%；

③玉米秆粉 30%、麦秸粉 30%、棉籽壳 20%、麸皮 17%、石灰 3%；

④棉籽壳 50%、木屑 30%、麸皮 17%、石膏粉 3%；

⑤豆秸粉 60%、杂木屑 20%、麸皮 17%、石灰 3%；

⑥木糖醇渣 50%、玉米芯 20%、棉籽壳 20%、麸皮 10%。

木屑必须先过筛，去除木块、木片，防止刺破塑料袋。稻草利用专门的机器切成 3～4 厘米长，置于 pH 为 11.0 的石灰水中，浸泡 48 小时，捞出，用水冲洗，使 pH 降至 7.0 左右，然后沥干多余水分。棉籽壳和麸皮最好在日光下暴晒 2～3 天后备用。

使用木糖醇渣、酒糟、茶梗等食品加工废渣生产秀珍菇等侧耳类珍稀菌，因不同厂家产生的不同废渣原料 pH 不同（一般酸性较大），一定要用石灰粉（石灰水）将培养料的 pH 调至 9.0～10.0 后，再进行栽培生产。

（三）栽培场地

菇房应选择通风良好、清洁，四周没有杂草、臭水沟等菇蝇和菇蚊滋生的场所。菇房应安装通风设备，门窗均应安装细眼纱网，以防蚊蝇类进入。另外还有闲置鸡舍、日光温室、废旧房屋等均可用于出菇，但要注意保持菇场清洁、有光线，能保温、保湿、通风换气方便，只要设计合理，再结合必要的措施，一般可周年利用。

(四) 高产栽培技术

1. 拌料 拌料时，以水泥地面最好，首先将主料和各辅料按配方称好，复查无误后，开始拌料。然后把石灰、石膏、磷肥、玉米面、麸皮等干拌（也可适当加点主料）混合均匀，再与主料（棉籽壳、玉米芯等）拌在一起，力求均匀，而后将生长素、磷酸二氢钾、尿素等溶入水中，均匀地喷到料堆上。边加水边翻堆，需翻堆 2～3 遍（用拌料机除外），以使"主料和辅料均匀、水分均匀、酸碱度均匀"。加水量不可一次太大，应逐渐加入（视原料而定）。

2. 装袋灭菌 秀珍菇的栽培方式有熟料栽培和发酵料栽培两种形式。采用熟料袋栽方式，原料经高温灭菌，纤维素、木质素的结构发生了变化，有利于菌丝体分解吸收利用，可缩短转潮期；而采用发酵料袋栽能够减少灭菌环节，降低劳动强度和栽培成本。

（1）熟料栽培。采用规格为 17 厘米×33 厘米的聚乙烯塑料袋，装干料 400～500 克，当天装袋当天灭菌。一般采用常压灭菌法，当温度上升到 100 ℃稳定后，继续保温 8～10 小时，出锅冷却到 28 ℃以下时即可按无菌操作要求进行接种。

（2）发酵料栽培。将拌匀后的培养料堆成高 1 米、上宽 1～1.2 米、下宽 1.5～2 米、长度不限的梯形堆，中心与斜面用木棒每隔 50 厘米打孔至料底，以利通气，用麻片及草帘盖好。发酵温度达到 70 ℃左右时保持 24 小时，然后进行翻堆。

①翻堆的目的。调节堆内的水分条件和通气条件，促进微生物的活动，加速物质的分解转化。

②翻堆的标准。"内倒外，外倒内、上倒下、下倒上"。

③翻堆的水分调节。采取"一湿、二润、三看"的原则，即第一次翻堆时水分要加足，第二次翻时适当加水，第三次翻堆视培养料本身的干湿来决定是否加水，培养料湿度控制在 65% 为宜。

翻堆后发酵至温度再次达到 70 ℃时保持 24 小时后，再次翻堆，如此 3 次。待料温降至 28 ℃时进行装袋接种，装袋所用塑料袋为规格 (45～50) 厘米×22 厘米的低压聚乙烯袋。

3. 菌袋培养

（1）菌袋摆放方式。将培养室打扫干净并消毒。菌袋在培养室内的排放方式有两种。

①架式排放。菌袋放在培养架上（图11-2），可充分利用空间。培养架宽40厘米左右，层间距离50厘米，架间过道65厘米左右。气温低时，长45～50厘米、宽22厘米规格的菌袋，每层架排放菌袋3～4层；气温高时放2～3层。

②地面墙式摆放。堆放的层数及两排菌袋间的距离大小视气温而定（图11-3）。温度低时，可堆6～8层，两排间距离15厘米左右，可盖薄膜保温；气温高时可堆2～3层，两排间距离50厘米左右，也可将菌袋单层竖放。

图11-2 菌袋架式排放培养　　图11-3 菌袋地面墙式摆放培养

（2）培养菌丝。培养时的温度以20～25 ℃为宜，不要超过28 ℃。温度超过30 ℃时，要通风换气或散堆降温，通风换气或散堆降温后不要低于15 ℃。培养室要尽量保持黑暗，空气相对湿度不要超过80%，湿度偏高容易引起污染，菌丝培养过程中经常检查污染情况，发现污染要及时捡出。正常情况下，经25天左右，菌丝可长满全袋。长满全袋的时间与气温、培养基及菌种等有关。

在注意气温的同时，更要注意菌袋内的料温，因为菌丝生长过程中会产生热量，引起料温升高，有时料温会比气温高出3～5 ℃，造成烧菌或烧堆现象，引起绿霉菌的大量污染，初学栽培者或大规模栽培时要特别注意。

秀珍菇菌丝长满袋后再继续培养 7～10 天，使菌丝达到生理成熟开始积累养分时就可运到出菇场菇房出菇。

4. 出菇管理

（1）出菇前准备工作。为便于管理，出菇房要求能通风、保温、保湿且干净卫生，菇场边无垃圾、无粪便、无臭水沟。菌袋搬进前要先用低毒、高效杀虫剂对整个菇房喷雾灭虫一遍，而后再用杀菌剂进行灭菌。

5 天后就可把成熟的菌袋搬进菇房出菇，栽培方式有床架堆垛式（适用于工厂化规范立体栽培）、落地堆垛、畦床立袋排放、畦床脱袋覆土等（图 11-4）。

无论何种栽培方式，菌袋搬进前，都要对菇房或大棚四周撒石灰粉进行消毒（图 11-5），然后进行预湿，在床架、墙壁、地面应大量喷水，以增加整个菇房（棚）的湿度。在菇房（棚）中布置 2～3 个杀虫灯，以便监控虫口密度。

图 11-4　秀珍菇覆土栽培　　图 11-5　大棚地面四周撒石灰粉消毒

（2）出菇管理。菌袋进房后养菌 2 天，沿颈圈将塑料袋割掉（刮去原生的老的菌种或肥大的原基），或在菌袋两头各割一条长 3～5 厘米、深 0.5 厘米的出菇口（图 11-6）。菇房的相对空气湿度保持 90％连续 3～5 天，温度保持在 23～

图 11-6　菌袋两头出菇口

25℃，每天给予一定的散射光。此时菇房应该勤喷水，小通风。

打开袋口，并拉直袋口薄膜立体出菇。出菇期管理的好坏，直接影响到产品的质量。管理的总要求：前期促原基大量分化，以实现群体增产；中期保分化的原基都成熟，以提高成菇率；后期促子实体敦实肥厚，以提高单朵重量，多产优质菇。具体方法如下。

①原基分化阶段。在菌丝达到生理成熟和每潮菇采后的养菌期，要拉大温差，把环境的温度降低到5～10℃，并给予适量的散射光，促料面菌丝倒伏，充分扭结、分化出大量的子实体原基。拉大温差的方法如下：室内可用空调降温；阳畦晚上将草帘卷起，薄膜敞开，并向料面喷雾状冷水，让夜间的冷空气吹袭料面，在早晨气温回升前，向料面喷适量雾状水，以料面不积水为宜，然后盖好薄膜和草帘，用木棒将薄膜支高10～15厘米，作为阳畦的通风口；普通菇房和大棚晚上将门窗和通风口全部打开，使空气对流。

一般连续5～7天的温差刺激，料面即可出现大量原基。

②菇蕾形成阶段。在菇蕾形成期，对环境的适应性较差，所以这阶段内栽培场所要尽量减小温差、湿差，气温在12～17℃，相对湿度在85%～90%，每天喷水3～5次，发现料面有积水，要及时用海绵吸干。阳畦栽培的，通风口为5厘米高。室内栽培的，通风口要错开，以防冷空气直接吹袭菇蕾。总之要稳定环境条件，确保提高成菇率。

③子实体生长阶段。当菇蕾长到山枣大小时，对环境的适应性开始增强，这时气温可在5～20℃，相对湿度可在75%～95%，在此范围内温度、湿度越大，子实体长得越肥厚、敦实。阳畦栽培的，白天可把通风口支高5厘米，晚间支高10～15厘米；室内栽培的，夜间打开门窗、通风口，白天关闭一部分门窗、通风口，造成栽培场所内白天温度、湿度高，夜间温度、湿度低，以促使子实体敦实、肥厚，提高单朵重量（图11-7）。

5. 采收及采后处理　秀珍菇长至七成熟、菌盖直径3厘米左右即可采收，采收前适当停止喷水。采收方法是一手按住菌袋，一手抓住菌柄，将整丛菇旋转拧下，将菌柄基部的培养料去掉（图

11-8)。采菇后，去除料面的老根和一些没有分化的原基，可直至刮到新鲜的培养料，刮完后不可直接向料面喷水。如果菇房中出菇不太整齐，则需将新采完的菌包转移，以方便其他菌包的出菇管理。

图 11-7　秀珍菇出菇管理　　　　图 11-8　秀珍菇修整

借鉴果蔬保鲜技术，采用简易包装、冷藏、低温气调贮藏等方法进行秀珍菇贮存。其中简易包装是将菇包装于塑料食品盒、有孔小纸箱中，简便易行、成本较低，适用于短期保鲜的需要，结合冷藏保存，一般可以保持 10 天不变质，外观形态也基本无变化。

6. 转潮管理　采用床架栽培方式的，在一潮菇全部采完后，最好当天能全部刮净（刮去表面老根与枯死的幼菇及菇蕾，这些地方最容易受双翅目害虫的危害而烂包），此时菇房的相对湿度只要维持在 70%～80% 即可，这样可以让培养料表面干燥一点，防止霉菌大量发生及防止部分虫卵孵化（太干燥时每天可用喷雾器稍稍喷一点细雾），在此条件下养菌 7～10 天。

采用床架出菇方式的，第二潮菇出菇前可对菌包进行浸水处理，一般是用刀刮去表面稍干的培养料，这样处理有两个目的，一是去除表面可能携带的一些虫卵与病斑；二是增加菌包在短时间内的吸水性，一般一天的浸水可使菌包增重 30～50 克，这就为出好下一潮菇提供了水分的保证，此时有杂菌的最好能分开处理，以防交叉感染。畦栽覆土的土面要保持不干不湿。

补水后有条件的给予菇房菌包 10 ℃ 以下的低温刺激 1～2 天（将菌包从冷库中搬出后，尤其要注意保湿处理，可以重新搭上无纺布随时喷水保湿），或昼夜 10 ℃ 左右的温差刺激 3 天，同时抑制杂菌生长。这个时间可以对菇房进行清洁处理，也可以用杀虫剂控制一下虫口密度。待菇蕾再次显现后，管理同第一潮，此时通风与保湿显得尤为重要。

第三潮、第四潮及第五潮、第六潮菇的管理同第二潮菇类似，关键是对养菌与增水的处理要合适，才能达到稳产高产。

二、秀珍菇工厂化生产技术

(一)参考配方及拌料

以下参考配方料水比 1：(1.1～1.2)，培养料 pH 用石灰粉调至 7.5～8.0。将主料和各辅料按配方称量，并换算成相应的体积后，采用不同体积容器量取各成分培养料并依次倒入搅拌机进行拌料。边加水边翻料，一次加水量不可太大，应逐渐加入。

①木屑 78%，麦麸 15%，玉米粉 5%，石膏 1%，磷酸二铵 1%；

②杏鲍菇菌渣 30%，杂木屑 30%，玉米芯 20%，麦麸 10%，豆粕 5%，玉米面 4%，碳酸钙 1%；

③棉籽壳 50%，木屑 35%，麦麸 10%，饼肥 4%，石膏 1%；

④玉米芯 60%，木屑 20%，麦麸 15%，玉米粉 4%，石膏 1%。

(二)装袋

选用耐高温高压的塑料聚丙烯折角袋，出菇袋 35 厘米×18 厘米，每袋干料约 0.5 千克、湿料约 1.25 千克。装袋机装袋后，套上套环，盖上塞盖，竖立摆放在塑料灭菌筐内，再放入灭菌车上，推入高压灭菌柜灭菌。

（三）灭菌

灭菌开始时，先抽 2 次真空，后升温至 105 ℃保温 0.5 小时，至 115 ℃保温 0.5 小时，至 125 ℃持续 4 小时。注意抽真空速度不能太快，否则栽培塑料袋易充气胀破。

（四）冷却

灭菌结束后，温度降至 50 ℃时出锅，将灭菌车推运到冷却室，当菌袋温度降到 28 ℃时即可接种。冷却室要提前做好消毒灭菌，保持清洁卫生。

（五）接种

接种操作在无菌室进行。接种室使用前必须先进行消毒，确保接种环境保持无菌状态。接种过程要做到快、准、净。接种人员每人一筐，一手拿菌种袋（一般每个菌种袋内培养 40 个枝条菌种，1 个枝条菌种接种 1 个菌袋），一手迅速拔开菌袋套环塞盖，将枝条菌种（长 13.5 厘米、宽 8 毫米、厚 4 毫米的木条或木片）插进菌袋洞穴中，再在洞穴上部放少许菌种盖住洞口，然后拔开下一菌袋的塞盖，盖住刚接种好的菌袋，如此循环推进接种。

（六）发菌

菇房需提前做好消毒灭菌。菌袋竖立在塑料筐内，摆放在养菌架上。培养室黑暗、通风，温度 20～24 ℃，空气相对湿度为 65％左右。一般 25～30 天菌丝可发满菌袋；再培养 5～10 天，菌袋内部也发满菌丝。

（七）出菇管理

出菇房应提前做好杀虫、杀菌、通风换气、减弱光照和地面放水等准备工作，保持空气相对湿度 85％～90％，温度 15～18 ℃。出菇袋菌丝发满并后熟后，料面会吐黄水，并出现少数菇蕾，此时即可搬运至出菇房进行出菇管理。

出菇房保持温度、湿度平稳，适量喷雾状水，减少通气量，环境稳定可提高成菇率。当菌柄不断伸长变粗、顶端形成青灰色圆帽时，减弱光线、减小通风量，控制菌盖生长，每天喷水 3～4 次，随着菌盖与菌柄变长、变粗，适当加大喷水量，可提高一级菇成品率（图 11-9）。

图 11-9　秀珍菇出菇管理

（八）采收和转潮管理

一般开袋后 10 天左右即可采收第一潮菇，以菌盖直径 2.5 厘米大小时进行挑采。采后修剪菇根，装入塑料袋，抽真空后装箱销售。

采收后停水 2～3 天，清理料面和室内卫生，使菌丝休养做好转潮准备。然后地面浇水保湿，保持空气相对湿度 70％～80％，一周左右后袋口又出现菌丝，此时对出菇袋低温刺激 12 小时左右，调整空气相对湿度 90％左右，待菇蕾形成后再喷水开始新一轮出菇管理。一般可采收 4～5 潮菇。

第十二章 灰树花安全高效栽培技术

第一节 概　　述

灰树花（*Grifola frondosa*），其子实体形似盛开的莲花，扇形菌盖重重叠叠，因而得其名，中文名又称贝叶多孔菌、栗子蘑、千佛菌、莲花菌等。属于担子菌类，伞菌纲，多孔菌目，亚灰树花菌科，灰树花属。

灰树花是典型的珍稀食用兼药用食用菌，其鲜品具有独特清香味，滋味鲜美。干品具有浓郁的芳香味，肉质嫩脆，味如鸡丝，脆似玉兰。灰树花营养和口味均佳，其蛋白质含量（干重）为22%～27%，最高可达31.5%，属高蛋白菇种。凉拌质地脆嫩爽口，炒食清脆可口，做汤风味尤佳。灰树花除了味道鲜美以外，还具有保健及较高药用作用，性甘凉，无毒，具有补脾益气、清暑热的功效。现代药理研究结果表明，灰树花含有众多的活性物质，具有较强的抗癌能力、极好的免疫功能，以及调节血脂和血糖水平、改善脂肪代谢、降血压等功能。

第二节 生物学特性

一、生态习性

灰树花是一种中温型、好氧、喜光的木腐菌，自然界野生灰树花发生于夏秋间的栗树根部，以及栎、槲等阔叶树的树干、木桩上及周围土壤上，导致木材腐朽。野生灰树花在我国分布于山东、河北、黑龙江、吉林、四川、云南、广西、福建等省。世界上在日本、欧洲、北美洲等地分布。

二、生长发育条件

(一)营养条件

灰树化能较好地利用蔗糖、淀粉、葡萄糖、乳糖等碳源。人工栽培时可广泛利用杂木屑、棉籽壳、豆秆、玉米芯等作为碳源。在氮源的利用上,有机氮的利用效果较好,生产上基础培养基可以使用蛋白胨、酵母浸膏、黄豆粉浸出液等,原种及栽培种生产中常添加玉米粉、麸皮、大豆粉等增加氮源。维生素 B_1 是子实体正常生长发育必不可少的营养物质。木屑和棉籽壳作为栽培的主要原料,若等比例混合,生物学效率最高;麦麸与玉米粉搭配使用,可以提高灰树花的产量及生物学效率;平菇废料是栽培灰树花较好的原料。

(二)环境条件

1. 温度 灰树花为中温型食用菌,菌丝最适生长温度在 $21 \sim 27 \, ℃$,$25 \, ℃$ 为最佳发菌温度,超过 $35 \, ℃$ 停止生长。原基形成温度为 $15 \sim 25 \, ℃$,最适 $15 \sim 20 \, ℃$。子实体发育温度为 $13 \sim 28 \, ℃$,适温为 $18 \, ℃$。

2. 水分和湿度 在木屑培养基上最适含水量为 $50\% \sim 55\%$,菌丝生长期间适宜的空气相对湿度 $60\% \sim 70\%$,原基分化与子实体发育为 $85\% \sim 95\%$,基质含水量 $50\% \sim 75\%$ 均可生长,最适宜 $60\% \sim 65\%$。

3. 光照 培养菌丝的初期就应有 $15 \sim 50$ 勒克斯光照,不能完全黑暗,否则菌丝将生长过厚而形成菌被。子实体分化形成阶段需要散射光的照射,子实体生长阶段需 $200 \sim 250$ 勒克斯光照。光照过弱,易形成畸形菇,光照过强,水分小易形成焦化菇。

4. 酸碱度 灰树花菌丝在 pH 为 $4.0 \sim 8.0$ 的基质中均可生长,最适 pH 为 6.5,超过 7 以后生长明显变慢,这一点容易被忽略，配料时一定要注意。

5. 空气 灰树花对氧气的需求量高于其他食用菌，除了满足菌丝生长阶段对培养料疏松度的要求外，出菇阶段一定要有充足的氧气供应，否则菌盖开片难、分枝少、畸形多，并易遭杂菌污染。

第三节 安全高效栽培技术

一、栽培模式

灰树花高产栽培模式有段木栽培、代料栽培、菌袋覆土栽培、仿野生出菇（林下）栽培、菌棒出菇＋菌棒埋地二次菇等多种模式。栽培模式对产量影响差异显著，其中菌袋栽培模式产品形状最好、损耗最小；覆土栽培模式产量最高，生物学效率也最大。近年来最新型栽培模式有双拱钢管结构搭建的中型拱棚，外棚高 2.5 米，内棚高 1.5 米，宽 6 米，长度可根据地块长短而定。

二、季节安排

根据灰树花菌丝生长、原基形成及子实体生长的适温，一般北方地区在 1～3 月制袋接种培养，4～6 月进行出菇管理。秋季栽培一般安排 9 月制袋，10～11 月出菇。代料栽培灰树花仅能发生一次子实体。原基形成时的温度是否适宜子实体发生，是栽培中很重要的一个环节。如何安排好最适宜的栽培季节，是取得丰产的关键。应利用自然温度与灰树花相适应的生长条件，安排灰树花的接种期和出菇期生产管理。

三、品种选择

灰树花菇体色泽深浅与菌株有关，不同来源的灰树花菌株，其菌丝生长表现出较大差异，不同株系不仅形态有差别，在原基形成所需日数和产量上也有差异，尤其与原基形成所需日数与产量有直接关系，原基形成越早产量越高。目前各地栽培的品种较多，国内常用的普通灰树花品种及其生产性状列于表 12-1。

表 12-1　灰树花品种的出处及性状

菌种名称及选育单位	出菇温度（℃）	生产性状
迁西食用菌研究所，迁西 1 号	18～30	菌盖灰褐，朵大肉厚，分枝多
迁西食用菌研究所，迁西 2 号	20～32	菌盖灰黑，朵型中大，柄短
迁西食用菌研究所，迁西 3 号	18～26	菌盖较黑，分枝多而细、紧密
福建省食用菌菌种站，1 号株	15～20	菌盖灰褐，分枝细密，适低温
福建农林大学，日本 51 号	20～30	适宜以木屑、草类为主料进行栽培
辽阳市食用菌研究所，1～3 号株	16～26	朵型好，适宜东北地区

四、原料选择

(一)原料

适合灰树花栽培的原料有多种，各种阔叶树修剪的枝丫与棉产区的棉籽壳、农业秸秆均可作为栽培原料，但以阔叶树木屑和棉籽壳为主料效果最好。板栗、青冈、栎树、栓皮栎等树种的木屑栽培灰树花产量高。碳素营养主要以壳斗科树种的木屑为最佳，配以棉籽壳，添加少量氮素营养如麦麸、玉米粉，碳氮比以 28：1 为适宜，过量添加营养容易出现畸形菇。另外根据灰树花野外生长的生态特点，在培养料中添加 10% 左右的林地表土有助于其生长发育，且能提高子实体的发生率。

(二)培养料的处理

选择新鲜无霉变、无害虫，富含纤维素、半纤维素的木屑、棉籽壳、玉米芯、菌糠等作主料，以麸皮、玉米粉、腐殖土等作辅料。主辅原料在收获前 1 个月不能使用高残留有毒农药，重金属含量不得超标。木屑、棉籽壳要晒干，以防变质霉烂，霉烂变质的原料不能用。筛除木屑中木片、杂质，防止刺破塑料袋。麦麸、玉米粉以新鲜为好，要求干燥、无霉烂和变质。培养基内需加 10% 的山土，用前需晒干，过筛去掉石子、树根等杂质。

（三）培养料的配方

参考高产培养料配方：

①木屑 34％，棉籽壳 34％，麦麸 10％，玉米粉 10％，壤土 10％，石膏 1％，红糖 1％，含水量 60％，pH 为 6.5；

②杂木屑 73％，麸皮 10％，玉米粉 15％，糖 0.8％，石膏 1.1％，过磷酸钙 0.1％，含水量 64％，pH 为 6.5（不适合袋栽直接出菇）；

③杂木屑 30％，棉籽壳 30％，麸皮 7％，玉米粉 13％，糖 1％，石膏 1％，细土 18％，含水量 64％、pH 为 6.5；

④阔叶树木屑 50％，玉米芯（粗粒）20％，麸皮和玉米粉 1∶2混合物 20％，菜园表土 10％，含水量 60％～63％，pH 为 5.5～6.5。

五、栽培方法

（一）代料栽培

1. 栽培场所　可利用闲置平房、半地下简易菇棚、日光温室、塑料大棚等。

2. 栽培菌袋（棒）制作

（1）拌料。确定配方后，将主料称好，混在一起搅拌均匀，再将麸皮、玉米粉、红糖、石膏等辅料随水拌入料中，料水比为 1∶（1.2～1.3），即含水量要求达到 60％～63％。拌好料后堆闷 1 小时左右，用手抓一把料用力紧握，指缝有水渗出但不滴下为宜。用指示剂测 pH，过酸加石灰，过碱加过磷酸钙，调节 pH 至 6.5。培养料的含水量要特别注意，含水量适宜，则菌丝生长健壮，现蕾早、出菇快；料过湿缺氧发菌慢；料过干出菇困难产量低。必须强调拌料要均匀，不能有干料团，否则会因灭菌不彻底而发生杂菌。

（2）装袋。采用 17 厘米×33 厘米×0.004 厘米或 15 厘米×30 厘米×0.004 厘米的聚丙烯袋装料。装料时要求上紧下松，外紧内松，整个料筒不可过紧。袋口用喇叭口环或海绵塞封口。

（3）灭菌。装袋后马上灭菌，灭菌时使温度尽快升到 100 ℃，常压灭菌 100 ℃，维持 8～10 小时，高压灭菌 121 ℃，保持 1.5～2 小时。灭菌结束后，需待温度下降至 40 ℃以下方可打开灭菌箱，搬出菌袋，放在干净的空间冷却。

（4）接种。待袋内料温下降全 25 ℃时即可进行接种，在无菌条件下操作，有套环的菌袋，中间打个孔把菌种放在孔中；没有套环的菌袋，把菌种搅碎，放在料面，以菌种盖满料面为宜，需菌种量 15～20 克。

3. 发菌期管理　栽培袋接种完毕及时移入培养室，培养室要清洁，放栽培袋前要用灭菌杀虫药物消毒。栽培袋排放不要过密，袋与袋之间留 2～3 厘米空间，以便通风散热，降低袋温。

在菌丝生长期，培养室内温度若超过 26 ℃，要加强通风降温；低于 20 ℃，要人工加温。空气相对湿度需保持在 60%～70%。培菌期间勤检查栽培袋生长情况，被杂菌污染的栽培袋要及时拿出培养室进行适当处理。

在发菌条件适宜的情况下，小袋经 25～30 天、大袋经 40～50 天发满菌，菌袋口处有不规则突起或灰树花原基，菌袋周身白色。质量标准如下：①栽培袋在正常菌龄期内发满袋，菌丝洁白、粗壮；②无杂菌斑块，拮抗线；③手捏栽培袋有硬度，袋中间无松软感；④发满菌后，有少量原基形成。

4. 出菇管理

（1）出菇前期的管理。菌袋表面形成原基的栽培袋，及时转入出菇管理。菌棒码好后可采用生物学效率高的去套环出菇、缠口出菇（取开套环盖保留套环并在套环上缠 10 厘米宽保鲜膜催蕾，当现蕾后再去掉保鲜膜即可），底部割成十字口可吸收水分。

出菇场地的温度要比培养室低，空气湿度应比培养室高。空气相对湿度 85%～95%。转色原基必须有较强的散射光，子实体才会发生。子实体发生时，昼夜温差要小。子实体形成之后，温度以 18 ℃左右最适。

原基转色至幼小子实体形成的湿度为 85%。这一阶段需保持原基表面湿润而不积水，不能在袋口上喷水。为了保持原基表面湿润、子实体顺利发生，移入出菇场地的栽培袋，暂时不要去掉棉花，重新塞好棉塞，然后排在出菇场地上，利用培养基内的水分可以促使子实体发生。

幼小子实体没有顶到棉塞之前，尽量让其在袋内生长。子实体快要顶到棉塞时，为防止和棉塞粘连引起子实体霉烂，及时拔掉棉塞和套口，把塑料袋口拉直，排放在场地上进行喷水管理。喷水时雾点要细，喷口不要针对子实体，以免子实体损伤。子实体已伸长到袋口时，用刀把袋口割开，以增加袋内通气量。

（2）出菇期间的管理。出菇房每天通风 3 次，但应避免强风直接吹到菇体上。避免高温、高湿，温度以 20 ℃左右为宜，空气相对湿度控制在 85%左右。光照度控制在 200～300 勒克斯。喷水要"勤、细、匀"，防止菇表面干燥。当珊瑚期分枝分化后，光照度可增至 300～500 勒克斯，使菌盖表面变为灰黑色，以提高商品质量。原基分化和子实体生长阶段，严格控制"温、湿、光、气"四个因子，否则易出现畸形菇，造成减产。

①水分管理。灰树花原基发生后，应控制喷水。喷水时注意远离子实体原基，避免将原基上的水珠冲掉。子实体分化为菊花状时，可以往菇上喷水，促进菇体生长。灰树花采收后 3 天内，不要直接往培养基上喷水，以利菌丝恢复，生长下潮菇。气温过高，还需要往草帘和空地洒水，降温增湿。

②温度管理。4 月下旬或 5 月上旬，以保温为主，晚上盖严草帘和塑料薄膜，或者草帘在下、塑料薄膜在上。阳光充足时，适当延长阳光直射畦面的时间。8 月下旬至 11 月，应以降温为主，可喷水降温，在草帘上加盖覆盖物，增加遮阳程度。晚上揭开塑料薄膜或草帘露天生长，白天气温高时再盖上草帘或塑料薄膜。

③光照管理。散射光是保持灰树花生长稳定和获得高产的必备条件，每天早晚增加 1～2 小时弱直射光。生产上不需采用过厚的草帘，以保留稀疏的直射光。出菇期应避免强直射光，不能为了保

温和操作方便而撤掉遮阳物，造成强光照菇。

④通气管理。菇蕾分化期少通风多保湿，菇蕾生长期多通风。4 月中旬以后，要长期保持通风，每天早晚通风 1～2 小时。注意低温时和大风天气少通风，高温和阴雨时要多通风。通风要和保温、保湿、遮光协调进行。

5. 采收

（1）采收的时间。灰树花从现蕾到采收的时间与灰树花子实体生长期的温度有关。一般说，温度在 23～25 ℃，从现蕾到采收需 13～16 天；如出菇时温度在 18～22 ℃，从现蕾到采收需 16～25 天。

（2）灰树花适宜采收的标志。①子实体采收要求在七分成熟以内，宜采收的灰树花，叶片层层如云，色泽正常，菌孔细小，七分成熟子实体叶片微微反卷，色泽略呈干焦，菌孔刺状；②如果阳光充足，随着菌盖的长大，菌盖由深灰色变为黄褐色，作为生长点的白边颜色变暗，边缘稍向内卷曲；③如果光照不足，到菌盖较大时，观察菌盖背面是否出现多孔现象；如果恰好出现菌孔，此时便可采收。

（3）采收方法。采收袋栽的灰树花，基部要用刀割下。灰树花脆嫩易折，需小心轻放。割下的灰树花如有杂质，需用刀割除，然后从灰树花分枝至基部，用刀割成大小均匀的小片。

6. 采后管理　灰树花采收后 3 天，其根部不要喷水，以利菌丝复壮，再长下潮菇。高温季节还需要往草帘和坑外空地洒水，降温增湿。低温季节喷水和灌水时最好用日光晒过的温水，以利保温。雨季降水充足，可以少喷水或不喷水，干旱燥热需在中午 10 时前或下午 4 时后增喷一次大水。

（二）仿野生出菇（林下）栽培

木屑作培养基的栽培菌袋，菌丝满袋后，脱去塑料袋，将菌棒整齐地排列在事先挖好的畦内，菌棒间留适当间隙，在菌棒缝隙及周围填土，表面覆上 1～2 厘米的土层。这是覆土栽培的一种形式，生物学效率可达 100%～120%。这种方式远远优于代料栽培。

1. 室外栽培季节的确定及排菌 多为春秋两季栽培。北方地区春栽一般 4～6 月出菇，秋栽 10～11 月出菇。

（1）排菌时间。灰树花在北方地区栽培，最佳排菌下地期在 11 月至翌年 4 月底（野外土壤封冻期不宜栽培）。因为此时空气和土壤中的杂菌、病虫不活跃，不侵害菌丝，而灰树花菌丝耐低温，菌丝连接紧密，长势健壮，对菌丝吸收营养有利。低温期排菌下地尽管发育期较长，但出菇早、产量高，可在雨季前完成产量的 80%，4 月底以后栽种的灰树花因为气温高、杂菌活跃，菌袋易感染，并会出现子实体生长快，单株小，总产量低，易受高温和暴雨危害等情况。

（2）排菌方法

①场地选择。林地或背风向阳、地势高、干燥、不积水、近水源、排灌方便、远离厕所或畜禽圈的地方。

②挖排菌畦。要求东西走向，挖宽 45～55 厘米、长 2.5～3.0 米、深 25～30 厘米的畦，畦之间的距离为 60～80 厘米，在畦中间修排水沟，以便于行走、管理和排水。在畦四周筑成宽 15 厘米、高 10 厘米的土埂，以便挡水。深层土堆放一边用作覆土。

③栽前预备工作。畦挖好后，要先暴晒 3 天后，灌一次大水，目的是保墒。水渗透后，在畦底和畦埂喷施多菌灵，然后撒一层石灰粉，再在畦底和畦埂撒一薄层敌百虫粉，最后在畦底铺少量表土 2 厘米（表土经暴晒 3 天）。

④排放菌棒。将发好菌丝的菌袋全部剥去塑料袋，将菌棒直立放在畦内，菌棒之间留有 2 厘米间隙，上面平齐以便覆土。

⑤覆土。在菌块间隙填入干净且湿润的沙土，尽可能将菌块间空隙填满。覆土分两次进行，第一次覆土厚 1.5 厘米，以刚好覆盖住隆起的原基为度。然后喷第一次细水，将覆土湿透、沉实，切忌灌大水使菌棒浮起。等水渗后进行第二次覆土，进一步将菌棒间空隙填满，并保持菌棒上覆土厚 1.5 厘米左右。

⑥喷水。覆土完毕后应用喷雾器均匀喷水，掌握少量多次的原则，必须在 1～2 天之内，将覆土层调节到适宜的湿度，即用手捏

土粒成团，也不粘手为度。

⑦包帮。用塑料薄膜或尼龙袋将坑四周包严以防坑边土脱落。2月以前排菌下地的还需在畦内铺一层薄膜，在薄膜上覆盖5～7厘米土层，到4月中旬将畦内薄膜和浮土铲净，准备出菇管理。

⑧搭遮阳棚。在坑北侧和坑中部立两道横杆，中部横杆距地面20厘米，北侧横杆距地面30厘米，在横杆上搭塑料薄膜和草帘，呈南低北高倾斜状。4月以前北部塑料布直铺到地面上，并用土压紧，东西两侧留排气孔。

⑨铺砾。冬季下菌时盖浮土和薄膜要在铲除浮土和薄膜后在畦内平铺一薄层直径1.5～2.5厘米的光滑石砾。

2. 出菇管理

（1）水分管理。4月下旬自然气温达到15 ℃以上，在畦内灌一次水，水量以没畦面2厘米左右为宜，自动渗下后每天早、中、晚各喷水一次，水量以湿润地面为宜，并尽量往空间喷。根据降水情况，干旱时每隔5～7天要浇水一次，水能立即渗下为宜，有降水时少灌。灰树花原基发生后，喷水时应注意远离原基，避免将原基上的黄水珠冲掉。灰树花长大后可以在菇上喷水，促进菇体生长。

（2）温度管理。4月下旬或5月上旬以保温为主，晚上要盖严草帘和塑料薄膜，或者草帘在下塑料薄膜在上，并在日光充足时适当延长阳光直射畦面的时间。6月下旬至8月高温高热期应以降温为主，可以用喷水降温和增加草帘上的覆盖物增加遮阳程度。晚上揭开塑料薄膜或草帘露天生长，白天气温高时再盖上草帘或塑料薄膜等覆盖物。

（3）通风管理。4月中旬以后要将北侧塑料薄膜卷起叠放在草帘上，使北侧长期保持通风，每天早晚要揭开草帘通风1～2小时。注意低温时和大风天气要少通风，高温和阴雨时要多通风，早晚喷大水前后，适当加大通风。通风要和保温、保湿、遮光协调进行，不可不通风，也不可通风过多。菇蕾分化期少通风多保湿，菇蕾生长期多通风促蒸发。

（4）光照管理。用支斜架的方法保持灰树花生长的稳定散射光，每天早晚晾晒1～2小时增加弱直射光。生产上不采用过厚的草帘，以保留稀疏的直射光，出菇期避免强直射光，不可为保温和操作方便而撤掉遮阳物，造成强光照菇。

（5）光温水气协调管理。光、温、水、气这些因子必须执行协调管理，在不同的季节、不同的时期和不同的天气情况，以及栽培管理条件，抓主要方面，但不能忽视次要甚至超过次要方面的极限，还需要通过其中一种因子的调节措施来创造对其他因子的需求条件。如雨天增加通风达到出菇的湿润条件，干热时通过增加遮阳减少高温伤害；每天早晚揭帘晾晒，可与通风、喷水同时进行，或者在此时采菇。

六、灰树花栽培中常遇到的问题及处理方法

（一）菌袋污染大致有以下几种类型

1. 袋口料面感染杂菌 菌袋接种后3～7天，袋口料面常出现杂菌，且污染的速度较快，杂菌种类以木霉、毛霉为主。污染主要原因一是原种本身带有杂菌，二是接种操作不当，三是棉塞潮湿发霉杂菌孢子从袋口部位侵入。

2. 菌袋周身或底部污染 这类污染面积小，零散发生。细致检查可以发现污染区的袋壁有破损或微孔，杂菌以孔为中心，向周围辐射。大多因菌袋运输方法不当造成菌袋破损，或因塑料袋质量不合格，高温灭菌造成大范围的破损。另外，有时菌袋没有微孔现象，也出现斑状的污染区，并伴有酸臭味，这是灭菌不彻底引起的细菌或酵母菌污染。

3. 菌丝干枯发黄、生长缓慢或停滞 菌袋中下部出现黄色粉末状杂菌感染，多在发菌阶段的后期发生。这种情况大多是发菌室内温度过高，超过29℃或多日维持在26℃以上，空气干热抑制了菌丝正常生长，使菌丝老化而感染杂菌。

发现局部感染时，及时将感染部位挖掉，并洒少量石灰水，添湿润新土。感染部位较多时，可用5%的草木灰水浇畦面一次。高

温季节，当畦面有黏液状菌棒出现时，用1‰漂白粉液喷床面，以抑制细菌。发现菇蝇等害虫时，用草木灰撒到畦面，并用低毒高效农药杀虫。

（二）常见的菇体异常现象及产生原因

1. 原基枯黄 由于环境干燥，光线太强（阳光直射）温度过高，使原基分泌的水珠消失，从而变得枯黄不能分化，形成木质化的斑块。

2. 原基不生长 多是由于覆土厚、浇水过勤、浇冷水造成温度低、生长缓慢所致。

3. 小老菇 原基分化后菇体即老化，生长缓慢，叶片小而少且内卷，边钝圆，内外均有白色的多孔层及菌孔，菇体小，浅白色，呈现严重的老化现象，6～8月高温季节较多见。发生原因是发菌期较短，菌块覆土后菌丝尚未连成一体就出菇，营养供应不足；或由于发菌期过长，菌块形成黄色外菌皮，菌块覆土后菌丝不能充分连接，营养供应不足。

4. 出菇慢 栽培时覆土过厚（超过3厘米）或畦挖得太深，导致出菇期推迟20～35天。

5. 原基或成菇腐烂 原基或菇体部分变黄、变软，进而腐烂如泥，并有特殊臭味，多发生在高温高湿的多雨季节。其病因是湿度过大、通风不良，或由病虫害所致，多发于旧的出菇场地。

6. 畸形菇 是由于环境不协调造成的，如温度、湿度、通风、光照不适宜等。

鹿角菇和拳形菇菇体形似鹿角，有枝无叶或小叶如指甲，或紧握如拳；颜色浅白，灰树花香味、商品价值低；病因是光照不足，通风不良。小散菇是由通风弱缺少光照造成的。高脚菇是由通风不畅、湿度过大造成的。黄肿菇是由水气大、通风弱或高温造成的。白化菇多是由光照弱造成的。焦化菇是由光强水分小造成的。薄肉菇是由高温、高湿，通风不畅，菇体不蒸发造成的。

第十三章　姬菇安全高效 栽培技术

第一节　概　　述

姬菇（*Pleurotus cornucopiae*）（白黄侧耳）又名小平菇、小侧耳、角状侧耳等。隶属担子菌类，伞菌目，侧耳科，侧耳属。是一种中低温型食用菌。

姬菇营养丰富，富含蛋白质、糖、脂肪、维生素和铁、钙等，其中蛋白质含量高于一般蔬菜，含有人体8种必需氨基酸。姬菇菌肉肥嫩，味鲜爽口，还具有保健功效，是平菇家族中最受消费者青睐的品种之一。

姬菇适应性广、抗逆性强、栽培方法简便、投资少、见效快、收益高。不仅适合农户家庭种植，还易于进行规模化生产，目前采用空调设施的姬菇周年栽培技术几乎全年都可生产出质量一致的姬菇，具有广阔的国内外市场。

第二节　生物学特性

一、形态特征

（一）菌丝体

菌丝体白色绒毛状，是由许多白绒毛状菌丝构成，姬菇的菌丝粗壮，生长速度快。菌丝由孢子萌发而成，单核菌丝很细，初期多核，很快生长隔膜，每个细胞中都有一个核为单核菌丝，两条不同性别的单核菌丝相互结合成双核菌丝。

（二）子实体

姬菇子实体覆瓦状丛生，叠生，中等至稍大。菌盖宽 4～12 厘米，初扁半球形，伸展后基部下凹，半圆形、扇形至漏斗形，暗褐色至赭褐色，后逐渐变灰黄色、灰白色至近似白色，光滑，罕有白色绒毛。边缘波状，往往开裂。菌肉白色，稍厚，致密。菌褶延生，稍稀，宽，有脉络相连，往往在柄上形成隆纹，白色。菌柄侧生或偏生，肉质嫩滑可口（图 13 - 1）。

目前生产上使用的并非全部都是白黄侧耳，实际上还包括了一些可能是糙皮侧耳的品系，菌盖为浅灰色。

图 13 - 1　姬菇子实体形态

二、生态习性

夏秋生于栎属、山毛榉属等阔叶树的枯干、倒木、伐桩上。产于我国河北、山西、吉林、黑龙江、江苏、浙江、安徽、江西、山东、河南、四川、云南、陕西、新疆等省区，以及亚洲其他国家、欧洲和北美洲等地区。

三、生长发育条件

（一）营养条件

姬菇为木腐菌，可广泛利用棉籽壳、玉米芯、木屑、酒糟、糠醛渣等工业、农业副产品作为碳源，以麦麸、米糠、玉米粉等作为氮源，其培养料配方要求比一般平菇含更多的碳水化合物及淀粉类物质。碳氮比以（20～30）：1 较为适宜，最适碳氮比为 20：1。

（二）环境条件

1. 温度　姬菇为中低温型，变温结实型食用菌。菌丝生长温度为 5～30 ℃，适宜温度 20～27 ℃，以 22～24 ℃最为适宜；子实体生长温度为 8～20 ℃，因菌株而异，偏高温品种为 14～22 ℃，中温品种为 12～16 ℃，低温品种为 8～14 ℃。

姬菇原基形成需要有 8～10 ℃温差刺激，昼夜温差越大，对子实体形成越有利，原基分化快，出菇整齐，产量高，质量好；没有温差刺激很难形成子实体。

2. 水分 菌丝生长阶段，培养料含水量以 65％为宜，空气相对湿度保持在 65％～70％。子实体生长阶段，空气相对湿度要提高到 85％～90％，相对湿度低，子实体发育慢、瘦小；相对湿度超过 95％，会导致病害发生或导致杂菌污染。

3. 空气 菌丝生长需要一定的氧气，随着菌丝生长量的增加，需氧量也随之增大，因此在发菌期要注意通风换气。原基形成期和珊瑚期需氧量大，要加强通风，保持空气新鲜；当子实体进入伸长期后，需保持一定浓度的二氧化碳，以促进菌柄的伸长，限制菌盖扩张，但仍需保持室内空气流通。若二氧化碳浓度超过 0.4％，则易形成菌柄过度伸长、菌盖小或"大肚形"菌柄的畸形菇。

4. 光线 菌丝生长阶段不需要光线，光线对菌丝生长有抑制作用。子实体分化需要一定散射光，光照度在 100～500 勒克斯；子实体生长发育则要减弱光照度，以 50～100 勒克斯为宜，对控制菌盖生长有利。

5. 酸碱度 菌丝在 pH 为 4.5～8.0 的范围内均能生长，以 pH 为 6.5 左右生长最好。在酸性培养基上（pH 小于 6）难以形成原基，pH 为 6.0～8.0 时形成原基无明显差别。

第三节　安全高效栽培技术

目前市场上对姬菇要求很严，一级姬菇的菌盖直径要小于 2 厘米，因此在子实体刚刚形成而未进入快速生长期之前就要采收。根据此标准，要采取相应能提高产量的技术措施。姬菇高产的直接因素，是出菇潮数和每潮菇的产量，而影响潮数的因素是营养组成和环境条件；构成每潮菇高产的因素是原基数与成菇率，菌盖厚度及菇体的整齐度。因此，姬菇的栽培无论是品种的选择、原料配方、生产环境、设施条件及管理方法等，都有其特殊性。

一、传统设施安全高效栽培技术

（一）栽培季节

姬菇出菇的适宜温度为 8～20 ℃。自然条件下，一般 9～11 月为制袋适期，10 月中下旬至翌年 3 月为采收适期。有条件的可利用带有空调的设施进行周年生产。

（二）参考配方

①棉籽壳 86％，麸皮或米糠 10％，石膏 1％，石灰 3％；

②稻（麦）草粉 80％，麸皮 10％，玉米粉 6％，石膏 1％，石灰 3％；

③稻（麦）草粉 46％，棉籽壳 30％，麸皮 10％，米糠 10％，石膏 1％，石灰 3％；

④玉米芯 40％，稻（麦）草粉 40％，麸皮 10％，米糠 6％，石膏 1％，石灰 3％；

⑤稻（麦）草粉 30％，杂木屑 25％，玉米芯 25％，麸皮或米糠 10％，玉米粉 6％，石膏 1％，石灰 3％。

（三）菌袋制作

1. 培养料处理 天然物质如枝条、作物秸秆等应切段、碾压或粉碎；质地坚硬或被蜡质的材料要用 1％～2％的石灰水浸泡软化；为提高培养料的利用率及有效杀灭病菌和害虫，可进行 3～7 天的堆制发酵处理。

①建堆。将培养料堆制成宽 1.2～1.5 米，高 1.0～1.4 米，长度不限的料堆，料堆要尽量疏松、集中。堆毕后用直径 5 厘米的木棒从堆顶直达底部均匀地打通气孔，孔距 20～30 厘米，最后盖上农膜保温。

②翻堆。当料温达到 65 ℃时第一次翻堆，以后每隔 2～3 天翻

一次，共翻2～3次。第一次翻堆后可加入适当水调节料内含水量，第二次之后不可再加水。发酵好的培养料呈黄褐色至深褐色，遍布适量白色粉状嗜热放线菌菌丝，具有特殊香味，含水量在65％左右，料软松散，不发黏。发酵结束后播种前散堆降温，并用石灰粉调整pH为7～8。预防杂菌可选用50％噻菌灵悬浮剂1千克拌料3 000～5 000千克；防虫可选用4.3％高氟氯氰·甲阿维乳油1千克拌料1 000～2 000千克。

2. 培养料配制　根据本地原料来源情况选择适宜配方，先干料混匀，再加水充分搅拌均匀。料水比（质量比）为1∶（1.2～1.4），已预湿的培养料待其他原料拌匀后再混入一同搅匀。石灰先溶于水后再取上清液加入，使pH为9.0～10.0。采用短期堆制发酵培养料，期间翻堆1次。

3. 装袋灭菌

（1）菌袋材料与规格。常压灭菌用高密度低压聚乙烯或聚丙烯袋，高压灭菌应用聚丙烯袋。规格为（20～23）厘米×（42～45）厘米×（0.025～0.03）厘米。

（2）装袋方法。装入袋中的培养料要松紧适度、均匀一致。装好料后，袋口用绳子扎好或者两端套塑料颈环，用橡皮筋固定，再用塑料薄膜或纸封口。

（3）灭菌。装锅时，菌袋堆码应注意在袋间、锅膛周边及锅顶预留空隙。当天装料，当天灭菌。高压灭菌排尽锅内冷空气后，当温度升到121℃时，保持2～3小时；常压灭菌在100℃保持8～10小时，再焖5～6小时出锅。

（四）接种

1. 接种室消毒　先用漂白粉溶液或石灰水彻底清洁室内门窗、地板、天花板、墙壁和工作台。待灭菌的料袋温度冷却到35～40℃时，放入接种室，关闭门窗，用气雾消毒剂熏蒸2～3小时，再将紫外灯或臭氧杀菌机开启30分钟。

2. 接种方法　手和种瓶（袋）外壁用75％酒精擦洗消毒；用经火焰灭菌后的接种工具去掉表层及上层老化、失水菌种，按无菌操作流程将栽培种接入栽培袋，适当压实，迅速封好袋口。用种量为一瓶栽培种（750毫升）接10～12袋，或一袋栽培种（22厘米×42厘米）接35～45袋。

（五）培养

接种后的菌袋及时运入已消毒的培养室内，菌袋间温度控制在20～28℃。培养室应加强通风，保持空气新鲜，空气相对湿度控制在60%～70%，遮光培养。

（六）出菇管理

菌丝长满袋后，在发菌室再放置7～10天，达到生理成熟时，即可移入出菇房，上堆出菇（墙式出菇）。管理的总要求：前期促原基分化，以实现群体增产，简称"促"；中期保分化的原基都成熟，以提高成菇率，简称"保"；后期育子实体敦实肥厚，以提高单朵重量，多产优质菇，简称"育"。

1. 前期"促"　前期促进姬菇原基分化形成，创造适宜的环境条件。具体做法：环境温度降至8～12℃，反季节现代化厂房栽培，可利用空调进行降温。同时向袋口喷雾状水，保持料面湿度，适当减少通风量，增加散射光。连续5～7天，即可长出大量原基。

2. 中期"保"　姬菇在菇蕾形成期，对环境条件的适应性较差。若空气湿度在短时间内低于75%，菇蕾容易干死，若遇强风吹袭也会发黄萎缩。这造成菇蕾死亡，成菇率低。所以，在这个阶段内栽培场所要尽量减少温度差和湿度差，气温要控制在12～17℃，空气相对湿度稳定在85%～90%，每天喷水3～5次，还要注意不要让冷空气直接吹袭菇蕾。总之，要稳定环境条件，避免菇蕾萎缩死亡，提高成菇率。此期较大的温度差和湿度差、冷热强风等因素都会影响菇蕾的形成和生长。

3. 后期"育"　当菇蕾长到1.5厘米时对环境的适应性开始增强，这时气温可在5～20℃波动，空气相对湿度可在75%～95%波动，在此范围内温度、湿度波动越大，子实体长的越肥壮。这样人为制造交替温度差和湿度差，创造仿自然生态环境，可大大提高单朵重量和商品价值。为了使菌柄伸长，可减少空气通入量，提高室内二氧化碳浓度。在此阶段，还要根据市场要求，适当调节二氧化碳浓度和散射光强度，来控制子实体的形状和菌盖颜色。

此期菌盖的直径控制至关重要，因为常规平菇的食用部位是菌盖，以盖大、柄短为宜；而姬菇则恰恰相反。所以，管理上应作出较大调整，提高二氧化碳浓度和降低光照度来控制菌盖的生长，促进菌柄的生长。

（七）采收

1. 采收标准　当菌柄长达 5～7 厘米，菌盖直径 2～3 厘米时要及时分批采收，力争提高优质菇的产量。

2. 采收技术　握住菇体菌柄基部，扭下整丛菇体，放入筐内，避免损伤。盛装容器最好采用浅筐单层摆放，以免菇体堆叠挤压造成破裂而影响品质。采好的成品菇，要马上放入冷库打冷，然后再分级包装、出售（图 13-2）。

图 13-2　姬菇包装

（八）分级、包装

将丛生或联体的菇掰成单个，在距离菌盖 4 厘米处剪去菌柄基部，再将连接的菇体分成单个，并去掉菇体上的小菇。盛装器具应清洁卫生，避免二次污染。采用纸箱包装时，应根据客户要求进行分级加工。

目前我国生产的姬菇主要是外销出口，对质量有很严格的要求。一级菇的菌盖直径要小于 2 厘米，因此菌盖长到 0.8～2 厘米就必须及时采收，争取提高一级菇的产量。

（九）转潮管理

采收一潮菇后，清除残余菇脚，停水养菌 3～4 天，待菌丝发白，再喷重水增湿、降温、增光、促蕾，再按前述方法出菇管理，一般管理得当可采收 5～6 潮菇。

二、姬菇工厂化周年生产

姬菇工厂化周年生产是利用空调设施进行周年生产，一年中除最热的夏季外，几乎整年都可生产出质量一致的姬菇，目前日本、韩国采用工厂化瓶栽姬菇进行周年生产（图 13-3）。

图 13-3 姬菇工厂化生产

（一）培养料选择

1. 木屑 以榆树、桦树、椴树、杨树及山毛榉等阔叶树的木屑为宜。

2. 米糠 采用新鲜的米糠，而平菇栽培适用的麦麸会导致姬菇畸形，不宜采用。

3. 砻糠 在姬菇栽培过程中，若米糠加量过少，则子实体的二次发生不良；若添加过量的细粒米糠，会影响到培养基的透气性，导致菌丝还未全部长满菌袋就提前出菇。因此，在使用细粒木屑的同时要添加适量的砻糠。

（二）培养基配制

按木屑与米糠 3:1 的比例备料。将木屑或加有 30% 砻糠的木屑加入搅拌机内摊平，将米糠过筛，铺在木屑上面。在加水之前，搅拌 30 分钟，使其充分混合，加水之后再搅拌 30 分钟，培养基含水量 65%。

（三）装瓶

栽培姬菇的聚丙烯瓶以 800 毫升容量为宜，容积不宜超过 1 000毫升。因为栽培瓶过大装料多，会导致通气不良。姬菇有一个不同于其他侧耳的特性，即在通气不良时，未充分发菌就会提前出菇，在这样的情况下发生的子实体是从棉塞的缝隙中长出的，因此形态不良，颜色灰白，没有商品价值。

装料不当，培养料硬结时，也会发生上述劣质菇，影响最终的产量。每瓶的实际装料量与培养基的组成有关。

（四）灭菌、接种

装瓶后送入高压或常压灭菌锅进行灭菌。高压灭菌在 0.15 兆帕、126 ℃条件下灭菌 1.5～2 小时；常压灭菌在 100 ℃条件下灭菌 8～10 小时，焖一夜出锅。

自然冷却后，送入无菌接种室接种，接种量要大，要求将培养料表面全部用菌种盖满。

（五）菌丝培养

在周年生产的培养室内，保持室温 22～23 ℃，相对湿度 60%～70%，每 1 000 瓶（800 毫升/瓶）每小时换气 140 米^3。在上述条件下维持 16～18 天，直到菌丝在培养料内完全长满。夏季栽培可在塑料大棚或通风良好的室内发菌，环境温度保持在 18 ℃以上，不要超过 26 ℃。如果采用聚

图 13 - 4　工厂化生产菌丝培养

丙烯薄膜封口，可采用集装箱式堆积培养（图 13 - 4）；如果采用纸塞封口，则不宜用大棚培养，以免因通气不良而延缓菌丝蔓延。

（六）催蕾管理

将上述充分发菌的栽培瓶（不经搔菌作业）移到发菌室中，保持室温在 22～25 ℃，相对湿度 85%～90%，光照度 200 勒克斯以上，换气量为每 1 万瓶每小时 160 米^3，瓶口用 5 毫米厚的塑料薄膜覆盖，每天将覆膜轻轻揭开洒水一次。在上述条件下，经 3～4 天培养即可形成子实体原基。

（七）出菇管理

当原基发育成菇蕾开始出现菌盖后，将栽培瓶移到出菇房进行出菇管理。保持室温在 17～18 ℃，相对湿度 80%～90%，换气量为每 1 万瓶每小时 320 米³，光照度 200 勒克斯以上。在上述条件下，培养 3～4 天即可采收。菌盖最大直径可达 20～25 毫米，每瓶头潮菇产量约为 80 克。

在自然栽培中，室温应尽量保持在 22～28 ℃，原基形成后揭去瓶口的覆膜，2～3 天后即可采收子实体。由于姬菇生长较快，每天应采收 2～3 次。

（八）转潮菇的管理

头潮菇采收完毕后，应进行搔菌，再从瓶口灌水，3 小时后将栽培瓶移到发菌室中，与头潮菇相同管理。经 6～8 天可形成原基，再转入出菇房中。约 4 天后即可采收，每瓶约为 40 克。二潮菇采收完毕后结束生产。

第十四章 滑子菇安全高效栽培技术

第一节 概 述

一、学名及分类学地位

滑子菇又名珍珠菇、滑菇、光帽鳞伞，日本叫纳美菇，学名（*Pholiota nameko*）。滑子菇属于珍稀品种，原产于日本，于 1976 年引进我国。在植物学分类上属真菌门，担子菌类，伞菌目，丝膜菌科，鳞伞属。主要由菌丝体和子实体两部分组成。滑子菇菇体小、出菇多、产量高，适宜在东北气候条件下栽培。

二、经济价值及栽培概况

滑子菇因分泌蛋清状黏多糖类物质使菌盖黏滑而得名，滑子菇营养丰富，味道鲜美，滑嫩可口，而且附着在滑子菇菌伞表面的黏性物质是一种核酸，对保持人体的精力和脑力大有益处，并且还有抑制肿瘤的作用。每 100 克干滑子菇含粗蛋白质 21.8 克，脂肪 4.25 克，碳水化合物 64.8 克，纤维素 7.35 克。子实体含丰富的多糖，能提高机体的免疫力，是人类植物性食品中高蛋白、低脂肪的健康食品。

我国自 20 世纪 70 年代中叶开始栽培滑子菇，始于辽宁省南部地区，现主产区为河北北部、辽宁、黑龙江、福建等地。山东省在 2000 年前后开始进行冬春季温室大棚反季节栽培试验，2010 年，日照市莒县果庄鑫垚食用菌专业合作社成功进行反季节大棚栽培。5~6 月制菌包，通过采用恒温库房发菌，9~10 月移入大棚开袋出菇，出菇季节安排在温度比较低的 10 月到第二年 4 月，第二年开始大面积推广。2013 年，在恒温库房内实现周年栽培，为国内首例，该技术现已获国家发明专利授权。

三、市场前景分析

滑子菇因发菌时间长，技术操作难度相对较大，国内除东北冷凉地区外，栽培面积较小，市场价格较高，山东地区一般鲜菇批发价格在 9 000 元/吨左右。人工栽培滑子菇，经济效益显著，每生产 1 万袋滑子菇，生产成本约 1.8 万元，接种后发菌 120 天左右开袋，开袋 30 天左右开始出菇，生产周期 8～11 个月，可产鲜菇 4 000～5 000 千克，纯利润约 2.5 万元。目前，国内大、中城市超市及中高档宾馆、饭店均有市场需求，特别是鲜滑子菇很受消费者的欢迎。国际市场中，在日本食用菌市场滑子菇以上品著称，近年来滑子菇产品逐渐进入欧洲市场，倍受消费者欢迎。滑子菇适口性优于其他食用菌，市场前景广阔，是值得大力发展生产的珍稀品种。

第二节　生物学特性

一、形态特征

滑子菇多丛生，菌盖半圆形，黄褐色，上有一层黏液，菌柄短粗，直径 8～15 毫米（图 14-1）。滑子菇是腐生类型，属木腐菌，利用分解木材、枯草获得营养，碳素是滑子菇的重要养分及能量来源。滑子菇由基质中的菌丝体和可食用的子实体组成。

图 14-1　滑子菇菌伞表面的黏性物质

（一）菌丝体

滑子菇的菌丝从外表面来看呈绒毛状，初期颜色呈白色，逐渐变为奶油黄色或淡黄色。

（二）子实体

滑子菇的子实体由菌盖、菌褶、菌柄三部分组成。滑子菇子实体丛生，伞形小，结菇多。幼菇菌盖为半球形，黄褐色或红褐色，随着子实体的生长，菌盖逐渐展平，中央凹陷，色泽较深，边缘呈波浪形。菌盖的直径一般在 3～8 厘米，表面光滑有一层极黏滑的黏胶质，其黏度随湿度的增加而加大。菌盖中间略鼓或平，色泽淡黄或黄褐，中央红褐色或暗褐色，老熟后菌盖表面往往出现放射状条纹。菌盖的薄厚及开伞程度因不同品种及环境条件的变化而有差异（图 14-2）。

图 14-2 滑子菇子实体

菌褶是孕育担孢子的场所，密生在菌盖的腹面，颜色在子实体幼嫩时期为白色或乳黄色，在子实体成熟后呈锈棕色，菌肉由淡黄色变为褐色。菌褶边缘多见波浪形，近菌盖边缘处波纹较密。菌褶表面覆以子实层，其上生有许多担子，每个担子可产生 4 个担孢子。

菌柄中生，呈圆柱形。菌柄的长短、粗细因环境条件的变化而不同，通常柄长 5 厘米左右，柄直径 0.5～1.0 厘米，菌柄的上部有易消失的膜质菌环，以菌环为界，其上部菌柄呈淡黄色，下部菌柄为淡黄褐色，菌柄被黏液。

二、生态习性

滑子菇属低温变温结实型食用菌，属木腐菌，在自然界多生长于壳斗科（Fagaceae）等阔叶树的倒木或树桩上，松木或未完全死亡的阔叶树秆上也能生长。我国主要在冷凉的东北地区及高原冷凉地带种植，目前主要种植区域有东北地区、河北、内蒙古、北京、福建莆田地区等，山东主要进行冬春季大棚栽培。

滑子菇子实体形成的温度有两种类型：低温型，在15℃以下形成子实体；高温型，在18～20℃形成子实体。根据滑子菇出菇温度的不同，一般分高温型（7～20℃）、中温型（7～12℃）、低温型（5～10℃），根据生长期长短，又分为早熟种、中熟种和晚熟种。早熟种子实体发生温度为5～18℃，出菇早、密度大，转潮快，产菇集中，菌丝体培养温度20～26℃，发菌期60天左右；中熟种子实体发生温度为5～15℃，菇体肥厚，菇质好，出菇均匀，不易开伞，转潮期较长，菌丝体培养温度15～24℃，发菌期为80～90天；晚熟种子实体发生温度为5～12℃，菌肉厚，品质好，不易开伞，黏液多转潮慢，产菇期长，菌丝培养温度5～15℃，发菌期100天左右。

三、生长发育条件

栽培滑子菇除了考虑其种性外，还必须了解外界条件对菌丝生长及子实体的影响。外界条件主要是营养、温度、水分和湿度、光照、空气和酸碱度等。

（一）营养

食用菌的生长发育都需要足够的碳源、氮源以及一定量的无机盐和维生素。滑子菇是木腐食用菌，其生长靠菌丝从培养基内吸收可溶性氮素和钙等矿质元素。人工栽培滑子菇以木屑、秸秆、米糠、麦麸等富含木质素、纤维素、半纤维素、蛋白质的农副产品作为培养料，供给滑子菇生长发育所需要的营养。因此，人工配制的培养料搭配必须合理。

在木屑培养基中添加米糠（麸皮），米糠（麸皮）中的淀粉可作为培菌初期的辅助碳源而被利用，并可诱导纤维分解酶的产生，加快分解速度，促进营养生长；而一些小分子碳水化合物，如葡萄糖、果糖等可被菌丝直接吸收;培养基中的大分子碳水化合物,如木质素、纤维素等,菌丝靠酶的作用边分解边吸收利用。碳源能否被充分吸收利用受培养基中其他成分所限制,在一定限度内,若供给足够的氮源,滑子菇的生长量可随碳源含量增加而增加。麦芽糖是滑子菇子实体形成的一种良好碳源,用麦芽糖产量比用葡萄糖的产量高;蔗糖是滑子菇菌丝生长的良好碳源,但只用蔗糖作为唯一的碳源则不形成子实体;碳素与氮素的比例在滑子菇生产中很重要,并且在营养生长阶段与生殖生长阶段所要求的比例不同,所需碳氮比为营养生长阶段 20:1,生殖生长阶段(35~40):1。

(二)温度

滑子菇属低温变温结实型食用菌。滑子菇菌丝在 5~32 ℃都能生长,最适温度为 20~25 ℃,低于 10 ℃生长缓慢,15 ℃生长加速,超过 25 ℃生长速度减慢,长期在 32 ℃以上菌丝停止生长,甚至死亡,但比较耐低温,-25 ℃也不会死亡。

最适温度是指菌丝生长在培养基内的温度,培养基内的温度一般要比室温高 2~3 ℃,所以一般在 20~22 ℃的室温条件下培养菌丝比较合适。通常菌丝生长的最适温度是菌丝生长最快时候的温度,并不一定是菌丝健壮生长的温度。由于在较高的温度下,菌丝体内物质消耗太快,结果反而比在较低温度下的菌丝生长弱。最适温度有时能使菌丝的生长速度达到最高峰,但菌丝稀疏无力;在较低温度下培养,虽然生长慢一点,但菌丝粗壮浓密。在生产实践中为了获得健壮的菌丝体,要求在比菌丝生长最适温度略低的温度条件下培养。

滑子菇在子实体生长发育阶段所需要的温度比在菌丝发育阶段所需要的温度低。出菇温度一般要求在 5~20 ℃,最适温度为 12~18 ℃(早熟种为 18 ℃左右,中熟种 15 ℃左右,晚熟种 12 ℃左右,但下限温度是 5~7 ℃)。如果高于 20 ℃,无论低温型、高温型子实体明显少,且菌柄细、菌盖小,开伞也早,甚至不出菇;低于 5 ℃子实体生长得非常缓慢,基本上不生长。因此,出菇阶段菇房温度一般调节在 7~15 ℃比较好。当菌丝吃透培养料达到生理成熟时，给予 10 ℃左右的低温刺激；昼夜温差在 7～12 ℃，以促进其原基的形成。低温刺激的结果是可逆的，即低温刺激后已形成原基或开始形成时，如果温度提高到 20 ℃以上时，菌丝又转向营养生长，低温刺激的效应也就消失，原基停止发育，菇蕾中的营养倒流而萎蔫。在温度条件上与其他食用菌不同，滑子菇的习性是低温接种，中温养菌，低温出菇，在生产管理方面有其自身的特点。

（三）水分和湿度

水分和湿度包括两个方面，一个是培养料内的含水量，另一个是空气的相对湿度。培养料的含水量适宜，菌丝生长得比较好，而空气相对湿度则影响子实体的生长发育。菌丝生长发育所需要的水分大部分来自培养料，培养料中含水量的多少对滑子菇的生长发育有很大影响，含水量过低，使滑子菇菇体的生理活动受到抑制，子实体凋萎，失去生存能力。如空气相对湿度过高，菇体表面细胞向外蒸腾水分的能力降低，影响营养物质在菇体内的运转，不利于菇蕾生长发育。同时高湿容易使菇体感染杂菌。

在滑子菇菌丝生长阶段要求培养基含水量在 60％～65％，空气相对湿度以 60％～70％为宜。而在子实体形成阶段，培养基中的含水量（代谢水）需通过喷水增加至 70％～75％，空气相对湿度要求在 85％～95％，空气相对湿度过低会影响产量，但培养基表面积水又会导致烂菇，且容易滋生霉菌。因此，在菇蕾形成阶段，不要直接向基质喷水，可逐渐加大空气相对湿度。

滑子菇培养料中的含水量低于 50％时，菌丝长势明显减慢，且菌丝纤细，代谢逐渐受阻，最后停止生长或死亡；但如果过高超过 80％会使培养料过湿，菌丝生长也受抑制，不往培养料深处生长。出菇前期培养料如果过干，就不能形成子实体原基而不出菇，如子实体生长阶段缺水的话会造成菌柄细，盖小肉薄，早开伞，菇上不形成黏液。因此在生产中从开包起就喷水催菇，使料块的含水量达到 70％～75％，才能获得高产、优质的滑子菇。

（四）光照

因为滑子菇不进行光合作用，所以栽培中不需直射光，但必须有足够的散射光。菌丝在黑暗环境中能正常生长，但光线对已生理成熟的滑子菇菌丝有诱导出菇的作用。出菇阶段需给予一定的散射光。在完全黑暗条件下，菌丝不能形成子实体，在光线较弱时虽然能形成子实体，但子实体生长迟缓、不健壮，菇体多为畸形，菌盖色淡，菌柄细长，品质差，同时还会影响菇蕾的形成。但也不能有过强的光，直射光线中有强烈的紫外线，会杀死菇体细胞，造成子实体死亡，同时还会使料面温度增高，不利于子实体生长。出菇时光照度一般以 300～800 勒克斯为宜。子实体有向光性，尤其在子实体幼小阶段反应灵敏。

（五）空气

滑子菇属好氧性食用菌，菌丝体、子实体生长均需要大量的氧气。因此，滑子菇栽培室要经常换气，出菇期呼吸量更大，要及时通风换气。

滑子菇的生产周期长，各生长时期气温变化较大，滑子菇的呼吸强度变化也较大。滑子菇对氧气的需求量与呼吸强度有关。气温低时滑子菇的呼吸强度较小，如早春，接种之初，气温低，菌丝生长缓慢，少量的氧气即能满足需要，料中和包膜中的空气已足够菌丝发育的需要；随着气温升高，菌丝新陈代谢加快，呼吸量增加，菌丝量增加，其呼吸强度也随之增加，此时就要注意菇房通风和料包内外换气。如果菌包内的菌丝停止生长，要注意稍微松松包通通气。出菇阶段子实体新陈代谢十分旺盛，更需新鲜空气。

在滑子菇的整个生长过程中，为保证有足够的空气，必须根据气候情况和滑子菇生长的不同阶段及菇棚的特点进行通风换气，如果通风不良或培养料的通透性差，就会使得栽培室中氧气不足而二氧化碳增多。若环境中二氧化碳浓度超过 0.8%，菌丝和菇体就会出现明显停长现象，菌丝老化，小菇蕾色泽不正常，生长慢，菌盖小、菌柄细长，早开伞；若二氧化碳浓度达到 4%，就会造成死菇，严重影响产量。

（六）酸碱度

培养料的酸碱度直接影响细胞酶的活性，滑子菇菌丝需要在

pH 为 5.0～6.0 的偏酸环境下生长。木屑、麦麸、米糠制成的培养料 pH 一般为 6.0～7.0，但经加温灭菌后 pH 会下降，无需再调整。另外菌丝在生长发育过程中，其代谢产物中含有一些有机酸，会增加培养料的酸度，使料块中的 pH 下降，但不影响正常生长，所以在管理中也无需再对 pH 进行调节。

上述各种环境因子对滑子菇生长发育的影响是全面的、综合的。在栽培管理中，不能只重视某些条件而忽略其他条件，滑子菇所要求的各种条件中，既有矛盾又互相联系。如在室内栽培时，要求适宜的温度、湿度和充足的氧气。如果加强通风换气，室温和空气相对湿度也会相应降低。因此，滑子菇栽培只能在综合适宜的环境条件下获得成功。

第三节　滑子菇大棚反季节高效栽培技术

一、栽培季节

滑子菇属低温型食用菌，在我国北方地区一般春种秋出，栽培时宜半熟料栽培，最好选择气温在 8 ℃以下（0～5 ℃）的早春季节进行低温接种，最佳播种期为 1 月中旬至 3 月中旬。因为冬末春初杂菌较少，比较容易控制接种时的杂菌污染，夏季利用中温来养菌，并注意遮阳，通风和降温，以避免高温的侵袭，在秋季适时（白露气温下降）开包，给水，催菇，进行出菇期管理。

山东地区一般 5～6 月制棒，经恒温库房发菌 4 个月，10 月上中旬前后，移入出菇大棚开袋出菇。可出 3～4 潮菇，翌年 4 月下旬出菇结束。

二、场地选择及菇棚设计

（一）场地选择

良好的栽培场所是滑子菇栽培的基本条件，根据目前农村的生产水平和经济条件，一般选用简易冬暖大棚进行滑子菇生产。一般要求具备不漏雨、通风良好、有水源而没有污染源，冬天能保暖，春夏季又便于降温和遮光等基本条件。

（二）菇棚建造

菇棚建造就地取材，可采用钢筋水泥立柱，竹竿或木杆作为支架，四周及菇棚顶用塑料布、农作物秸秆或草帘覆盖，围好，既遮阳光又防漏雨。滑子菇菇棚设计要根据当地风向来确定菇棚方向，一般东西向为主，菇棚不宜过高。空间高度为 2.5～3.2 米，棚跨度为 8～10 米，长度根据接种数量而定，没有具体限制（图 14-3、图 14-4）。

图 14-3　滑子菇栽培大棚　　　图 14-4　滑子菇棚内构造

三、品种选择

滑子菇根据出菇温度的不同分极早熟种（出菇适温为 7～20 ℃）、早熟种（5～15 ℃）、中熟种（7～12 ℃）、晚熟种（5～10 ℃）。生产者要根据当地气候、栽培方式和目的来选用优良品种。在温度较高的地区因高温期长，应选择晚熟种，在低温寒冷的地区应选中熟、早熟或极早熟型品种。反季节栽培应采用早熟品种，使其提早出菇。目前适于山东地区栽培的品种主要有早丰 112、C3-1 等。

四、菌种制作

滑子菇常规栽培一般都选用木屑或棉籽壳作为基质培养三级生

产用菌种，采用两头接种法或打穴接种法，存在相对污染率高、高温季节不能栽培和发菌时间长等缺点。莒县果庄鑫垚食用菌专业合作社探索采用紫穗槐枝条菌种作为滑子菇生产种，接种的菌包具有发菌快、发菌均匀、生物学效率高、污染率低等优点，该菌种培养法获得国家发明专利授权。

（一）母种培养

用于转接的试管母种应是首代母种，不要采用转代过多的母种以免影响栽培产量。采用马铃薯葡萄糖琼脂培养基，按常规方法煮制、过滤、分装、高压灭菌后，将选育出的试管母种进行接种，培养生产试管母种。在接种培养 48 小时后剔除杂菌感染试管，培养结束后将不直接用于生产的试管放于 2～4 ℃冰箱中保存。

（二）原种培养

二级麦粒原种培养基配方为麦粒（99.5%）＋石灰粉（0.5%）。将麦粒漂洗干净，根据气温的高低用 1.5%石灰水浸泡 6～8 小时，然后在开水中蒸煮至中间无白色的半透明状，滤去多余的水分，在瓶底稍放点干锯末和麦麸混合料，防止有水滴，装瓶至瓶底 4～5 厘米为宜。常规高压灭菌 2 小时后，即可接种试管母种进行培养，在 20 ℃条件下，经 15～20 天，菌丝长满即可使用。

（三）三级菌种培养

1. 枝条木段的取得 滑子菇枝条菌种选用营养成分全面的紫穗槐枝条。收割秋后落叶的紫穗槐，所选枝条的直径在 1.2～4.0 厘米，枝条长度根据生产料袋的长度决定，一般长为 12～20 厘米，将枝条用刀劈割成两半，粗的可以多劈，晾干备用，制得枝条木段，每组制取 20 000 支。

2. 枝条木段的处理 将枝条木段整齐排入水泥池中，池中放入白糖水，水量以漫过枝条为原则，每 20 000 支枝条用白糖 1 千克左右，枝条木段的上方用砖、石块等压紧，防止漂浮，将枝条木段完全淹没，浸泡 24～72 小时，夏天中间应换一次水。

将泡透的枝条木段从水中捞出，趁枝条木段上有水，撒上麦麸,使枝条木段上粘满麦麸。

3. 配制辅助培养基质 按照质量比例锯末78%、麦麸20%、石膏1%、石灰1%,加水混合拌匀,含水率控制在65%左右,配制辅助培养基质,应符合GB 4789.28—2013要求。

4. 菌种料袋的形成 将配制好的辅助培养基质放到聚丙烯封底菌种袋的底部,为防备枝条木段将料袋刺孔,最好两层聚丙烯袋套在一起,菌种袋符合GB 9688—1988要求。按常规操作装枝条,每袋装入90~110支枝条木段,要充分填满缝隙,菌种袋的中间放一个接种棒,顶部装入辅助培养基质后封口,然后套上无棉颈圈,即形成菌种料袋。每个菌种料袋中的枝条木段与辅助培养基质的质量比例控制在(100~200)∶1(图14-5)。

图14-5 滑子菇紫穗槐枝条菌种

5. 高压灭菌 将菌种料袋进行灭菌处理,在0.14兆帕、温度120~124℃下,进行高温高压灭菌1~3小时,移入接种室,降温至22℃以下。

6. 接种 将灭菌处理的菌种料袋接种,接种时取出接种棒,接入滑子菇二级麦粒菌种。通过该方法制作的菌种料袋,可缩短发菌时间20~30天,并能防止上部菌种老化,完成发菌后即为三级菌种袋。

7. 培养期的检查 菌种培养期间应定期检查,及时拣出不合格菌种。

8. 入库 完成培养的菌种要及时登记入库。菌种生产各环节应详细记录。各级菌种都应留样备查，留样的数量应以每个批号母种 3～5 支，原种和栽培种 5～7 瓶（袋），于 4～6 ℃下贮存，贮存至在正常生产条件下该批菌种出第一潮菇。

五、培养料配制

（一）培养料配方

①杂木屑 89％，麸皮或米糠 10％，石膏 1％；

②杂木屑 49％，作物秸秆粉 40％，麸皮或米糠 10％，石膏 1％；

③玉米秸粉 68％，豆秸粉 21％，麸皮或米糠 10％，石膏 1％；

④杂木屑 79％，豆粕 15％，麸皮 5％，石膏 1％；

⑤杂木屑 60％，棉籽壳 20％，麦麸 18％，蔗糖 1％，碳酸钙 1％；

⑥木屑 84％，麦麸或米糠 12％，玉米粉 2.5％，石膏 1％，石灰 0.5％；

⑦木屑 80％、麸皮 15％、玉米粉 3％、糖和石膏各 1％；

⑧木屑 78％，麦麸 20％，糖 1％，石膏粉 1％；

⑨木屑 77％，麦麸（或米糠）20％，石膏 2％，过磷酸钙 1％；

⑩木屑 69％，麸皮 7％，米糠 5％，玉米粉 15％，石膏粉 1.5％，黄豆粉、糖各 1％，过磷酸钙 0.5％；

⑪木屑 90％，麸皮（米糠）8％，玉米粉 2％；

⑫木屑 54％，玉米芯 36％，麸皮、玉米粉各 5％；

⑬木屑 62％、麸皮或米糠 15％、石膏粉 2％、石灰粉 1％、刺槐木屑 20％；

⑭木屑 45％，玉米芯粉 38％，麦麸 15％，糖 1％，石膏粉 1％。

（二）培养料原料处理

栽培滑子菇的原材料非常广泛，粉碎的木屑、玉米芯、豆秸、锯末等都是用来栽培滑子菇很好的原材料。麦麸或米糠、玉米面等可作为辅料。无论是主料还是辅料，都要求新鲜，无霉变或异味。

木屑选用阔叶硬杂木树种，如有针叶树木（松木等）掺杂以10%～15%为好，称料前最好能把锯末用筛子筛一遍，这样可筛出木屑中的树皮、木块等杂质，有利于装袋，并可防止因木块过大灭菌不彻底引起杂菌污染，导致培养料滋生杂菌。

木屑应粗细搭配，轮锯的木屑较粗，带锯的木屑较细，粗、细木屑应搭配混用。粗木屑可以使出菇肥壮产量高，可以增加培养基的通透性，还可以提高堆放时的支撑作用以免摆袋时压得太实影响出菇。粗木屑可用林区内的废弃枝杈及灌木粉碎加工而成。购进木屑后最好经过堆放发酵后再使用，采用发酵后的木屑栽培滑子菇比采用新木屑栽培发菌快、产量高。

玉米芯须用 8～12 目筛粉碎备用。

麸皮、玉米面必须新鲜、无霉变、无结块、无虫蛀，存放时间过久，尤其是经过夏季高温作用后的麸皮不能使用。

还可以利用木耳菌糠代替部分木屑袋栽滑子菇。

（三）拌料

按配方比例称好各种原料，根据实际情况选择人工拌料或机器拌料。棉籽壳需提前一天浸湿摊开，第二天按照配方把预湿的棉籽壳、木屑、麦麸、糖水、石膏混合干拌均匀，石灰、菇壮素加入水中，然后分几次边加水、边翻拌均匀，加水量可根据原料的干湿确定，使含水量达 60%～65% 即可。培养料拌均匀后，用手抓一把紧握成团，指缝见水渍而不成滴状，手松料微散。生产时适当加入杀虫剂、杀菌剂，用石灰粉调 pH 至 5.5～6.5。

料拌好后稍堆积闷 30 分钟左右，待料充分吸足水分后，立即装锅灭菌，不可放置时间过长以免原料发酵变质。

六、装袋与接种

（一）装袋

选用栽培袋的种类及装袋的工序，通常因灭菌方式的不同而略有差异，气温低时采用常压灭菌，栽培袋选用厚度为 0.04 毫米左右、直径为 18 厘米、长为 47 厘米的聚乙烯袋，袋的透明度要好，便于看清菌种的发菌情况和杂菌的污染情况。一般是先蒸料后装袋，当料温降至 20 ℃以下时，即可装袋。塑料袋装料要松紧适宜，稍压实，使袋壁光滑，内无空隙，套上直径 2.5～3 厘米的颈圈，靠颈圈上口将袋子口翻折下，在颈圈口塞上棉塞。

（二）接种

为缩短发菌时间，一般采用三级紫穗槐枝条菌种。接种前要对接种室进行空间消毒，接种人员进入接种室也要消毒，创造无菌的接种环境。皮肤和器具消毒用 75% 酒精，消毒后的工具放到干净容器里。将制作好的菌料袋进行灭菌处理，在 0.14 兆帕高压灭菌 2 小时，自然降压至压力回零后，移入接种室降温至 22 ℃以下。将移入接种室的菌料袋接入紫穗槐枝条菌种，接种量为每袋枝条菌种一支。通过该方法制作的菌包，可缩短发菌时间 20～30 天。

七、发菌期管理

采用堆放发菌，发菌期 3～4 个月。将接种后的菌包连塑料筐放到黑暗的培养室内，培养管理分为前期培养、中期培养、后期培养三个阶段。

（一）前期培养（菌丝萌发定植期）

前期培养即接种后到菌种定植的时期。在正常的温度和湿度条件下，滑子菇菌丝在接种完后 24 小时即开始萌动，48 小时即可出现白色的菌丝生长点。滑子菇菌丝生长缓慢，且抗杂菌能力也很弱，故应尽量低温发菌，在接种后 10 天内，应尽量使环境温度保持在 10 ℃以下，最高不能超过 15 ℃。此时空气相对湿度最好控制在65％，如空气相对湿度过高，可在地面撒一层石灰吸潮，以降低湿度。10天以后，随着自然温度的逐渐回升，菌丝体开始往料内生长。料面也逐渐布满菌丝，这时要根据天气情况，适当开窗换气。这时温度以13～15℃为好，如发现有的料袋菌丝生长缓慢，应及时将薄膜掀动一下，以利透气发菌，并能将料面多余水分控出。菌丝体生长期间应防止阳光照射，窗户上挂上遮光物，尽量避免光照。

此期的管理要点为既要保温又要通风换气。保温的目的是满足菌丝在低温下生长的要求（最低温度5℃以上）；通风换气是为了保证菌丝体生长时有足够的氧气，同时排出二氧化碳。因堆置的培养料上面、下面的温差较大，每隔7～10天进行一次上下互换位置，以使发菌速度一致。培养管理30～40天，菌包温度控制在22℃以下。

(二) 中期培养 (菌丝扩展封面期)

中期培养即菌丝连接到长满菌盘或菌袋接种点连接处的时期。定植的菌丝体逐渐变白，并向四周延伸。随着温度提高，菌丝生长加快并向料内生长，但随着温度的升高，杂菌也会蔓延，造成污染，这个阶段应以预防污染为主。

室内温度控制在20～22℃，培养管理20～30天，进行散射光照射，以达到转色的要求，袋内温度控制在25℃以下（图14-6）。

图14-6　滑子菇菌包完成发菌转色

(三) 后期培养 (菌丝长满期)

后期培养即菌丝体长满整个培养基到形成橘黄色蜡质层的时期。经50～60天的菌丝生长，菌丝已长满，此时菌丝呼吸加强，需氧量加大，释放热量，故需要控温在18℃左右，另外加大通风量，提高发菌室内散射光强度，促进蜡质层的正常形成。

将培养室升温至 18～23 ℃，继续进行 30～40 天的培养，通过人为制造 5～10 ℃的温差，为出菇打好基础，菌包温度控制在 20 ℃左右。

发菌阶段的相对湿度控制在 60％～70％。

八、出菇期管理

山东地区的滑子菇反季节栽培，割袋出菇期一般在 10 月上中旬，翌年 4 月下旬出菇结束。主要根据温度变化情况来确定割袋出菇时间，当自然温度降到 22 ℃以下时开始割袋出菇。

（一）出菇期管理要点

1. 割袋出菇　把发好菌的菌包运到出菇棚（房）菇架上（或地面土垛上）。栽培袋放好后取下颈圈，将底部塑料袋割掉，用刀片在培养料的底部割一"井"字形口，回菌后及时补水（图 14 - 7）。

图 14 - 7　割袋出菇

2. 催菇　对划菌后的菌袋，喷水催菇。由于菌丝体的生长，在菌块表面形成了一层锈色的蜡膜并消耗了一部分水分，很难诱导子实体形成，所以必须人为进行菌袋料面划菌刺激并喷水，方能促进子实体形成。喷水后水分可通过划痕渗透到培养料内部，使之达到出菇所要求的含水量；通过菌袋料面划菌菌丝受到机械损伤，容易产生子实体。

在划菌 2 天后即开始喷凉水，蜡膜厚的要多浇水，蜡膜薄的要少浇水，每天 2 次水，为了促进出菇，2 天以后夜间可加喷一次水，当菌块湿软时即停止在料块上浇水，使菌袋在 15 天左右含水量达到 70％，栽培室内空气相对湿度经常保持在 85％～90％。

3. 分化期管理　菌袋含水量、环境湿度和温度适宜时，袋面开始出现米黄色的原基，标志着出菇开始，此阶段应以保持空间温度为主，袋面不干燥为宜。当培养料内含水量达到60%～70%时，菌丝即开始扭结形成大量的菇蕾。出菇期间前期（未出菇前）应大量浇水，出菇后适量喷、勤喷，不要喷水过多，否则容易引起因水压增大造成死菇、烂菇现象。

4. 长菇期管理　气温要保持在15～18℃，最好是有一定的昼夜温差刺激，这样既可使滑子菇长势整齐，又可使后期长势强。幼菇菌盖长到0.3～0.5厘米时，可适当向菇体和菌袋表面喷水，每天2～3次，风大干燥的天气要多喷。随着菇蕾的长大，喷水逐渐加大，保证菇体达到商品要求，盐渍品菌盖长到1～2厘米时即可采收。

经过适当的水分管理，小菇蕾逐渐形成黄色的幼菇，8～10天后可达到采收标准。

（二）出菇期环境因素的控制

1. 温度管理　滑子菇属低温变温结实型食用菌，子实体在5～20℃时都能生长。高于20℃子实体小，菌柄细，菌盖小，开伞早，甚至不出菇；子实体对低温抵抗力强，在5℃左右也能生长，但不旺盛。子实体发生的最适温度因品种而异，一般10～18℃为宜。变温条件下子实体生长极好，产菇多、菇体大、肉质厚、质量好、健壮无杂菌。昼夜温差10～12℃，有利于原基形成。10月以后自然温差大，应充分利用自然温差，加强管理以促进滑子菇多产。夜间气温低，出菇房温度应不低于10℃；中午气温高，应注意通风，使室温不高于20℃。反季节栽培的温度管理是关键，温度高时采用棚顶冷水降温，外设遮阳网。应提倡使用半地下温室，冬暖夏凉，效果最好（图14-8）。

图14-8　滑子菇大棚栽培生长情况

2. 湿度管理 水分是滑子菇丰产的重要条件之一，湿度不足，滑子菇生产受到严重影响，子实体分化受到抑制，菇体平缩，不分泌黏液，停止生长，甚至死亡。为保证滑子菇子实体生长发育对水分的需要，应适当喷水，增加菌包水分（70%）和空气相对湿度（90%）。每天至少喷水 2 次，喷水量应根据室内湿度高低和子实体生长情况决定。天气干燥，风速过大，可适当增加喷水次数；子实体发生多，菇体生长旺，须加大喷水量。当培养料上出现白色原基，逐渐变成小菇蕾时停止喷水。要使培养料的含水量逐渐降到 70%～75%，空气相对湿度在 85%～95%，培养料表面保持湿润不干燥。

喷水要用喷雾器细喷、勤喷，使水缓慢通过表面渗入菌块。喷水时，喷雾器的头要高些，防止水冲击菇体。可采用雾化喷头进行机械化喷水，省工省时。冬季出菇房采用升温设备，不能在加温前喷水，应在室温上升后 2 小时喷水。喷到菌包上的水温度不能与气温相差太大。

出菇时不仅要求培养基含水量增高，同时也要求空气相对湿度增大，由于滑子菇菌盖、菌柄表面有黏液，需水量比其他食用菌多些。出菇时培养基含水量要求在 70% 以上，空气相对湿度在 85% 以上，如果水分过多，黏液过多，菌盖色黑，水分过少，则黏液少，生长会变得迟缓。

3. 通风管理 出菇期菌丝体呼吸强度增强，需氧量明显增加，应保持室内空气清新。在通风的同时，应注意温度、湿度变化。出菇期若自然温度较高，室内通风不好，会造成不出菇或畸形菇增多，此外，温度较高的季节出菇时必须日夜开启通风口和排气孔，使空气对流，保证室内有供应菇体需要的足够的氧气。

4. 光线管理 滑子菇子实体生长时需要散射光，室内不能太暗，300～800 勒克斯的散射光可促进子实体形成，如没有足够的散射光，出菇少，菌柄长，菌盖小，菇体色淡，开伞早，长出的菇菇体软弱。冬季光照不宜太强，应采取在棚内设遮阳网的办法，既能提高温度，又能控制好光照。

（三）出菇期注意事项

1. 适时割袋出菇 经 120 天左右的发菌期培养后，当自然温度降到 22 ℃以下时割袋出菇，割袋前在棚内喷杀菌剂，如 5％的漂白粉、3％的甲酚皂、多菌灵等，用高效氯氰菊酯等杀虫药喷杀菇蝇等害虫。割袋后三天打小水，七天后打大水到出菇，同时注意通风管理和温度管理。

2. 滑子菇菌袋开袋喷水方法 滑子菇菌袋形成蜡质层后，当温度达 22 ℃以下时开袋打扭结水，每天早、中、晚三次用喷雾器或喷壶向菌袋（盘）表面喷水，喷 5～7 天，以料面用手按有水溢出为度。

3. 出菇期避免虫害方法 温度从 23 ℃上升到 30 ℃，空气相对湿度下降 6％左右可以避免虫害的发生。培养基内水分过大时，特别是在不通风条件下，会发生菇蝇类、螨类、线虫等虫害。

4. 滑子菇出菇棚保湿方法 滑子菇出菇棚保湿可在墙壁四周挂稻草帘、麻袋，地面垫粗沙，通风口悬挂稻草帘，喷水时将稻草帘喷湿，而且喷水口、窗口、下层应多喷。栽培规模在 1 000 袋以上可使用小型潜水泵，喷水管前加多个细喷头喷水即可。

九、病害防治

应坚持预防为主、综合防治的防治原则。优先采用物理、生物、农业防治法，配合使用科学合理的化学防治法。使用化学防治应符合 GB 4285—1989、GB/T 8321（所有部分）要求。

（一）绿霉防治

蒸料要彻底，接种时防止感染，薄膜不能有破洞。发现绿霉后，进行通风降湿处理，并将霉斑及其周围培养基挖掉，然后用50％多菌灵可湿性粉剂 1 000 倍液喷雾。感染严重的菌棒带到棚外深埋。

（二）黄曲霉防治

认真做好菇房消毒，如发现黄曲霉产生，要隔离管理，停止喷水，加强通风，将室温降至 16 ℃以下。也可以用注射器将 50％多菌灵可湿性粉剂 1 000 倍液注入受害处，控制黄曲霉蔓延。

（三）死菇

防治时要注意通风，控制棚温在 20 ℃以下。小菇蕾初期要少喷水，随着菇蕾逐渐长大，再增加水量。出现死菇现象后，要马上将死菇拔掉，用清水将菌盘冲洗干净，控制喷水 4～5 天，棚内应加强通风，菌棒恢复后，再加大喷水量催菇。

十、采收与加工

（一）适时采收

滑子菇子实体原基出现后，在 10～15 ℃下，经 7～8 天成熟即可采收。一般在菌膜即将开裂之前，菌盖橙红色呈半球形，菌柄粗而坚实，表面油润光滑，质地鲜嫩时采收为好（图 14-9）。

采收时间因用途而异，要根据收购商要求，按外销出口质量标准或商品销售标准进

图 14-9 滑子菇采收

行。盐渍用滑子菇，菌盖长到 1.5～2 厘米，未开伞时采收。未开伞的幼菇质地鲜嫩，品质好，菌盖平展。开伞采收不仅滑子菇菇体变轻，品质较差，商品质量下降，而且开伞后孢子落在菌盘上会引起菌盘感染。开伞后的滑子菇，可到平开伞开始采摘，自然晾干，用以制成干品。

滑子菇多数是丛生，极少单生，当每个菌块上的菇体在部分已达到采收标准时，要一次采完。采收前 2 天停止向菇体喷水。若喷水后就立即采收，菌柄基部容易变黑。采收时应用手握住菇体，轻轻扭转提起，不要强拔，避免带出菌丝体，破坏培养基，影响下次出菇。

（二）采收后管理

每采完一潮菇后，及时清除表面残根和老菌皮，停止浇水3～5天，让菌丝恢复生长，积累养分，使菌盘（菌棒）含水量达到70%，棚内空气相对湿度达85%，加强通风，拉大昼夜温差，促进下一潮菇的形成。在头潮菇采收10～12天后可采收第二潮菇，整个生长周期可采收3～4潮菇。

转潮管理：当一茬采收后，保持空间相对湿度达85%～90%，2天以后每天喷3～4次水，以利菌丝恢复生长。随着出菇期的延长，当棚内气温降到10℃以下时，菇棚应加盖二层塑料布，适当去掉遮阳物，增加光线。要采取外增光内遮阳等措施，使棚内温度达到20℃左右，延长出菇时间，达到高产高效。

（三）加工与销售

滑子菇采收后应及时加工或销售，以免菌盖开伞，降低商品价值。

采收后立即剪去老化根、黑根、虫根，根底要剪平，清除小死菇、残根和杂物，剪好的菇用清水洗去杂质。置于阴凉处保存，一般在阴凉处可保存4天，如温度5℃左右可保存一周以上。

1. 盐渍工艺

（1）原料选择与分级。选用无病虫害、色泽正常的鲜菇作为原料。用利刀去掉老化硬根，除去杂质后进行分级。

①A级。菌盖直径1.5～2厘米左右柄长0.5厘米以内，不开伞，切根。

②B级。菌盖直径1.5～2厘米左右柄长2厘米以内，切根。

③C级。菌盖直径1.5～2厘米左右柄长3厘米以内，切根。

④D级。菌盖直径大于2厘米，柄长4厘米以上，切根，不分级的为混货。

（2）烫漂。烫漂液可用10%的食盐水。每50千克开水一次煮菇30千克，同一锅水一般可煮2～3次菇。每次都要保证沸水下菇，用旺火尽快煮制，使菇体熟而不烂。烫漂时可用笊篱不断轻轻翻动，注意不要弄破菌盖底膜。烫漂时间要适当，时间过短，菇体未煮透，盐渍后易变酸；时间过长，菇体熟烂，会变得软绵绵。烫漂时间因菇体大小而异，一般需3～4分钟。

（3）冷却、盐渍。烫漂后及时将菇体投入凉水（或流动冷水）中冷却。当菇体温度降低至室温时方可捞出盐渍。注意不要在菇没有冷却时就盐渍，以免造成酸菇、发红，影响滑子菇的质量。盐渍可采用一次盐渍或二次盐渍法，分级后分别装缸盐渍。

①一次盐渍法。此法又可分为层盐层菇法和盐菇混拌法。层盐层菇法：先在缸底铺一层1～2厘米厚的食盐；然后铺上一层2～3厘米厚的菇，依次直至装满缸；最后用重物压紧，注入饱和食盐水淹没菇体，以防止腐烂变色。此法菇盐用量比为10：7左右，腌制25～30天即可取出装桶。盐菇混拌法：按1千克菇0.4千克食盐的比例，将盐与菇充分拌匀后，装入缸内盐渍，其他处理同层盐层菇法。

②二次盐渍法。第一次盐渍1天后倒一次缸（即将菇体捞出，上下翻动后装缸或换上新盐水再装缸盐渍），第二次盐渍20天。此法菇盐用量比为10：4。其他处理同一次盐渍法。

（4）调酸装桶。将盐渍好沥干水的菇装入塑料桶中，每桶装70千克，边装边均匀地撒些精盐，上面用盐盖顶，每桶用盐量为5千克。最后注入饱和盐水。为保证成品菇品质稳定，应在饱和食盐水中加入调酸剂。调酸剂的配制：柠檬酸、偏磷酸钠、明矾按42：50：8进行配比混合，用饱和盐水溶解而成，pH为3.5～4，将配好的溶液注入装有菇体的塑料桶中，再将塑料桶盖紧，最后放入铁桶中盖好盖子，桶外标明品名、等级、自重、净重和产地，即可储存或外销。

2. 腌渍方法　将加工好的滑子菇放入开水中，开锅后再煮5～7分钟，煮透的菇放入水中沉淀，呈褐色，捞出后放入冷水中冷却，再捞出，控去余水，即可进行腌渍。按0.5千克鲜菇加0.2千克盐的标准，杀青后混拌，拌后入池（或缸），第一次要加饱和盐水，不使菇体露出为宜。10天以后上下倒一次。防雨、遮阳、低温能保存 3 年左右，待价销售。

3. 干制 已开伞的滑子菇养至平开伞，采下可去菇脚、穿串、上架，晴天自然晒干，要求颜色正常、无杂质，及时放入塑料袋内封闭好，存放在阴凉、通风处，待价销售。注意防雨，防回潮，否则菇块变质、发霉，商品价值降低。

4. 鲜品 根据市场需求待价销售。当滑子菇成熟时及时采收，不要开伞。采收要适时，采收要根据不同生长情况而定，80% 滑子菇达到采收标准即可全部一次采收。

第四节 滑子菇恒温库房周年栽培技术

滑子菇属低温变温结实型菌类，对环境条件要求较严格，山东地区常温下不能进行周年栽培，通过建设合适的恒温库房和制冷设备降低出菇房温度，人为创造适宜滑子菇生长的环境条件，可达到周年栽培的目的，满足市场需求。

一、厂房建设

(一)厂址选择与厂区布局

滑子菇生产场地应生态环境良好，周边 3 千米内无工业三废等污染源，远离医院、学校、居民区、公路主干线 500 米以上，交通便利。根据生产工艺，结合当地的环境条件规划菇场总体布局，厂区分为堆料场、仓库、拌料区、制包区、灭菌区、接种区、培养区、栽培出菇区、加工车间等。配套区与栽培出菇区的比例约为 1.1：1。

1. 水、电配置 日产 10 吨的滑子菇工厂应装配 1 200 千瓦变压器 1 套，日供水量约需 150 吨。

2. 菇房建设 采用双面 0.5 毫米的彩钢夹芯板。板厚：外围板 12.5 厘米，顶板 15 厘米，走道和隔板 10 厘米，夹芯板内的塑料泡沫密度为 20 千克/米³，板与板之间密封。

3. 栽培场地环境 应符合 NY/T 2375—2013 的规定。

（二）接种室建设

1. 结构 每间 64 米² （8 米×8 米），包括净化缓冲间、强制冷间和接种间，密封、无死角、可调温。

2. 设备 YT－015 箱式臭氧发生器一体机和高效空气过滤器各 1 台，自动接种机可使用国产专利产品。

（三）养菇房建设

工厂化标准冷库房装备净化中央空调机组。单菌房面积 84 米² （12 米×7 米），脊高 6 米，设 1 米×2.2 米门 2 扇。培养架采用 1.0 厘米×1.2 厘米镀锌角铁焊接，中架宽 1.3 米，边架宽 0.9 米，层间距 0.38 米，底层离地 0.2 米，共 8 层。架间走道宽 0.75 米，地脚用螺栓加固（图 14－10）。

图 14-10 养菇房

（四）出菇房建设

出菇房建设要求与养菇房相同（图 14-11）。

1. 通气设施 每间标准出菇房配备冷凝恒温机组控制开关，2 个换气扇或采用湿度、二氧化碳浓度自动控制设备。

图 14-11 出菇房

2. 降温设施 每间标准菇房安装 1 台 10 匹制冷机组。

3. 辅助设备 每间标准菇房安装 35 瓦节能灯 4 盏，加湿量 9 千克/时的超声波加湿机 1 台，每层装 LED 灯带。

4. 出菇床架 床架高 3 米，宽 0.15 米，层间高 0.5 米，共 6 层，架间走道宽 1.1 米，底层离地 0.2 米。

二、栽培基质

（一）主料

以木屑、麸皮等为主料。料要新鲜、洁净、干燥、无虫、无霉、无异味、不结块、无有害污染物和残留物。木屑选用新鲜混杂阔叶树木屑，针叶树木屑不得超过 5%。木屑不得有霉变，木屑颗粒直径 0.3～0.5 厘米。

（二）辅料

可选用的添加剂主要有过磷酸钙、石膏、石灰、轻质碳酸钙等。培养料添加剂应按照 NY 5099—2002 执行，不添加含有植物激素、生长调节剂或成分不明的混合型添加剂，不随意或超量加入化学添加剂。

三、菌种选用

应选用经过出菇试验，表现高产、优质、抗逆性强、适宜工厂化生产、商品性好、货架期长的优良菌株，如早丰 112、C3－3 等。

四、栽培技术

（一）原料选择

选用新鲜混杂阔叶树木屑，针叶树木屑不得超过 5%。木屑不得有霉变，木屑颗粒直径 0.3～0.5 厘米；选用新鲜无霉变的麦麸；菌袋选用厚度为 0.04 毫米左右、直径为 18 厘米、剪长为 47 厘米的聚乙烯袋。

（二）消毒处理

滑子菇生产空间和表面消毒使用二氧化氯消毒剂（必洁仕）消毒，按 A 剂用药量 0.25～0.3 克/米^3 计算，A 剂 1.3 克需用 B 剂溶液 5 毫升溶解，手和器具表面消毒可使用 75% 酒精。

（三）菌种制作

利用紫穗槐枝条作为基质原料制作滑子菇三级种，菌种基质组分如下：枝条 20 000 支，麦麸 15 千克，锯末 25 千克，白糖 1 千克，石膏 1 千克。收割秋后落叶的紫穗槐，所选枝条的直径在 1.2～4.0 厘米，将枝条横切为 12～20 厘米长的木段，枝条长度根据生产料袋的长度决定。枝条用刀劈割两半，粗的可多劈，晾干备用。将枝条整齐排入水泥池中，上用砖、石块等压紧，以防漂浮，池中放入白糖水，把枝条完全淹没，浸泡 24～72 小时，夏天应换 1 次水。将泡透的枝条从水中捞出，趁枝条上有水，撒上麸皮，使枝条上粘满麸皮。按照锯末 83%、麸皮 15%、石膏 1%、石灰 1% 的比例配制基质加水拌匀，含水量控制在 65% 左右。取基质少许，放到长 48 厘米、宽 17 厘米的聚丙烯封底菌种袋的底部，为防止枝条把料袋刺穿，最好两层聚丙烯袋套在一起。按常规操作装枝条，每袋装入 90～110 支木段，要充分填满缝隙，中间放一个接种棒，顶部装入基质封口，然后套上无棉颈圈，即为菌种料袋。根据上市时间，提前 4～5 个月接种。

(四) 接种

接种前要对接种室进行空间消毒，接种人员入室也要消毒，创造无菌的接种环境。皮肤和器具消毒用 75% 酒精或甲酚皂，消毒后的工具放到干净容器里。将制作好的菌料袋进行灭菌处理，在 0.14 兆帕高压灭菌 2 小时，自然降压至压力回零后，移入接种室降温至 22 ℃以下。将移入接种室的菌料袋接入紫穗槐枝条菌种，菌种的接种量为每袋枝条菌种一支。通过该方法制作的菌包，可缩短发菌时间 20～30 天。

(五) 发菌期管理

将接种后的菌包放到黑暗的培养室内堆放发菌，培养管理分为前期培养、中期培养、后期培养三个阶段，发菌期 3～4 个月。

1. 前期培养 培养室温度控制在 15～18 ℃，培养管理 30～40 天，菌包温度控制在 22 ℃以下。

2. 中期培养 室内温度控制在 20～22 ℃，培养管理 20～30 天，进行散射光照射，达到转色的要求，袋内温度控制在 25 ℃

以下。

3. 后期培养 将培养室升温至 18～23 ℃，继续进行 30～40 天的培养，用制冷机组调节温度，使培养室内形成 5～10 ℃的温差，为出菇打好基础，培养室应完全黑暗，菌包温度控制在 20 ℃左右。

发菌阶段的相对湿度控制在 60％～70％。

（六）出菇管理

1. 开盘划面 把发好菌的菌包运到出菇房菇架上（图14-12）。菌包放好后取下颈圈，将菌棒底部塑料袋割掉，用刀片在培养料的底部划"井"字形线使其透气，回菌后及时补水。

2. 水分管理 割袋 12 小时以后喷雾状水一次，菌袋少喷水，空间多喷水，增加出菇房内空气湿度，在 1～7 天内水量逐渐加大，保持空气相对湿度达 90％。割袋 8 天以后，每天喷 4 遍雾状水，早 4 时、上午 9 时、下午 3 时、晚上 9 时各喷一遍，防止损伤培养基上的蜡膜，菇

图 14-12 滑子菇工厂化出菇房布局

房内相对湿度保持在 85％～90％。当培养基表面由原基转化成菇蕾、由菇蕾转化成子实体时，水量再适当加大；子实体长到直径 0.5 厘米时，增加喷水量；子实体直径长到 1 厘米时喷催菇水；子实体长到 1.5～2 厘米时只喷空间水，保持空气相对湿度 95％。每潮菇采完后控制水分，喷雾状水，每天 1～2 次，4 天后水量加大，每天喷 3 遍水。

3. 通风换气 滑子菇属于好气性真菌，生长发育过程中需要充足的氧气，应注意通风换气。既要防止阳光直射菌盘，又要通风换气。夏季高温，可采用风机进行通风换气，要保证空气流通和供氧充足。

4. 温度管理 滑子菇出菇时需要有一定的温差，在适宜温差范围内，温差越大，滑子菇出菇越早。在子实体分化阶段，夏季应通过制冷机组人为控制形成 10～12 ℃的温差（冬季基本能自然形成温差），此阶段白天温度控制在 22 ℃，夜间通风降温，保持在 8～12 ℃。

五、病虫害防治

以预防为主，栽培期间不得向子实体喷洒任何化学药剂。

（一）菌丝培养期

接种前 24 小时用 84 消毒液消毒，接种前 8 小时用臭氧机消毒，1 小时前开启空气净化系统通风换气，接种人员应穿戴已清洗消毒的衣、帽、鞋和口罩，通过风淋室清洁后进入接种室。

接种人员双手和接种工具用浓度 75％酒精棉球擦拭消毒后，接种工具还要经酒精灯火焰灼烧灭菌后冷却备用，菌种瓶的外壁用 75％酒精或 0.1％高锰酸钾溶液擦洗消毒，菌种瓶的瓶口用火焰封口。

自动接种机的各工作部件接种前要用 75％的酒精喷雾并擦拭消毒，接种刀用酒精灯火焰灼烧灭菌。接种作业区域的通风换气单元采用下吹式，空气净化度达到 10 000 级。

（二）发菌期

1. 培养室消毒 在每批菌包进房前 2～3 天，用 5％的石灰水向地面、床架和墙壁全面喷洒一次，待地面干燥后再放入菌包。

2. 菌包检查 培养初期培养料易受青霉、绿色木霉、细菌、毛霉等杂菌感染，发生褐腐病、褐斑病等侵染性病害及生理性斑点病、出菇迟缓和畸形菇等。菌包培养期害虫主要是菇蝇等。必须每天派有经验的员工挑选菌包，中后期培养料发现跳虫，及时拣出集中处理；后期培养料底部发生局部杂菌感染，可以继续留用出菇。

（三）出菇期

在出菇期间禁用任何药剂防病治虫，可悬挂粘虫板诱捕害虫。

六、采收处理

（一）分级采收

从现蕾到采收需 7~12 天，当菌柄长达 12~15 厘米，菌盖直径 1.5~2.5 厘米时，应及时采收。滑子菇可分为 3 个等级：一级，菌盖 1.5~2 厘米，菌柄 2 厘米；二级，菌盖 2 厘米，菌柄 3 厘米以内；三级，属于开伞菇，菌盖 2~3 厘米，菌柄 2~3 厘米。采收 2~3 潮菇后，将菌包移出库房，栽培库房用水清洗，用药剂熏蒸除菌杀虫。间歇 2 周后，可继续入库出菇。

（二）采后处理

滑子菇采后削去菌柄基部的杂质，拣出伤、残、病菇，分级后称重归类堆放，真空包装，每袋 2.5 千克。产品包装上要有下列明确标识：产地，产品名称，厂名，商标，条形码，净重。用保温车或冷藏车运输，低温贮存，贮存温度（4±2）℃，严禁与有毒、有害、有异味物品混放。

七、生产档案

应建立滑子菇生产技术档案，详细记录产地环境条件及各项生产技术，包括病虫害防治和采收等各环节所采取的措施。

第十五章　榆黄蘑安全高效栽培技术

第一节　概　述

一、学名及分类学地位

榆黄蘑（*Pleurotus citrinipileatus* Sing.），又名金顶侧耳，金顶蘑，玉皇蘑。隶属于担子菌类，层菌纲，伞菌目，侧耳科，侧耳属。菌盖草黄色至鲜黄色，光滑，漏斗状，直径3～10厘米。菌肉白色，菌柄偏生，菌盖鲜黄、油亮，优美喜人（图15-1）。榆黄蘑的自然分布区域较为狭窄，国外主要分布在欧洲、北美洲、日本以及非洲等地，国内主要分布在东北三省，在河北、内蒙古、四川、江苏、云南、福

图15-1　榆黄蘑

建、山西、山东、广东、贵州、西藏等地也有分布。

二、经济价值及栽培概况

榆黄蘑是我国东北地区著名的食药兼用真菌，由于榆黄蘑既具有色艳味美、香味浓郁、营养丰富的食用价值，又具有滋补强身的药用价值，所以倍受人们喜爱。

榆黄蘑子实体含有丰富的蛋白质、氨基酸以及维生素等多种营养成分。榆黄蘑干燥子实体中粗蛋白质含量为41.5%，在菇蕾阶段蛋白质的含量最高，粗脂肪含量为3.8%，灰分7.8%，粗纤维8.4%，氨基酸总含量为28.65%，游离氨基酸含量占总氨基酸含量的48%，同时还含有维生素C、维生素B_3、维生素B_5等，此外还含有12种微量元素。榆黄蘑以高营养、低热量的特点为人们所喜爱。

榆黄蘑是我国东北地区传统的民间药物，有润肺生津，补肝益肾，疏通经络等功效，虽然其脂肪含量低，但不饱和脂肪酸含量却很高，能有效降低血脂、预防肥胖及心血管疾病。据《吉林中草药》记载，榆黄蘑对治疗肌肉萎缩、小儿麻痹、肺气肿、痢疾、风湿、瘙痒等症均有疗效。榆黄蘑具有不同于其他药用真菌的药性，榆黄蘑的发酵液有抗衰老的作用，其水提物具有清除OH^-的能力，同时榆黄蘑多糖能够增强人体免疫力且具有抗肿瘤活性。

榆黄蘑的人工栽培始于20世纪70年代，王柏松等人在长白山区用菇木菌丝分离法获得了其野生菌种，并对其生物学特性进行观察，结果表明，榆黄蘑菌丝体生长温度为6～32℃，以23～28℃最适宜，34℃生长受到抑制，其生长阶段不需要光线，对氧气要求不高；子实体发生温度为16～30℃，以20～28℃最适宜，生长阶段需要一定光线和通风。以上数据的获得为榆黄蘑的成功栽培奠定了基础。到20世纪80年代中期吉林、黑龙江、山西、江苏等省已有大面积栽培。

第二节　生物学特性

一、形态特征

榆黄蘑子实体多丛生或簇生，呈金黄色。菌盖喇叭状，光滑，宽2～10厘米，肉质，边缘内卷，菌肉白色。菌褶白色，延生，稍密，不等长。菌柄白色至淡黄色，偏生，长2～12厘米，粗0.5～

1.5 厘米，有细毛；多数子实体合生在一起，榆黄蘑色泽金黄，艳丽美观，惹人喜爱，外观恰似一朵美丽的鲜花。

二、生态习性

榆黄蘑为木腐菌，喜温暖潮湿环境。在我国东北长白山林区，7～8 月集中发生在大径级的老龄榆树弱活立木、倒木、伐桩上，也生于蒙古栎（柞树）上；其他地区也常发生在桦、栎、核桃、杨、柳等阔叶树的枯腐木上。进入立秋后，昼夜温差大，其发生量明显减少。榆黄蘑以腐生为主，偶尔也可以侵害弱活立木，引起树木的心材和边材白色腐朽，往往成丛发生，每丛重 200～1 500 克，大者可达到 3 000 克以上。

三、生长发育条件

（一）营养

榆黄蘑是腐生性真菌。生长发育过程中，需要的主要营养物质是有机态碳，即碳水化合物，如木质素、纤维素、半纤维素以及淀粉、糖等。这些物质存在于木材、稻草、麦秸、玉米芯、棉籽壳、豆秸、葵花籽壳等各种农副产品中，利用天然培养料，能满足榆黄蘑对碳素营养的需求。氮源主要是天然培养料中的蛋白质，菌丝中所含的蛋白酶，将蛋白质分解成为氨基酸后才能被吸收利用。尿素、铵盐和硝酸盐等也是榆黄蘑的氮素来源，能被菌丝直接吸收。

营养生长阶段要求培养料提供的碳氮比为 20：1，生殖生长阶段以 40：1 为宜。

生长所需的磷、镁、硫、钙、钾、铁等和维生素，天然培养基内的含量基本可满足需要。

（二）温度

菌丝发育温度 7～32 ℃，以 22～26 ℃ 最适合，菌丝耐低温能力强，但不耐高温，40 ℃ 以上迅速死亡，子实体形成与生长温度为 14～28 ℃，以 20～24 ℃ 最适，变温能促进子实体原基形成。

（三）水分

培养料含水量要求达到 60%～70%。在菌丝生长阶段空气相对湿度应控制在 80% 以下，空气相对湿度过大，培养料吸潮，易受杂菌感染；空气相对湿度过低，培养料中的水分很快蒸发丧失，又会影响菌丝生长。

原基分化和子实体发育时，菇体新陈代谢活动较营养生长阶段旺盛，需要更多水分。空气相对湿度控制在 85%～95% 为宜。

（四）光照

菌丝生长阶段不需要光线。在强光照射下，生长速度降低 40%。由营养生长转入生殖生长，即进入光敏感阶段。子实体的形成需要光线。一般说，子实体正常发育需要的光照度在 200～1 000 勒克斯范围之内，原基分化更低一些。一般在培养室的散射光照射下，菌丝能正常扭结出菇。光照度太大（超过 2 500 勒克斯），子实体原基不易形成，或形成后菌柄粗短，菌盖不易展开。在栽培中，菌丝长透培养料后，应给予散射光刺激，促进原基分化。

（五）酸碱度

在 pH 为 5.8～6.2 范围内菌丝生长适宜。在配制培养基时，需将 pH 调高一点，达到 6.2～7.0（菌丝生长过程中，代谢产生有机酸）；按照通常配方配制的培养料，其自然酸碱度基本满足菌丝生长要求无须测试调节。

（六）空气

榆黄蘑对二氧化碳较敏感，当子实体生长时，由于温度较高，菇体生长快，呼吸作用旺盛，需氧量增加，要加强通风换气。

第三节　高效栽培技术

一、我国榆黄蘑栽培品种

我国现有榆黄蘑栽培品种 13 个，其中包括 2 个日本品种

（表 15-1）。

表 15-1　我国榆黄蘑主要栽培品种

序号	品种	来源
1	RY01	中国农业科学院农业资源与农业区划研究所
2	RY02	中国农业科学院农业资源与农业区划研究所
3	RY 小时 1	中国农业科学院农业资源与农业区划研究所
4	RY 小时 2	中国农业科学院农业资源与农业区划研究所
5	RY 小时 3	中国农业科学院农业资源与农业区划研究所
6	榆黄 P103	吉林农业大学
7	蕈谷 2 号	吉林省敦化市明星特产科技开发有限公司
8	黄高	吉林省敦化市明星特产科技开发有限公司
9	张榆	吉林省莲花山食用菌研究所
10	侧耳 6 号	日本
11	0579	日本
12	汪金	吉林省汪清县
13	临金	吉林省临江市

二、季节安排

（一）确定生产时期

根据榆黄蘑生长发育过程中对外界条件的需求，在一般情况下，分春秋两季生产，春季 3～4 月栽培、秋季 9～10 月栽培。根据各地不同的气候特点，合理安排生产，有控温设备的可随时播种，常年生产。

（二）准备菌种

根据栽培季节，选用相应类型的品种，母种用 PDA 培养基即可。原种、栽培种最好用谷粒菌种，也可用棉籽壳培养基、木屑培养基。

三、母种培养基配方

PDA 培养基：马铃薯 200 克（用浸出汁）、葡萄糖 20 克、琼脂 20 克，水 1 000 毫升，pH 自然。

四、原种培养基配方

玉米（麦粒）98％，石膏 2％，含水量 50％±1％。

五、栽培种培养基配方

①阔叶树木屑 78％、麦麸 20％、石膏 1％、糖 1％，含水量 65％；

②棉籽壳 50％、玉米芯 49％、石灰 1％，含水量 65％；

③玉米芯 76％、棉籽壳 20％、麸皮或玉米粉 3％、石灰 1％，含水量 65％。

六、榆黄蘑高产栽培技术

榆黄蘑栽培方式可以有生料、发酵料和熟料等多种，实际生产中应根据栽培季节等条件灵活掌握。在气温较高的阶段，如果技术水平较高、菇棚条件较好，可采取生料栽培。

（一）熟料栽培技术

1. 培养料处理 按配方拌匀后加入水，料水比 1∶1。含水量为 65％左右，以手捏紧，手指间见水但不下滴为标准，充分搅拌均匀，然后装袋。一般选用高密度低压聚乙烯袋。先将塑料袋的一头扎紧，然后装袋，松紧一致，装好后再将另一头扎紧，即可进行灭菌，高压灭菌 2.5～3.0 小时或常压灭菌 12 小时。

2. 接种 接种采用两头接种，接入的菌种应覆盖整个栽培料面，以使榆黄蘑菌丝优先生长占领料面，抑制外来杂菌滋生，接种量为干料重的 13％～15％。

3. 发菌管理 选择干净的空闲房屋作为发菌室，在地面上撒一层石灰粉去湿消毒。

①排袋。根据当时气温高低，确定菌袋摆放的层数。气温在20℃以上时，菌袋一层单排摆放地上；气温在18℃时，菌袋2～3层单排摆放；气温在10℃左右时，菌袋3～4层单排摆放；气温在0～5℃时，菌袋4～5层双排摆放。整个发菌过程，菌袋温度始终要控制在28℃以下。

②翻堆拣杂。接种4天后开始检查有无杂菌污染，7～8天进行第一次翻堆，以后每隔7天翻堆1次，结合翻堆每次检查和剔除污染菌袋，并及时处理。

③通风换气。每天注意通风换气，直至菌丝发满菌袋。

4. 出菇管理 由于榆黄蘑的适应性较强，管理方法与平菇基本相同，由于是夏季出菇，在实际生产中，要采取降温措施。空气相对湿度保持在85%～95%，保持棚内二氧化碳浓度在0.05%以下，避免强光照。

5. 采收及后期管理 榆黄蘑出现原基后，正常情况下7～10天成熟。一般20℃左右条件下，现蕾后10天即可采收。基本标准：菌盖基本长大，菇片平展，色泽鲜黄，表面无异色。首次栽培，难以掌握标准时，可本着"宁嫩勿老"的原则，宁可稍降低产量，也不能让老化菇上市。采收前一天停止喷水。采收时，一手按住料面，另一手插入子实体下侧左右旋转摘下，或用刀将子实体于菌柄基部切下即可。子实体采收后，停止喷水2～3天，清除料面菇根和畸形菇，松动老化菌丝，若料内缺水，可打洞补水，出菇中后期，可结合补水给培养料补充营养液。

（二）大棚生料阳畦栽培榆黄蘑技术

1. 栽培季节的选择 榆黄蘑属于中高温型食用菌，菌丝生长温度范围7～32℃，以22～26℃最适，子实体形成与生长温度为14～28℃，以20～24℃最适。根据其生物学特性，栽培季节以春、秋两季较适宜。2～3月春播接种，4～5月收获；9～10月秋播接种，11～12月收获。制种期要提前2个月。

2. 大棚消毒及做畦 在保护地大棚内沿南北方向做畦，挖宽0.8米，深0.25米，长5～6米的沟。两畦间留0.5米作业道，70

米长的大棚可做 52 个畦。做完畦后，封闭通风口及进出门，每立方米空间用 10 毫升甲醛、8 克高锰酸钾混合熏蒸消毒 12 小时，12 小时后打开通风口及进出门，散去甲醛气味，在棚内四周撒石灰粉消毒。

3. 培养料配方及拌料方法　培养料配方：①阔叶树锯末 68%，玉米芯 10%，麸皮 18%，石灰 3%，石膏 1%；②高粱帽 48%，玉米芯 30%，麸皮 18%，石灰 3%，石膏 1%；③棉籽壳 96%，石灰 3%，石膏 1%。以上配方拌料时掌握含水量 65%，pH 9.0～10.0。培养料要选择无霉菌及变质的原料，拌料前暴晒 3 天，拌料使用的地面用 0.2% 高锰酸钾水溶液喷洒消毒，铁锹等拌料用工具也要沾高锰酸钾水溶液消毒。生料栽培榆黄蘑的关键因素之一就是配方的合理性，提供碳元素和氮元素的原料的比应是 4：1。配方中不能添加糖，石灰的含量要适当提高，目的是要提高培养料中的 pH，pH 应在 9.0 以上。不管是应用哪种配方，拌料时还要添加 0.2% 的噁霉灵。把各种原料先干拌均匀，再加水拌匀，当手握培养料指缝间有水珠且不往下滴时即可，水的含量为 60%～65%，拌完料后，用 pH 试纸测试料的 pH，当 pH 小于 9.0 时，可往料上撒石灰粉，继续拌料，直至 pH 达到 9.0 以上时，则可用于铺料接种。还要注意一点，拌完料后不能马上铺料接种，要闷堆 30 分钟以上。但也绝不能使用隔夜的料来铺料接种。只要注意到以上几项细节，就能在原料使用上有效控制其他杂菌的感染。

4. 铺料接种　铺料前先用 5% 的石灰水灌畦，水要灌满畦床。当水完全渗下去以后，往畦床内撒石灰，畦床底及畦内四周都要撒匀。先将菌种从瓶内挖出，并掰成蚕豆大小的块，不宜搓得过碎，挖菌种前，手和工具都要用 75% 酒精消毒。把拌好的料平铺到畦床内，厚度 5 厘米，然后撒一层菌种，占每畦菌种用量的 20%；在菌种上面开始铺第二层料，厚度 10 厘米，在料上均匀撒一层菌种，占每畦菌种用量的 30%；在菌种上面铺第三层料，厚度 10 厘米，在料面上均匀撒层菌种，占每畦菌种用量的 50%。铺三层料，撒三层菌种。铺料接种结束后，用经过 0.2% 高锰酸钾水溶液消毒的木板压实菌种及料面，最后在接完种的料面上覆盖一层报纸，报纸上再盖地膜，地膜上盖草帘保温保湿。每畦床内投入干料重量约为 96 千克，需要菌种 24 瓶。

5. 发菌管理 由于是生料栽培，当温度超过 20 ℃，杂菌繁殖速度较快，会首先萌发吃料而抑制榆黄蘑菌丝的生长。所以发菌温度要控制在 20 ℃以下。2~3 月春播时，由于棚外气温较低，所以白天应卷起棚上的草帘，充分吸收阳光的热量，让棚温升到 25 ℃以上，夜晚盖好棚上的草帘保暖，使棚内的温度缓慢地下降。在中午最热时每天要通风 30 分钟，以保证畦床内的菌丝呼吸到新鲜的空气。9~10 月秋播时，白天最高气温可达 20 ℃以上，棚内最高温度可达 30 ℃以上，要防止烧菌。棚上草帘不能全部卷起，应隔一到两个卷起一个，使棚内最高温度不超过 25 ℃。如温度过高，可打开通风口通风降温，每天早、中、晚各通风一次，每次 20 分钟。在发菌前 3 天，不用揭地膜通风，3 天之后，隔 2 天要把地膜掀起，抖动几下，给阳畦内的菇床通风一次，让菇床内的菌丝呼吸到新鲜的空气，同时排出菌丝呼出的二氧化碳等废气。以促进菌丝快速生长，有效控制其他杂菌繁殖。经过 30 天左右的培养，当发现菇床表面有黄色水滴出现，且菌丝已布满菇床表面时，表明菌丝已经成熟，可转入生殖生长即出菇管理阶段。

6. 出菇管理 在出菇管理阶段，首先要去掉草帘、地膜、报纸等覆盖物，需要对菇床表面覆土。取地表 20 厘米以下的菜园土，打碎后均匀撒在阳畦内的菇床表面，厚度约 3 厘米。用喷壶均匀喷湿土壤表面即可，不能喷水过多，以防土壤变成泥水流失掉。棚内温度要控制在 25~30 ℃，不能超过 30 ℃，温度过高容易发生杂菌感染，菇蝇、菇蚊也很容易繁殖。可通过棚外的草帘来调节棚内的温度。当棚内温度达到 25 ℃以上时，就要增加放下草帘的数量，以减少大棚吸收阳光的热量；当温度低于 20 ℃时，就要增加卷起草帘的数量，以提高大棚吸收阳光的热量。2~3 月春播时，气温越来越高，所以棚内温度也随之升高，原基形成需要充足的氧气和适当的温差，所以每天要增加通风的次数，早、中、晚要打开通风口通风 20 分钟。9～10 月秋播时，气温逐渐下降，所以要重点注意保温措施，可适当增加卷起草帘的数量来提升棚内的温度。太阳落山以后，要把所有的草帘都放下盖好，关好通风口。同时还要注意适当地通风换气，给阳畦内的菌丝提供足够的新鲜空气。

在原基未出现之前，每隔一天向阳畦内的覆土表面用喷壶洒少量的水，以保持覆土层湿润不干为宜，不可多喷水。当见到桑葚期的原基露出覆土层后，就应加大空间的湿度，改用喷雾器向阳畦周围空间喷雾状水，绝不能用喷壶向覆土层洒水，以防洒水时土壤溅到菌褶上无法清洗，影响商品菇质量。阳畦周围空间相对湿度要达到 90% 以上，每次少喷、勤喷。不能让阳光直射阳畦内的原基。从覆土到现原基需 5～7 天，从现原基到采收大约需 8 天。

7. 采收 菌盖边缘还未完全平展，就要及时采收了。榆黄蘑菌盖一旦完全展开，甚至外翻时，菇质即变脆，并开始老化，弹射孢子，颜色也由金黄逐渐变淡，既影响产量，又影响美观，同时也不耐运输。所以，适时采收对提高榆黄蘑的商品价值具有十分重要的意义。采收前一天要停止喷水，采收方法也要注意，要用手托住菌盖旋转采下，不要留菇根。采下后要用小刀把带土的菇根切掉，一朵一朵整齐地摆放在框内，摆满一层要盖上报纸或薄膜，再摆下一层。用这种方法采收的榆黄蘑在运输过程中不易破碎，在出售的时候能保持刚采收时的新鲜状态，可明显提高榆黄蘑销售时的商品价格。当一潮菇采收结束后，要把残留在覆土层上的菇根清除干净，停止喷水 5 天，每天早、晚打开通风口通风，大棚外仅卷起少量草帘，其余全部盖严，让棚内的温度降到 20 ℃ 以下，让菌丝得到恢复和休养，5 天以后开始下潮菇的出菇管理，首先要给阳畦四周撒石灰粉，再向阳畦内菇床灌一次大水，但灌水不能过急，不能把覆土层冲掉。之后的管理同前潮菇。阳畦栽培榆黄蘑能采收 4 潮菇，从播种到采收共 2 个月，生物学效率可达 130% 以上，周期短，产量高，品质好。70 亩*棚可产榆黄蘑 6 500 千克，若 8 元/千

---

* 亩为非法定计量单位，1 亩≈667 m²。

克，产值达 52 000 元，经济效益十分可观，是北方保护地致富的
好项目。

七、病虫害防治

生理性病害发生率较平菇等常规栽培品种偏低，但是榆黄蘑具
有高温出菇的特性且色泽鲜黄，比较容易发生虫害，较为常见的菇
棚内害虫主要有菇蚊。防治方法：菇蚊的发生期往往在出菇期，药
剂杀虫效果良好，但易发生药害，应采取综合防治的方法。一是搞
好菇棚卫生和环境卫生，减少虫源；二是出菇期间，尽可能降低大
棚温度；三是黄板防治；四是药剂防治，80％敌敌畏原液熏蒸，棚
内熏蒸（注意此方法只能用于生产前或出菇开袋前），菇棚四周用
高效氯氰菊酯喷雾以杀灭虫卵及幼虫。

第十六章 长根菇安全高效栽培技术

第一节 概　　述

一、学名及分类学地位

长根菇［*Oudemanciella radicata*（Relhan：Fr.）sing］，又名长根奥德蘑（《西藏大型经济真菌》）、长根小奥德蘑（《四川蕈菌》）、长根金钱菌（《真菌名词及名称》）和长根大金钱菌（《英拉汉真菌及植物病害名称》）。因其形状很像鸡枞菌，故在云南省民间又称之为草鸡枞、露水鸡枞，在四川西昌俗名为大毛草菌，福建和台湾则称鸡肉菇。目前市场上的商品名称为黑皮鸡枞菌，其实该品种与鸡枞菌的亲缘关系相差甚远，是经营者的商业化炒作。

长根菇隶属于担子菌类，层菌纲，无隔担子菌亚纲，伞菌目，白蘑科，长根菇属（奥德蘑属或小奥德蘑属）(*Oudemansiella*)。该种过去曾被分类在金钱菌属（*Collybia*），与金针菇的亲缘关系很近。

二、经济价值及栽培概况

长根菇是一种广泛分布于热带、亚热带及温带地区的野生食用菌，夏秋季节生长在灌木林地，是一种土生型木腐菌。长根菇的营养丰富，其氨基酸含量介于香菇和鸡枞菌之间，且菇形清秀，肉质细嫩，柄脆爽口，兼具草菇的滑爽、金针菇的清脆和香菇的风味醇厚，是一种优质的食用菌。长根菇还兼有药用价值，其子实体和培养液中均含有长根菇素，据药理试验，对自发性高血压的大鼠腹腔注射，有强烈的降压作用，而且毒性极低。高血压患者常食长根菇并与降压药物合用，降压效果极为显著。同时，长根菇的热水提取物对小鼠肉瘤 S180 有明显的抑制作用，长根菇是一种理想的健康食品，经常食用可增强机体免疫力。

国外至今未见长根菇的人工栽培报道。纪大干等（1982 年），应国华（1990 年），胡昭庚（1994 年），李止飞（1995 年），林杰（1996 年），黄年来（1997 年）曾报道过长根菇人工驯化栽培的方法。我国浙江丽水地区农业科学研究所从 1986 年开始进行人工驯化栽培试验，并获得成功。此后浙江省庆元县真菌研究所又对长根菇的生物学特性和人工栽培特性进行多年研究，1993—1998 年共投资 50 万袋，探索出一套高产栽培经验，平均生物学效率可达 120%，高产者可达 175%，并于 1998 年通过成果鉴定（鲍文辉，1998）。长根菇能在夏季出菇，其产品适于鲜销或制罐，而且栽培技术简单、易于成功，大面积栽培的生物学效率仍可达 80%～100%。目前长根菇的人工栽培已在山东、浙江、福建、云南、上海等地得到推广，虽然目前生产批量较小，但有着良好的发展前景。

第二节 生物学特性

一、形态特征

子实体中等至稍大，单生至群生。菌盖直径 7～15 厘米，半球形至渐平展，中部微凸起呈脐状，并有深色辐射状条纹，表面淡褐色、茶褐色至棕黑色，光滑，湿润，黏。菌肉白色，较薄。菌褶白色，离生或贴生，较宽，稍密，不等长。菌柄近柱状，长 10～20 厘米，粗 1～3 厘米，与菌柄同色，有纵条纹，表皮脆，骨质，内部纤维质且松软，基部稍膨大，向地下延伸成假根（图 16 - 1、图 16 - 2）。孢子透明无色，近圆形。孢子印乳白色。

图 16-1　正在生长的长根菇子实体　　图 16-2　成熟的长根菇子实体

二、生态习性

长根菇主要分布在热带、亚热带、温带，其适应性强，生长在灌木林、阔叶林与丛林地上，其细长假根常与壳斗科（Fagaceae）、七叶树科（Hippcastanaceae）的根系相连，亦生于腐根的周围。生长长根菇的林地，其土壤偏酸性，且较为潮湿。长根菇为变温结实型食用菌，在昼夜温差明显的情况下容易发生，尤其是连续晴天3～5天，气温升到 25 ℃以上，突然降水降温时，会大量产生。夏秋常单生或群生于林中腐殖质丰富的土壤中。

分布于河北、吉林、江苏、浙江、安徽、福建、河南、广东、四川、云南、西藏、台湾等省区，在亚洲（小亚细亚）其他地区及非洲、大洋洲及北美洲亦有自然分布。

三、生长发育条件

长根菇的人工栽培历史极短，除邓庄（1966）对其生长条件有过研究之外，到目前为止，对其生物学特性还缺乏深入的研究。我国著名食用菌专家黄年来（1997）认为，通过长根菇的自然分布、生态习性，可初步了解其生物学特性。长根菇主要分布在北温带地区，在亚热带地区也有分布，罕见于热带地区，表明长根菇喜温暖的气候环境，极冷或极热的气候条件均不适于长根菇的生长发育。另外，长根菇虽然生长在土中，但其假根却着生在土层中的树根、枯枝上，这又表明，长根菇是一种木腐菌，并要求比较稳定的水分条件。因此，长根菇可按照一般木腐菌的培养方式进行栽培。长根菇多生长在腐殖质丰富的偏酸性土壤中，培养基应调至偏酸性，才有利其生长发育。

（一）营养

在自然条件下，长根菇以土壤中的埋木、树桩、树根为主要营养源，也从土壤中吸收各种可溶性的有机营养和无机营养，可能还包括土壤微生物的代谢产物。人工培养时，普通 PDA 培养基已能满足菌丝生长的营养需求，但不能形成子实体；在普通的木屑和麦麸培养基上无须添加任何辅助成分，就能满足菌丝生长和子实体发育的营养需求。谭伟（2001）的试验表明，长根菇对几种供试碳源的利用情况，依次为果糖＞麦芽糖、葡萄糖＞蔗糖＞玉米粉＞可溶性淀粉；对几种供试氮源的利用情况，依次为酵母粉＞$(NH_4)_2SO_4$＞KNO_3＞NH_4Cl＞蛋白胨，不能利用尿素。

（二）温度

长根菇发生于夏末至秋末，属中温型食用菌。菌丝生长温度范围 12～30 ℃，适宜生长温度为 20～25 ℃。低于 0 ℃，高于 35 ℃，菌丝生长基本停止。在温度 21 ℃时，木屑培养基上的菌丝日平均生长 0.18 厘米，最快的为 0.25 厘米，最慢的为 0.1 厘米；培养温度提高到 26 ℃时，日平均生长 0.44 厘米，最快的为 0.65 厘米，最慢的为 0.2 厘米（高斌，2000）。温度在 26 ℃时比 20 ℃时菌丝生长要快，故最适生长温度为 25～26 ℃。子实体发育温度范围为 8～28 ℃，适温范围 14～25 ℃，以 25 ℃最为适宜。栽培时间宜安排在夏季、秋末和春初。但另有报道称，长根菇的某些菌株在 35 ℃时仍能出菇。

（三）水分

菌丝生长时培养料适宜含水量以 65％～68％最为适宜，菌丝生长旺盛，洁白，棉毛状，气生菌丝较发达。培养料含水量低于60%或高于75%，菌丝生长明显受到抑制。子实体发生时，空气相对湿度要求达到85%～95%，低于80%会影响子实体的正常发育，菌盖易破碎，产量低，甚至无法使子实体成熟。在自然条件下，子实体在7～10月雨后发生。人工栽培时，料面覆土与不覆土都能出菇，但覆土有利于保持水分的恒定，出菇效果更好。

(四) 空气

长根菇为好氧型食用菌，其生长发育需要充足的新鲜空气，二氧化碳浓度应在0.03%以下。原基形成后，由于子实体呼吸作用旺盛，对氧气的要求剧增。充足的氧气可使菌盖肥厚，菌柄粗壮，出菇时二氧化碳积累过多，子实体发育受阻，菇体瘦小。

(五) 光照

长根菇属喜光型食用菌，但菌丝生长不需要光照，原基分化也不需要光照刺激，在完全黑暗条件下也能形成白色菇蕾，破土后才呈褐色。但光照的强弱能影响菇体色泽，因此出菇时要求菇房有充足的散射光，林下栽培时应选在三分阳七分阴的林中，林内光照度为100～300勒克斯。

(六) 酸碱度

生长长根菇的林地土壤呈偏酸性，比较潮湿。人工栽培时，培养基和覆土的pH以5.5～6.5最为适宜。

第三节　安全高效栽培技术

一、菌种生产

(一) 菌种分离和培养

1. 菌种分离　菌种分离宜采用组织分离法。每年7～10月是野生型长根菇发生的季节。因出土后的子实体常被菇蝇蛀食，菌柄和菌褶中常有小蛆，故利用开伞后的子实体作为分离材料，很容易造成污染，分离成功率低。因此，最好选择生长健壮、无虫蛀的幼蕾供分离之用。分离培养基可采用 PDA 培养基、PSA 培养基、马铃薯综合培养基或木屑麦麸煎汁培养基。有效分离的方法为组织分离法，分离时，按常规对分离材料进行表面消毒处理，然后从菌盖与菌柄交接处取一小块组织或一小片菌褶，用无菌接种针接种到斜面培养基的中央，在24～28℃温度下培养，经6～8天，菌丝在培养基斜面长满。再经转管纯化培养，即可获得纯菌种。长根菇菌丝体白色，气生菌丝旺盛，绒毛状，培养基不变色，随培养时间延长，菌丝层边缘呈现褐色（图 16-3）。

图16-3 组织分离的长根菇原始种

2. 母种培养 母种培养宜采用以下培养基配方。

①PDA 培养基。马铃薯 200 克，葡萄糖 20 克，琼脂 20 克，水 1 000 毫升。

②马铃薯综合培养基。马铃薯 200 克，蔗糖 20 克，磷酸二氢钾 3 克，硫酸镁 1.5 克，琼脂 20 克，水 1 000 毫升。

③木屑麦麸煎汁培养基。杂木屑 200 克，麦麸 20 克，蔗糖 20 克，琼脂 20 克，水 1 000 毫升。

上述培养基按常规方法制备、灭菌，接种后，在 25～26 ℃温度下培养，6～7 天菌丝在培养基斜面长满。母种培养以采用马铃薯综合培养基较为适宜。

3. 原种、栽培种培养 原种和栽培种培养采用以下培养基配方：

①杂木屑 75%、麦麸 22%、蔗糖 1.5%、石膏粉 1.5%，料水比 1∶1.3；

②棉籽壳 78%、麦麸 20%、蔗糖 1%、过磷酸钙 1%，料水比 1∶1.3；

③玉米芯 62%、豆秸粉 30%、麦麸 7%、石膏粉 1%，料水比1:（1.3～1.4）；

④小麦粒 94%、杂木屑（或砻糠）5%、石膏粉 1%。

上述培养基按常规方法制备、灭菌，接种后在 25～26 ℃温度下培养。750 克瓶装，原种 35～40 天长满；15 厘米×26 厘米袋装栽培种约 35 天长满。在杂木屑麦麸培养基上生长的菌丝，洁白、绒毛状、气生菌丝较发达。原种培养以采用配方①和④较为适宜，栽培种以配方②和③为最适宜。

二、栽培方法

长根菇栽培可采用畦床脱袋覆土栽培法、菌丝压块箱栽法或栽培袋直接出菇法。目前采用较为普遍的是畦床脱袋覆土栽培法。此栽培法生产成功率高，可有效降低生产成本。但采用此法以秋栽较适宜。春季栽培因雨水多，空气湿度大，最好在室内进行床栽或在室外进行高棚床架栽培。采用畦床脱袋覆土栽培法，产品的菇根很短，可提高食用部分的比例。以下介绍畦床脱袋覆土栽培法。

1. 栽培季节　长根菇子实体发生温度为 15～28 ℃，菌丝在菌袋内长满的时间一般为 30～40 天，再经过 20～30 天才能达到生理成熟进入出菇期。因此，当地温稳定在 15 ℃时，向前推 60～70 天为栽培袋接种期。以长江中下游地区为例，春栽适于在 2 月下旬接种，5～7 月出菇；秋栽在 7 月上旬接种，9～10 月出菇。栽培种培养安排在袋栽前 45 天左右，原种再向前推 35 天左右。以春栽为例，在上一年的 11 月中下旬培养母种，12 月上中旬培养原种，本年 1 月中旬培养栽培种。福建最佳栽培季节为 9 月下旬至 11 月上旬，在此时间内菌丝培养不需加温，待菌丝在菌袋内长满后即进入低温季节，这时菌丝生长缓慢而健壮，积累养分多，到翌年 5 月，将菌丝长满的菌袋搬到野外遮阳棚下进行覆土，5～9 月是子实体大量发生的季节。长根菇子实体发生温度范围较广，因此，除寒冬外，春、夏、秋三季均可生长。产品适于以鲜菇供市。

2. 培养料配方

①杂木屑 75％，麦麸 20％，玉米粉 3％，蔗糖 1％，石膏粉 1％；

②棉籽壳 80％，麦麸 15％，玉米粉 3％，过磷酸钙 1％，石膏粉 1％。

3. 菌袋制备 根据当地资源情况，按上述配方配制培养料，调含水量至 60％～65％，料水比 1∶(1.2～1.4)，pH 为 6.5～7.0。通常在配料后直接装袋，有些地方进行秋栽时，培养料在装袋前预先进行堆制发酵，一般堆制 12 天，翻堆 3 次。

采用规格为 15 厘米×55 厘米×0.05 厘米或 17 厘米×33 厘米×0.05 厘米的低压聚乙烯袋装料。装料时分层将培养料压实。为提高装袋质量，最好采用装袋机分装。前一种规格的长袋，两端用绳索扎封袋口；后一种规格的短袋，在料袋上端套无棉体盖封口。

料袋灭菌通常采用常压灭菌，在 100 ℃温度下保持 10 小时，利用灶内余热焖过夜。如果采用高压灭菌，在 0.11 兆帕压力、121℃下保持 2 小时，出锅后趁热搬入接种室内，用气雾消毒剂点燃进行熏蒸灭菌，每立方米空间用消毒剂 4～6 克，提高室内空气相对湿度能增强灭菌效果。如室内空气相对湿度小于 70％，在烟熏前，每 15 米^3 空间（接种室通用规格）用清水或 1％金星消毒液 2～3 升喷洒，可提高灭菌效果。在灭菌过程中料温自然下降。接种前半小时打开排气窗排除残余消毒气体。如室内余氯味太重，操作人员可在口罩内衬垫 1 片消氯巾进行接种操作。料袋冷却至 30 ℃左右时方可接种。长袋接种时（同香菇接种），在料袋的同一平面上用打孔器等距打接种孔 4 个，孔径 1.2 厘米，孔深 1.5 厘米。将栽培种的菌袋底部消毒后用小刀划破，剥离塑料薄膜，使菌种块裸露，右手套上无菌乳胶手套或指套，掰取一小块菌种撖压到接种孔内，要求松紧适度，菌种稍高出孔口，不留缝隙。然后用专用胶布或不干胶带封闭孔口。当菌种袋用到距袋口约 3 厘米处时，剩余的部分弃去不用。短袋接种时（同杏鲍菇、金针菇接种），开启封口的无棉体盖，每袋接种1块菌种，并固定在培养料的接种孔中，重新盖好无棉体盖即可。

4. 菌丝培养 春季栽培因接种后自然气温尚低，应将菌袋紧密排放或堆放在培养室床架的中上层，并采取加温措施，使室温达25℃左右，加快菌种萌发定植。随着菌丝在培养料内蔓延生长，可将培养室温降至20℃左右，此时菌丝生长过程中所产生的热量会使堆温上升，基本能满足菌丝所需的温度。

秋季栽培因接种后自然气温较高，长袋应置于地面呈"井"字形堆放，堆高则视气温而定；短袋可直接排放在地面，袋间要稍有一定的距离，以利于散热降温。在发菌期间，白天关闭门窗防止热空气进入室内，晚上和清晨开启门窗通风降温。

发菌期间室内空气相对湿度保持在70%左右。当温度适宜时，一般经过35天菌丝可在菌袋内长满。根据长根菇的生理特性，菌丝满袋后，仍应在上述条件下继续培养2～3周，才能使菌丝达到生理成熟，从营养生长阶段进入生殖生长阶段。当菌袋表面局部出现褐色菌被和密集的白色菌丝束时，即可进行脱袋出菇管理。

5. 菇场设施 选择土壤肥沃、腐殖质含量高、团粒结构好、有水源、不积水、无污染源的田地作菇场。将田地整理成宽1～1.2米、深15～18厘米的畦床，畦床南北向，两畦之间留宽50厘米的作业道。脱袋排放之前，要在畦床上喷洒多菌灵以及撒石灰粉进行消毒。

6. 排场覆土 将菌丝已长满并达到生理成熟的栽培袋用小刀割开，脱去塑料袋，紧密立放于畦床上（图16-4）。菌袋之间的空隙用肥沃的土壤填充，然后进行覆土。

图16-4 长根菇排场

覆土材料应在排场之前提前准备。山区栽培可选用含腐殖质丰富的山地表土作覆土材料；平原地区则可选用疏松的肥沃土壤，或者在土中加入 10％～15％的细沙或浸湿的砻糠，以改善覆土的通透性。覆土上床之前，按常规方法进行土壤消毒，调含水量至 37％左右，pH 至 7.0 左右。畦床覆土厚 2～3 厘米，覆土后浇大水一次，然后再覆土把畦面整平，并保持覆土湿润。

7. 出菇管理 排场覆土之后，管理的关键是保持覆土的湿润，这有利于子实体发生。覆土之后，菌丝得到恢复生长，并延伸到覆土层。当覆土表面有少量白色菌丝出现时，应早晚在覆土表面喷水，并加大通风量，控制菇棚内温度在 23～25 ℃，空气相对湿度85％～90％。一般在覆土后的 25 天左右，即有大量幼蕾破土而出；自然气温较低时，从覆土到现蕾需 45～60 天。在形成原基之前，埋在土内的培养料表面先形成一层褐色菌膜，然后在菌膜表面形成原基，再以假根形式向土层表面生长。出土之前假根尖端膨大形成白色菇蕾突出于土面，然后菌柄迅速伸长，菌盖很快展开，并开始释放孢子。从现蕾到子实体成熟，一般需要 7～10 天

图 16 - 5　正在生长的畦栽长根菇子实体

（图 16 - 5）。但因受自然气温的影响，子实体的生育期会缩短或延长。

8. 采收 商品菇生产应在 80％成熟，菌盖尚未充分展开前采收。采收前 2 天停止喷水，使菇体组织保持一定韧性，以减少采摘时的破损。采收时用手指夹住菌柄基部轻轻向上拔起，随即用小刀将菌柄基部的假根、泥土和杂质削除，子实体大量释放孢子、出现倒状、菌褶发黄为成熟过度表现，此时采收会影响产品质量。

畦床脱袋覆土栽培长根菇，一般可采收 2～3 潮菇，每潮菇间隔的时间 12～15 天。80％的产量集中在前两潮，第一潮菇可占前

两潮菇产量的 70%。因此，抓好前两潮菇的出菇管理特别重要。第二潮菇以后，床面出菇没有较明显的潮次。总生物学效率为 80%～100%，高产者 120%～140%。其产量高低主要取决于培养料配方是否合理以及管理水平的高低（图 16 - 6）。

图 16 - 6　采收后的长根菇子实体

长根菇适于鲜销，鲜食具有鲜、脆、滑的风味。商品菇的菌盖褐色圆整，菌褶白色，柄长而脆。可以按菌盖大小、菌柄长短、粗细进行分级，然后装入纸箱中运送到市场销售（图 16 - 7）。也可以进行速冻、制罐和干制，干制的方法与香菇相同，经过烘焙的干菇，香味很浓，目前干菇市场销售量较少。

图 16 - 7　长根菇一级鲜菇、二级鲜菇、三级鲜菇

第十七章 玉木耳安全高效栽培技术

第一节 概　　述

玉木耳是李玉院士团队在白木耳变种的基础上多孢自交选育出的优质高产菌株。玉木耳是新品种，但不是新物种，属木耳科，木耳属。学名为 *Auricularia nigricans*（SW.）Birkebak，Looneg & Sanchez‑Garcia。目前近似种在台湾、福建、山东、河北等地均有少量栽培，名称很多：白木耳、银白木耳、雪耳、白玉耳、白玉木耳、白毛木耳等，李玉院士认为以上混乱的名称不仅容易与传统的银耳俗称混淆，而且也不能体现其色泽温润如玉、晶莹剔透、洁白无瑕的特点，因此建议取名玉木耳。

玉木耳白玉色子实体单生或簇生，新鲜时胶质，耳状或近圆形，不孕面有短绒毛，干时淡黄色，子实层皱褶稀疏，干后颜色略深呈淡黄色，革质。玉木耳菌株属中高温型、早熟种，出耳温度 16～32 ℃，最适宜出耳温度为 23 ℃，从接种到出耳 45～55 天，出耳期 20～30 天，整个生育期为 65～85 天，子实体胶质，子实体耳状或盘状，"一"字形小孔出耳为单片簇生，耳片小时边缘弧形，长大后边缘波浪形。鲜耳乳白色至纯白色，表面光滑有明显光泽，略透明。耳片直径 4～10 厘米，厚度 0.1～0.2 厘米。干耳背面浅黄白色，腹面淡黄色，背面有白色短绒毛，褶状脉少至中等，复水后恢复乳白色至纯白色，商品性好。子实体生长最适温度是 20～24 ℃，高于 30 ℃亦可生长良好，不易出现流耳。产量高，平均生物学效率在 150%以上，菌丝体抗杂性强，抗流耳，适宜国内各地室内熟料袋栽。

第二节　生物学特性

一、形态特征

玉木耳子实体耳状或盘状，耳片小时边缘弧形，长大后边缘波浪形。鲜耳乳白色至纯白色，表面光滑且有明显光泽，略透明。耳片直径 2～12 厘米，厚度 0.1～0.2 厘米。干耳背面黄白色，腹面淡黄色，背面有白色短绒毛，褶状脉少至中等，复水后恢复至乳白色至纯白色。毛层的毛长 150～300 微米，粗 5～7 微米，无色透明，顶端钝圆或渐变尖细，基部膨大又收缩变细。孢子印白色（图 17-1）。

图 17-1　玉木耳子实体

二、生长发育条件

（一）营养

玉木耳完全依赖其菌丝体从基质中吸取营养，主要有碳源、氮源、维生素、矿质元素等。

（二）温度

温度是制约玉木耳生长发育速度和生命活动强度的重要因素。玉木耳属中高温型菌类，孢子萌发温度在 22～32 ℃范围内，以 30 ℃最适宜。菌丝在 8～36 ℃下均能生长，但以 22～32 ℃最为适宜，在 8 ℃以下或 38 ℃以上菌丝生长受到抑制。玉木耳菌丝在 15～32 ℃条件下均能分化为子实体，而生长最适宜温度为 20～28 ℃。在适宜的温度范围内，温度稍低，生长发育慢，生长周期长，菌丝体健壮，子实体色白、肉厚；温度越高，生长发育速度越快，菌丝徒长，易衰老，子实体肉薄、质量差。

（三）水分和湿度

玉木耳生长发育阶段培养料含水量应为 $60\%\sim70\%$，空气相对湿度保持在 $90\%\sim95\%$，这样既可以促进子实体迅速生长，还可以使其耳大、肉厚。空气相对湿度低于 80%，子实体形成迟缓或不易形成子实体。

（四）光照

玉木耳各个发育阶段对光照的要求不同，在黑暗环境中玉木耳很难形成子实体，需要一定的散射光才能生长出健壮的子实体，但是玉木耳不喜直射光。

（五）空气

玉木耳是好氧性真菌，当空气中二氧化碳浓度超过 1% 时，就会阻碍菌丝体生长，导致子实体畸形，变成珊瑚状；二氧化碳浓度超过 5%，会导致子实体中毒死亡。

（六）酸碱度

玉木耳适宜在微酸性的环境中生活。菌丝体 pH 在 $4.0\sim7.0$ 范围内均能正常生长，pH 为 $5.0\sim6.5$ 最适宜。

第三节 安全高效栽培技术

一、栽培季节

由于我国南北方气候差异较大，玉木耳最佳生产季节应根据玉木耳生物学特性，结合当地气候条件而定。即依据玉木耳菌丝最适生长温度和最佳出耳温度，以及接种后玉木耳菌丝生长时间，使发好菌后当地气候条件能够满足出耳最适为最佳生产季节。但由于目前玉木耳菌包需求量较大，而日生产能力有限，北方地区气候寒冷，可以选择提前 $1\sim2$ 个月生产，长满袋后菌包可以进行冷藏备用。

玉木耳是一种耐高温、喜高湿、抗杂性强的木耳品种，其菌丝生长适宜温度为 26～28 ℃，子实体生长温度在 24～32 ℃。采用大棚吊袋栽培，出耳期间棚内相对湿度应维持 85％～95％，保证耳片不干缩且不积水。故对于栽培季节的选择问题，如果能够达到出耳条件就可以进行常年出耳，不受栽培季节限制。如自然条件栽培可以选在冬季制作菌包春季出耳，春节制作菌包夏季出耳，夏季制作菌包秋季出耳。

二、培养料配方

玉木耳同木耳属其他品种相近，碳源以木屑为主，氮源可采用麦麸、豆粕粉、玉米粉等，培养料配方如下：

①细木屑 40.5％，硬杂木屑 40.5％，麦麸 10％，豆粕粉 2％，高粱壳 5％，石灰 1％，轻质碳酸钙 1％，pH 自然，水分 60％～65％；

②木屑 78.5％，麦麸 20％，石灰 0.5％，轻质碳酸钙 1％，pH 自然，水分 60％～65％；

③木屑 35％，玉米芯 40％，棉籽壳 10％，麦麸 12％，豆粕粉 2％，石灰 0.5％，轻质碳酸钙 0.5％，pH 自然，水分 60％～65％。

三、原材料处理与拌料

配制时由于各种原因，尤其是木屑、玉米芯等原材料的来源、批次以及雨雪天气的影响，各成分原始含水量会有不同，应时刻根据具体情况调整含水量，最好使用特制的容器，根据重量、材料含水量算出配比后的体积比配制。

木屑一定要过筛，筛出石块、树皮、枝丫、金属等杂物，拌料时首先将辅料混合然后加入主料干拌均匀，再加水拌，大的生产企业往往选用三级拌料程序使培养料充分混匀。含水量可以靠经验判断，一般用手握挤压法判断，用手抓一把拌好的料，用力挤压，以指缝里有水滴但不下滴的临界状态为宜，如果没有水滴，且松开手后料散开，说明含水量过低，如果水线状滴落，说明含水量过大已经超过 70%。

原料采取"木屑不怕陈，麦麸不怕新"的原则，含氮量较高的材料应注意保管，无霉变、无油垢的培养料随用随拌。加水过程应随拌随加，为避免水分附在料颗粒表面不进入内部纤维，颗粒度大的原材料要提前进行预湿。

拌料应坚持"先小料拌匀，再大料混合"，即辅料先拌好拌匀再同木屑等主料进行混合。物料比例控制可采用体积法，利用特定容积的推车、料槽等称量物料。菌袋采用聚乙烯袋，生产中可采用装袋机装袋，保证菌袋紧实不松散即可。

四、接种

1. 固体菌种 目前玉木耳生产多采用枝条菌种和木屑菌种接种，10 万袋以下的农户大多用木屑菌种，因为木屑菌种成本低，接种时菌种优势大，菌丝定植快，不易污染。一次生产 10 万～40 万袋的栽培户可以选择枝条菌种，枝条菌种接种速度快，特别是能够直接插到袋底，上下一起萌发缩短培养周期。但是枝条菌种在制作与接种时都有一定的技巧，操作不当污染可能较木屑菌种高。

使用方法：挑选出洁白、粗壮、浓密、均一、无杂菌污染、无老化干缩的优质菌种，用 75% 酒精进行表面消毒，连同表面消毒后的接种工具一起与栽培袋放入接种箱或接种室，处理灭菌，准备使用。

2. 液体菌种 由于大规模工厂化菌包厂环境控制较好，可以选择使用液体菌种，目前以日本和韩国的液体发酵罐较稳定，国内的几种发酵罐稳定性差，故障率高，污染风险大。经过 7～8 天发酵后，认真检查并选择优质液体菌种。一般发酵结束后，停止进气静止观察，菌球下沉，上清液澄清透明，表面无或有少量泡沫，菌球表面菌丝呈发散状，说明菌种正常；若上清液浑浊，菌球表面光滑说明菌种不正常。最好在发酵第四天时对液体进行取样回接平板，培养 3 天后观察其状态，挑出不能接种的污染罐。

五、发菌管理

（一）前期管理

菌袋进入培养室 1～9 天，由于菌种刚刚接入培养基中，菌丝受到损伤，故对新环境有一个适应过程，木耳菌丝对杂菌抵御能力差，且与杂菌竞争的能力弱。此时菌袋培养属于最不安全期，极易造成杂菌感染，1～3 天菌袋温度维持在 28～30 ℃，暗光培养，可以不通风，4～9 天每天可以降温 1 ℃。由于此时玉木耳菌丝需要恢复生长，快速定植，而此时菌丝生长量小，呼吸代谢较弱，二氧化碳排出量少，故可以不用通风。尽量少移动，不用挑杂菌。

（二）中期管理

菌丝培养 10 天后已经扩展到直径约一元硬币大小，进入快速生长期，呼吸代谢加快，菌丝量不断增长，呼出的二氧化碳量增多，菌袋开始升温，此时应根据室内温度、二氧化碳浓度加强通风，并挑出杂菌污染的菌袋，逐渐降温至 25 ℃。

15～20 天，温度降至 22～23 ℃，并增加通风次数，这段时期已经进入安全培养期，不用增加培养环境湿度，菌袋不易污染。可以看到部分菌袋菌丝穿透基料，袋壁可见白色菌丝。

（三）后期管理

培养 20 天以后，菌丝大量生长，呼吸代谢加快，大量二氧化碳和呼吸代谢热产生，此时应通过降温，延缓代谢，加大通风量、增加通风次数，并适当增加环境湿度。此时要注意观察散热较差区域菌袋温度，以防局部袋温升高过快造成烧菌。

由于菌袋中心插入预埋棒，上下一起发菌，而且接种量加大，菌丝生长快，如果按照以上管理，培养 25 天时，菌袋基本能够长满菌丝，管理不好的 35 天菌丝也可以长满菌袋。菌丝长满袋后还需要 6～7 天让菌丝充分分解木屑内部营养，这个过程叫后熟，俗称困菌。

六、打孔

后熟后的木耳菌袋，就可以打孔出耳了，划口的方式很多，但总的来讲有以下几种："V"形口、"｜"形口、"＋"形口、"△"形口。"V"形口、"｜"形口多生产朵形较大的耳片，"＋"形口、"△"形口多生产小孔单片玉木耳，小孔单片划口一定要深至1厘米，否则会影响到原基形成、出耳和玉木耳产量。目前划口通常采用专用工具或机器划口。

七、出耳管理

玉木耳的出耳管理不同于黑木耳，其对水分的需求较大，故不同于黑木耳出耳期间"干干湿湿""大干大湿""干湿交替"，玉木耳出耳期间需一直保持较大的相对湿度（90％以上），故应少浇水、勤浇水。要保证耳片不干燥，通风量可选择持续通微风，即通风薄膜空隙15～20厘米高即可，若遇大风天气，应将大棚两侧的薄膜拉下，留纵向的通风口。待耳片长大些，可适当加大通风，但仍要保证耳片不干燥。

玉木耳在阳光下暴晒容易受青苔的侵染，因此栽培过程中必须保持暗光或散射光培养，不可阳光直射。

八、采收及晾晒

一般玉木耳从耳芽时期长到直径5～8厘米的成熟子实体需要10天左右。当子实体生长到直径5～8厘米，腹面有明显白色孢子弹射时就可以采摘。特别注意，采摘时不能留下耳根否则会导致细菌污染。玉木耳耳片可以长到手掌大小，因此视市场的需求控制耳片采摘时的大小也很重要。

玉木耳采收后要及时鲜销或晾晒。晾晒时将耳片单层摆放不能重叠，这是因为重叠晾晒出的耳片会变黄、变褐，影响质量。

第十八章　榆耳安全高效
栽培技术

第一节　概　述

一、学名及分类学地位

榆耳（*Gloeostereum incarnatum* S. Ito et Imai）又名榆蘑、榆树蘑菇、沙耳（黑龙江）。属担子菌类，层菌纲，无隔担子菌亚纲，非褶菌目，皱孔菌科（胶半隔菌科），黏韧革菌属（胶韧革菌属）。在自然界，野生榆耳每年8月中旬至9月腐生在我国东北地区的榆树上，所以称为榆耳。

二、经济价值及栽培概况

榆耳是著名食用和药用真菌，具有很高的食用和药用价值。榆耳子实体肥厚丰满，其肉质如蹄筋，质地如海参，具有特殊风味，味道鲜美可口，营养丰富，是一种美味食用菌。榆耳子实体含有丰富的蛋白质，蛋白质的含量介于动物与植物之间，是一种高蛋白低脂肪的食品，粗蛋白质（包括水溶性蛋白质）占13.65%，粗脂肪占0.34%，碳水化合物占75.71%，粗灰分占10.3%（其中含有钙、磷、铁）。含有种类丰富齐全的17种氨基酸，特别是人体的全部必需氨基酸占总氨基酸含量的42.9%。榆耳子实体碳水化合物中含有各种糖类，并含有一定量的维生素，如维生素 B_1、维生素 B_2、维生素 B_3、维生素 C、维生素 E，这些维生素具有调节机体新陈代谢的作用，粗灰分中无机元素以钙、镁含量较高，还有一定量的锌。总之，榆耳营养丰富，可以作为保健食品，经常食用榆耳可增强体质。

　　榆耳子实体及发酵菌丝体可入药，将其引入中药已有悠久历史，药效显著。明代著名的医药学家李时珍所著的药典《本草纲目》中即记载有榆耳的药用价值："八月榆，以美酒渍曝，同青粱米、紫苋实蒸熟为末。每服三指撮，酒下，令人辟谷不饥。"民间采后晒干保存，常用于治疗痢疾、腹泻、肠炎等肠胃疾病，与鸡蛋煮或炒食可治白痢，与红枣水煮食则能治红痢等肠道疾病，而且对于红白痢疾疗效极好，食用1～2片即可痊愈。

　　科学试验证明，榆耳的生理活性物质具有较强的抗炎性，能明显抑制痢疾杆菌、绿脓杆菌、伤寒杆菌、产气杆菌、金黄色葡萄球菌、大肠杆菌、枯草杆菌、肠炎沙门氏菌的生长，还能抗某些致病性真菌，如红色毛癣菌、石膏样毛癣菌、紫色毛癣菌、断发毛癣菌、黄癣菌、絮状表皮癣菌、犬小孢子菌、铁锈色小孢子菌、石膏状小孢子菌，其中对痢疾沙门氏菌、肠炎杆菌、绿脓杆菌的抑制作用最为明显，民间用榆耳治疗腹泻即利用榆耳的这一作用。榆耳还有较强的抗溃疡作用，可以用来治疗胃溃疡等其他肠胃系统疾病。榆耳制剂在临床上主要用于治疗肠炎、痢疾和胃溃疡等疾病。榆耳多糖是一种由糖和蛋白质相结合的物质，具有增强机体免疫功能，具有抗炎、抗肿瘤、抗癌活性以及降血脂等多方面的生理功能。

　　由于榆耳野生资源较少，产量有限，而且既能食用，又能药用，故价格昂贵，经济价值高，成为山珍名贵之品，多年来一直供不应求。现在辽宁、吉林、山东等地榆耳人工栽培已形成较大规模，有较好的市场发展前景。

第二节　生物学特性

一、形态特征

(一)菌丝体

菌丝近无色，营养菌丝体幼嫩时白色，培养后期变微黄色，菌丝呈线形绒毛状，粗 3.2～3.6 微米，具有分枝、横隔及锁状联合。

（二）子实体

榆耳为丛生性多孔菌，子实体单生或覆瓦状叠生在一起（图 18-1），较小或中等大，扁平，背着生；子实体无柄或有极短的柄；其质地幼时柔软，肉质肥厚，富有弹性，近胶质呈半透明状，表面淡粉红色、浅橘红色、杏黄色或橘黄色至淡褐色，子实体干后收缩成软骨质，坚硬而脆，变成深褐色至浅咖啡色，经水浸能复原。菌盖（耳片）初生时平伏或近球形，似不规则脑状，随着生长逐渐开片平展后，菌盖呈半圆

图 18-1　榆耳子实体形态

形、肾形、耳状、贝壳形、近扇形或盘形，菌盖大小为（3～15）厘米×（4～16）厘米，厚 0.3～3 厘米，表面初为乳白色或粉红色，后期变为浅褐色或浅咖啡色，菌盖边缘内折，有时波状，菌盖结构分 3 层。上表层为毛层，表面密生一层松软而厚的橘黄色至粉红色短绒毛层，毛长 1 毫米左右，是由排列较密集顶端游离的菌丝相互粘连在一起的菌丝束构成的，边缘绒毛短而稀，颜色也浅。中间层为髓部，由较疏松而相互交织在一起的薄壁菌丝组成，菌丝间充满胶质物。下表层为子实层，子实层表面凹凸不平，呈细皱形，乳白色、奶油色或粉肉色至浅黄色、近橘黄色或红褐色，其上密布明显的呈放射状排列的不规则半透明疣状突起，直径 1～3 毫米，栅栏状排列，有辐射状曲折的分支棱脉，表面往往似有粉末。子实层由担子和囊状体相间组成。担子无隔膜棍棒状，表面有较稀疏的凸起网状纹饰，大小为 40 微米×5 微米，每个担子顶端着生 4 个瓶状小梗，每个小梗上着生 1 个椭圆形或腊肠形担孢子，担孢子表面有不规则的网状纹饰，大小为（6.2～7.6）微米×（2.7～3.6）微米。囊状体呈长圆柱形、圆锥形或近棒状，表面有较密的不规则的网状

纹饰，大小为（41.4～60.3）微米×（3.4～4.5）微米。孢子无色，光滑壁薄，卵形、椭圆形至腊肠形，大小为（5.8～7.4）微米×（3.2～3.6）微米，孢子印白色。

二、生态习性

榆耳是一种树木腐生真菌，野生榆耳多生长在家榆、春榆的枯树干上、树洞内。野生榆耳大多生长在湿度较高、光线较暗的山沟、沟塘和半山坡的家榆、春榆的枯树干上。在自然界，8月下旬至10月产生榆耳子实体。

榆耳是木腐菌，在自然界中不能在活树上生长，而是在活树的枯死部位生长，靠榆耳菌丝自身分泌相应的酶来分解和利用树木中的木质素、纤维素、半纤维素、有机氮等营养物质而生长。

榆耳为好氧菌，野生生长多见于山区林中，空气新鲜有利其生长。榆耳人工栽培时，在菌丝生长阶段，其栽培袋（瓶）封口要注意通气良好；在子实体形成分化出耳期更应保持出耳场所空气新鲜、有足够的氧气，以满足其生长发育的需求。

三、生长发育条件

（一）营养条件

1. 碳源 榆耳为木腐真菌，能较好地分解利用木屑中的纤维素和半纤维素，而分解利用木屑中的木质素的能力微弱，可导致木材褐腐，菌丝在多种基质上均能生长，但以选用富含纤维素和淀粉而含木质素较低的纤维材料废弃物为好。人工栽培试验表明，以棉籽壳、废棉等作为碳源的产量最高，豆秸、玉米芯和花生壳次之，也可用阔叶树木屑作为碳源，但产量最低。

2. 氮源 榆耳能很好地分解利用豆饼粉、玉米粉，其次是酵母粉、蛋白胨、甘氨酸、丙氨酸等有机氮源，而利用无机氮的能力较差，对谷氨酸和硝酸钠利用效果差，不能利用尿素和硫酸铵。因而，培养基中必须添加有机氮源，如麦麸、玉米粉、米糠等，且不宜使用化肥。榆耳培养料的适宜碳氮比为（24～30）：1，氮的浓度以 0.4～0.5 克/升为最佳。

（二）环境条件

1. 温度 榆耳属于低温生长和变温出菇型真菌。温度是否适合对榆耳的正常生长发育起着重要作用。榆耳的生长发育只有在一定的温度范围内才能进行，这是因为榆耳的新陈代谢中需要许多酶参与，各种酶都是蛋白质，过高或过低的温度均会使酶的活性降低直至丧失。

（1）菌丝生长对温度的要求。榆耳菌丝生长温度范围为 5～35 ℃，适温范围为 22～27 ℃，其中以 25 ℃ 最为适宜。温度在 15 ℃ 以下菌丝生长缓慢，10 ℃ 以下经 12 天菌丝才开始萌动，30 ℃ 以上生长虽快，但菌丝细弱，35 ℃ 以上停止生长死亡。榆耳菌丝的致死温度低于大多数食用菌，有的高温菌株可耐 37 ℃ 高温，经 14 天菌丝仍可存活，致死温度为 40 ℃。

在测量菌丝发育的温度时，要注意气温与菌温的区别。菌温是指菌丝生长时的培养料温度，气温是指培养室内的温度，这两个温度是不相同的，通常菌温要比气温高出 1～4 ℃。

（2）原基形成对温度的要求。榆耳属于低温结实型真菌，子实体的原基形成要求较低的温度，一般来说，原基形成时温度不仅低于菌丝生长的温度，而且也低于子实体生长时的温度。榆耳原基形成的温度范围在 5～26 ℃，以 10～22 ℃ 为适宜，10 ℃ 以下和在 25 ℃ 恒温下，难以分化形成子实体原基。

营养生长阶段的温度也影响榆耳子实体原基的形成。不同温度下培养的菌丝体，原基出现率和出现时间的早晚都有差别。在 25 ℃ 温度下进行发菌，对原基的形成最为有利，而在 30 ℃ 温度下培养的，尽管以后置于适宜的环境条件下，也不容易形成原基。

（3）子实体生长对温度的要求。榆耳子实体发生和发育的温度范围较窄，可以在 10～23 ℃ 温度范围内生长，而最适温度为 18～22 ℃，在适温范围内，低温时子实体生长慢，高温时生长快。

2. 水分 榆耳生长发育所需的水分来源有两个方面，其中绝大部分来自培养基，一小部分来自空气中的水蒸气。

(1) 培养基含水量。适宜榆耳菌丝生长的含水量应在 40%～75%，以 60%～65%生长最佳。接种前的基质含水量低于 55%，菌丝虽可生长，但难以分化出子实体原基，高于 70%时，菌丝生长缓慢。注意含水量不能过大，含水量过大，影响菌丝呼吸作用，抑制其生长，常常导致菌丝只在培养基表面或上层生长，使得下部培养基的营养不能被利用，导致产量显著降低甚至绝收。

(2) 空气相对湿度。榆耳生长要求环境潮湿，即满足一定的湿度条件。一般用空气相对湿度来衡量。一定的空气相对湿度影响着培养基水分的蒸发速度。榆耳子实体生长发育期间，空气相对湿度要求达到90%～95%。如低于 80%，原基不易分化，已经分化的原基也生长缓慢，难以长成子实体；如低于 70%时，原基不能分化，已分化的原基也不再生长，甚至会干枯死亡。出耳生长阶段的环境湿度以干、湿交替为好。干、湿交替的环境比恒湿条件对耳片的伸展更为有利，同时也有利于预防出耳期间的杂菌污染。

3. 光照

(1) 菌丝体。榆耳菌丝在无光或有散射光条件下均能生长，但强光照能强烈抑制菌丝萌发，使菌丝生长前端的分枝减少，菌丝稀疏，气生菌丝几乎完全消失，因而在发菌阶段，最好置于黑暗或弱光照下培养。

(2) 子实体分化、生长。榆耳原基分化需要一定的散射光刺激，光照可诱导子实体原基的形成，以偏暗的弱散射光的效果最好。光照过强，会抑制子实体原基的形成；在完全黑暗的无光条件下，也不能形成子实体原基。光照度对子实体的色泽形成、色素积累和榆耳品质也是极为重要的，子实体形成期光照度应增至 500 勒克斯以上，子实体的色泽和品质与出耳阶段光线强弱有密切关系。暗光照下生长的子实体色浅，散射光下生长的子实体不仅颜色深而且肉厚。

4. 空气 榆耳是一种好气性食用菌，无论是菌丝体生长阶段，还是原基分化、子实体发育阶段，整个生长发育时期都需要保持空气新鲜，特别是子实体形成和分化期，需要供给充足的氧气。培养室内空气新鲜，氧气充足，能加速原基分化展片，当培养基通风不良，室内二氧化碳浓度过高时，原基不能正常分化成子实体，或形成菜花状、脑状的畸形子实体。氧气不足，可导致培养基发酵解体，榆耳菌丝变黄甚至死亡，榆耳耳片脱落。

5. 酸碱度 榆耳喜中性微酸性环境。菌丝在 pH 为 4.0～9.0 的培养基上均能生长，适宜 pH 为 5.0～7.0。pH 在 5.5～6.0 时，菌丝生长最好；子实体发育阶段，最适宜 pH 为 6.0 左右。

四、子实体发育过程

人工栽培时，在完成发菌后，适宜环境条件下，经 7～15 天培养即可形成子实体。子实体的形成大致要经历下列几个生长发育阶段。

（一）菌丝团阶段

培养料菌丝长满后生理成熟时，表面菌丝开始变浓、加厚，继而菌丝体内水分和养分积聚成聚点。聚集扭结成为白色菌丝团，这种白色菌丝团常单个、数个、十几个或几十个同时发生。

（二）原基形成阶段

白色的菌丝团组织化，形成不规则的浅黄褐色的凸状突起物，即子实体原基。此时，子实体原基上常伴有黄褐色分泌物的出现。原基常几个同时发生膨大，几乎都可长大，通常不会死亡。从菌丝体出现到原基形成通常需要 2～4 天。

（三）原基膨大阶段

原基膨大阶段即小子实体形成阶段，原基形成后，不断长大，并连接成片，表面凹凸不平，呈不规则脑状，这个阶段一般需要经历 5～12 天。膨大期的长短取决于环境温度，并不很快进入分化期。

（四）菌盖分化伸展阶段

菌盖分化伸展阶段即子实体生长阶段，当原基充分膨大，也即小子实体形成后，从任何部位都可能分化出片状菌盖，不断伸展长大，在原基尚未充分膨大时，则不能分化出菌盖。这个时期一般需要1~2周，时间的长短主要取决于环境温度。当菌盖伸展到直径7~15厘米时，边缘卷曲变薄，即不再伸展。

（五）子实体成熟阶段

子实体成熟的标志是菌盖边缘开始卷曲。此时，子实体开始弹射释放孢子，应该及时采收。

不同菌株的榆耳，培养特征不完全相同，主要表现在菌丝萌发的快慢、生长速度、菌盖表面颜色和气生菌丝的多少等方面。

第三节　榆耳高效栽培技术

一、栽培场所的选择

榆耳不耐高温且在发菌阶段不需光线，因此，榆耳的栽培场所应具有良好的遮光和防高温设施，通常是在室内、大棚、温室、阳畦或地沟菇棚等栽培场所进行栽培。

二、栽培原料选择

（一）主要原料

以纤维素和半纤维素为主要碳源的棉籽壳和废棉作为栽培榆耳的主要原料最好，其次为豆秸、硬杂木屑、玉米芯、花生壳等，不能以稻草作为培养料。

（二）辅助原料

辅助原料简称辅料，是指榆耳培养料中常用的一部分配合营养料，如麦麸、米糠、玉米粉、石灰、过磷酸钙、石膏粉等。

三、菌种选择

菌种的质量直接关系到榆耳产量与质量的高低。购买或生产菌种时，经营管理者必须能够鉴别菌种的质量，菌种优劣检验方法如下。

（一）直接观察法

1. 优质菌种的表现　菌丝洁白（未见光时）或米黄色；菌丝密集，分枝浓密，呈白色绒毛状；菌丝爬壁能力强；菌丝在整个培养基内分布均匀；菌丝有单纯的香气。

2. 劣质菌种的表现　菌丝颜色多样，说明有杂菌；多处出现索状菌丝，菌丝收缩离开瓶壁，说明菌种老化；菌丝只在培养基上部生长，说明培养基湿度太大；菌丝有多种气味，是杂菌气味所致。

（二）菌丝生长观察法

将供鉴别的菌种接入新配制的母种培养基上，置于最适宜的温度和湿度条件下培养。菌丝生长迅速、整齐、浓密，则为优质菌种；反之，菌丝生长缓慢或参差不齐，则为劣质菌种。

（三）吃料能力观察法

将菌种接入原种培养基上，放于适宜的温度、湿度下培养，7天后观察菌丝的生长状况。如果菌种块很快萌发，向培养基内迅速生长，则为优质菌种；如果菌种块萌发比较缓慢，在培养基中生长缓慢，即为劣质菌种。

（四）出耳试验

经过以上观察试验，被鉴定为优质菌种的，可以进行扩大转管，并且要取出一部分母种进行出耳试验，这是最可靠的菌种检测方法，生产菌种时或大量栽培时都必须进行此项工作。

四、榆耳高效栽培技术要点

榆耳的栽培方式有段木栽培、瓶栽和袋栽3种。段木栽培的子实体品质最好，有条件的可以采用段木栽培。袋栽的生物学效率高于瓶栽，瓶（袋）栽的可在室内一般菇房，或室外塑料大棚、简易遮阳棚、日光温室或阳畦等栽培场所进行熟料栽培。为充分利用室

（棚）内空间，可采用床架式栽培。

（一）栽培季节

人工栽培榆耳利用自然气温的，可根据榆耳子实体发生最适温度为 18～22 ℃的习性，以当地气温稳定在 18 ℃时为适宜的出耳期，再向前推 40～50 天，即为制作菌袋和接种的适宜时间。

北方地区每年可春秋两季进行栽培。春季栽培于当地气温稳定在 10 ℃以上时接种，以 2 月上旬至 3 月中旬为适宜接种期，具体时间应根据当地气象条件而定，3 月上旬至 6 月底为出耳期，有条件的可以适当提前接种。秋季栽培在当地气温低于 30 ℃时接种，以 8 月上旬至 9 月中旬为接种期，9 月上旬至 12 月中下旬为出耳期。菌种提前生产。

南方地区气候温暖，从 9 月中下旬至翌年 2 月底都可以接种，出耳期在 10 月中下旬至翌年 4 月底。

（二）培养料配方

培养料配方如下：

①棉籽壳 90%，玉米粉 6%，石膏粉 2%，石灰粉 1%，过磷酸钙 1%；

②棉籽壳 78%，麦麸 10%，玉米粉 10%，石膏粉 1%，过磷酸钙 1%；

③棉籽壳 68%，麦麸 18%，木屑 10%，玉米粉 2%，蔗糖 1%，石膏粉 1%；

④棉籽壳 58%，麦麸 20%，木屑 20%，糖 1%，石膏粉 1%；

⑤棉籽壳 51%，木屑 40%，麦麸 1%，米糠 5%，石膏粉 1%，糖 1%，磷肥 1%；

⑥废棉 48%，木屑 30%，麦麸 20%，石灰粉 1%，石膏粉 1%；

⑦玉米芯（粉碎）84.3%，麦麸 14%，石膏粉 1%，石灰粉 0.5%，过磷酸钙 0.2%；

⑧玉米芯（粉碎）75%，麦麸或米糠 20%，豆饼粉 3%，蔗糖

1%，石膏粉 1%；

⑨木屑 78%，麦麸 18%，玉米粉 2%，石膏粉 1%，糖 1%；

⑩木屑 40%，废棉 40%，麦麸（或米糠）16.5%，蔗糖 1.5%，石膏粉 2%。

（三）拌料

根据选好的培养料配方，按比例称取主料、辅料和清水，加水搅拌均匀，配制培养料。先把棉籽壳等主料倒入搅拌场上堆成山形，再把麦麸或细米糠从堆尖均匀地往下撒开，并把玉米粉、石灰粉和石膏粉均匀地撒向四周，把上述干料先充分搅拌均匀，再加水搅拌。拌匀后堆闷 1~2 小时，使水分被充分吸收（图 18-2）。

图 18-2 拌 料

搅拌堆闷后的培养料要进行水分和酸碱度测定，调 pH 至 6.5~7.5，含水量为 60%~65%，进行装袋灭菌。

（四）装袋

床面立袋栽培选用长 33~35 厘米、幅宽 17~18 厘米的塑料聚丙烯折角袋，袋式墙栽采用长 40~45 厘米、幅宽 17~20 厘米、厚 0.04~0.06 厘米高密度的低压聚乙烯袋（每袋装干料 350 克）。

装袋要求松紧适中。装袋过松，袋内氧气过多，气生菌丝生长旺盛，而且在搬运过程中培养料极易断裂，影响菌丝正常生长，导致产量降低；装袋过紧，不仅容易破袋，而且透气性不好，使菌丝生长缓慢。松紧标准：手抓袋中央，两端下垂，料断裂则为太松；五指用中等力捏下，袋面呈现微凹指印为适宜；手捏过硬则为太紧。

装好的料袋在搬运过程中要轻取轻放，以免破袋，同时堆放场地要用麻袋等铺垫，以防扎破料袋，杂菌侵入。

（五）灭菌

榆耳菌丝萌发相对于其他食用菌较慢，因此对灭菌要求更加严格，要适当延长灭菌时间。常压蒸汽灭菌在 100 ℃温度下要保持 12 小时；高压蒸汽灭菌在 0.12 兆帕压力下保持 2 小时。

灭菌工作直接关系到培养料的质量和杂菌污染。在灭菌工作上出现失误，会使灭菌不彻底。接种后杂菌污染，降低产量，造成损失。因此，灭菌工作必须做好以下几点。

1. 科学叠装　灭菌灶内的叠装方式，应采取一行接一行，自下而上排放，上下装成一直线，前后叠的中间要留空隙，蒸汽可以自下而上畅通。不能堆叠成"品"字形，致使上袋压在下袋的缝隙间，蒸汽不能上下畅通，造成灭菌时局部低温处灭菌不彻底。所以，叠装时必须防止压住缝隙。

2. 温度达标　灭菌开始后，用大火猛烧，使温度迅速上升至 100 ℃，越快越好，如果升温慢，则一些高温杂菌会繁衍生长，使培养料养分受到破坏。温度上升到 100 ℃后，保持温度 8～12 小时，中途不能停火，不能掺冷水，不能降温，使水始终保持沸腾。

3. 认真操作　在灭菌过程中，要注意观察温度、水位，灭菌灶内应装有温度计和水位计，以方便观察温度和水位，温度如果降低要立即加大火力，如果水位降低到一定程度，应及时补充热水，防止烧干锅。灭菌开始后，应先打开灭菌灶排气口，让灶内冷气排净，待水蒸气大量从排气口排出后，再关闭排气口。同时检查灭菌灶是否漏气，如果有漏气，及时用湿棉花塞住，以免影响灭菌效果。

4. 卸袋　达到灭菌要求后，熄灭火，让整个灭菌灶自然降温后再打开。如果一下子打开灭菌灶，灶内热气喷出，灶外冷气进入，一些装料太松或薄膜质量差的袋子，突然受冷热温差刺激，可能膨胀破裂或冷却后密布皱纹，所以在自然降温至 50 ℃以下时，方可卸袋。

卸袋时为防蒸汽烫伤应戴上手套。发现袋口松开或出现裂口，应立即用编织带扎住或用胶布贴住。

5. 冷却 将灭菌袋搬入冷却室内，排列成"井"字形，待袋内温度降到 28 ℃左右，即手摸袋无热感时，方可开始接种。准确测定方法：将棒形温度计插入料袋中观察温度，高于 28 ℃应继续冷却。

（六）冷却接种

将灭菌后的料袋搬入接种室内，待料温冷却至 28 ℃左右时及时进行接种，以减少杂菌污染，缩短菌丝生长缓慢期。

榆耳接种，应按无菌操作要求在接种室或接种箱内进行接种。

1. 菌种处理 一般用薄膜封口的榆耳菌种可直接搬入接种室或接种箱内接种，无须处理；而用棉塞封口的菌种则应事先拔掉棉塞，再用消毒后的薄膜包住瓶口，再搬入接种。这是由于菌种培育期间，棉塞内可能侵入杂菌，如果在接种时拔出棉塞，会导致污染。

2. 消毒接种 可用接种箱或接种室。接种箱效率低，但成品率高；接种室效率高，但成品率低。由于农村条件差，可用普通房间代替，为了达到无菌标准，房内必须清洗干净，严格密封，严格消毒。无论是用接种箱或接种室接种，均可采用下列方法之一消毒。

（1）烟雾法。使用气雾消毒剂，使用时用火柴或烟头点燃即冒出白色烟雾，密闭 30 分钟以上，用量按照说明书上用量使用。

（2）熏蒸法。按照每 3 米³ 用 100 毫升甲醛加入 50 克高锰酸钾的比例，混合放于碗中产生气体，用于消毒灭菌 40 分钟以上。

消毒前，要把菌种、栽培袋及接种工具等都放入接种箱或接种室后，再进行密封灭菌。

3. 无菌操作 接种消毒灭菌后，用 75％酒精擦洗双手，并严格按照无菌操作进行。由于是密闭式接种，所以两人配合接种速度快，成功率高。

每批栽培袋接种后，要开窗通风 30 分钟，然后关窗，重新搬入栽培袋，消毒。每批栽培袋接种完后，用过的物品，如菌种封口薄膜等，必须打扫并搬出接种室。

（七）室内养菌管理

栽培袋经过接种后，要及时搬入事先处理好（包括灭菌、杀虫、灭鼠）的干燥、卫生、通风、透气的培养室内进行集中培养，必须按照菌丝生长发育的要求，创造适宜的培养条件，使菌丝发育良好。

1. 叠袋　科学栽培袋堆叠方式，在无培养架的室内横放，按"井"字形堆叠，每层4～5袋，袋间应留有一定空隙，以利于通风换气，高可堆5～8层，不要超过10层，25～40袋为一堆，依此堆叠为许多堆，每堆之间留通风道；也可直立放于培养架上，袋与袋间距1厘米。

2. 控制温度　培养室内养菌期间温度保持在20～25℃，控制温度是养菌期管理重点，初期切忌温度过高。在自然气温较高时发菌要采取降温措施。菌丝生长期若长期处于27℃以上高温下，不但易引发杂菌污染，使菌丝生活力下降，而且不利于子实体形成。所以要经常观察料温，调节气温，使菌丝正常生长。

袋温超过28℃时菌丝层发黄，受到损伤，此时应将堆形排列交叉成"△"形，以疏袋通风散热，抑制菌温。

3. 通风换气　多雨季节，要注意通风排潮，在空气流通条件下发菌，每天开两次门窗通风换气，保持室内空气新鲜。

通风换气可以调节温度，气温高时在早晨或夜晚通风，气温低时在中午通风，温度高时多通风，除了打开门窗使空气对流外，还可以用电风扇降温。

4. 防湿防水　栽培袋培养阶段，菌丝生长不需要外界供给水分。因此，要求培养室温度适中，室内空气相对湿度要控制在70%左右。如果空气过于干燥（空气相对湿度低于65%），则喷雾状水加湿调节；如果栽培袋被水淋和场地积水潮湿，会引起杂菌滋生。

5. 遮蔽光线　发菌培养不需要光线，强光照射会使菌丝老化和生长速度变慢，降低产量。因此，培养室的门窗都应遮光，可用黑色布帘遮光，室内忌用照明灯，使菌丝生长处于完全黑暗的条件下，但要保持通风。

6. 翻堆检查　从发菌管理的第五天起，开始对栽培袋进行翻堆检查。培养期间要翻堆 2～3 次，每隔 10 天左右翻堆 1 次。翻堆时要上下、里外相互对调，使菌丝均匀生长。翻堆时要轻取轻放，翻堆时认真检查污染情况，对被杂菌污染的栽培袋进行分类处理。

发现有污染的，应采取破袋取料，拌以 3% 石灰溶液堆闷 1 夜，摊开晒干，重新配料，装袋灭菌再接种培养。一旦发现有红色链孢霉污染的，立即用塑料袋套住搬走，然后用火烧毁或深埋，以避免孢子传染。发现菌种不萌发、死菌的，应在无菌条件下重新接种培养。污染轻的也可放于低温处继续发菌，因为低温可以抑制杂菌生长。

在上述条件下培养，榆耳菌丝经 25～40 天就可长满栽培袋，进入生理成熟期，栽培袋呈白色。培养过程中要注意防虫、灭鼠，保持室内无杂菌、无害虫、无鼠害。

优质的菌袋表现特征：菌丝色泽洁白、生长健壮、无异味、无杂色。

菌丝满袋（瓶）后，取下发菌室的遮光帘，使菌袋（瓶）处于散射光照射下再培养 2～3 天，当培养料表面菌丝变浓、加厚、聚集，出现白色菌丝团时，转入出耳管理。

（八）出耳管理

榆耳的菌袋可在出耳室（棚）内平放在床架上出耳，或横放垒成 1 米高的菌袋墙进行墙式出耳。两种出耳管理方法基本相同。榆耳发菌完成后不需要经过生理后熟，当菌袋（瓶）内菌丝长满后，将菌袋移到出耳房（大棚）内的床架上，给予一定的光照刺激即可出耳。根据榆耳子实体生长发育不同阶段的生理要求，对各个发育阶段的管理应采取相应的不同管理措施。

1. 原基形成阶段管理　菌丝满袋要调节室温并给予光照刺激，诱导原基形成。菌丝长满袋后的 1～2 天，应将出耳室（棚）内温度调节到 17 ℃以上、19 ℃以下，并给予 15～200 勒克斯的散射光

照。光照不能过强，强烈的光照会抑制榆耳原基的形成。经 7～10
天，在培养基表面均会出现乳白色或粉红色、形状不规则的突起
物——榆耳原基。

原基出现后，不要急于开袋，只需将袋口松开，改善培养基透
气性，使原基顺利长出。室温保持在 15～20 ℃，并喷雾状水，使
原基在高湿度的稳定小环境中自然生长膨大。原基所处小气候空气
相对湿度要达到 95％以上，不可低于 90％。在原基分化和耳片形成
时，昼夜温差为 5～8 ℃的自然温差较为理想，白天温差靠通风调节
即可，这个过程一般要经 2 天左右，随后进入耳片分化阶段管理。

2. 耳片分化阶段管理 松开
袋口后，原基不断膨大，并逐渐
向袋口及袋外生长，当原基充分
膨大、高度达 1～1.5 厘米、直径
约 3 厘米以后，表面凹凸不平日
益明显，出现片状的雏形时，即
表明原基已得到充分发育，将进
入耳片分化期，也即展开片状菌
盖阶段（图18-3）。

图 18-3　榆耳耳片分化

这期间的管理十分重要，此时要改善通气状况，室内必须保持
空气新鲜，要定时打开门窗，通风换气，每天通风 3 次，每次30～
60 分钟，保持室内有散射光，去除或割掉袋口或瓶口封扎的塑料
薄膜，将袋口完全敞开，使原基外露，并喷水保湿，使出耳室
（棚）内空气相对湿度保持在85％～95％。若湿度不够，可向空中
或直接向原基表面喷水，让凹凸不平的原基充分吸收水分，原基充
分吸水后才能很快分化展片。此时出耳室（棚）内温度要降至14～
16 ℃，温度切勿过高或过低。温度过低，耳片不易形成；温度过
高，则原基会继续膨大，使培养基表面长满原基，不仅影响耳片的
分化形成，即使形成耳片，也会因为原基过多，使耳片生长过密拥
挤，朵形较差，降低榆耳质量。空气相对湿度保持在 90％以上，
湿度不够时，可直接向原基喷水以补湿，但不宜多喷，以防袋

（瓶）内积水。在温度14～16℃和空气相对湿度90％～95％的管理条件下，从原基分化开始到有多数明显可见的耳片，需2～3天。此过程中，原基不断膨大，连接成片呈脑状，并开始分化出片状菌盖，进入耳片生长期。

耳片形成之前不要向原基上喷水，当耳片长至3厘米以上时才可向耳片上喷水，并以耳片湿润、不收边为准。喷水后要及时通风，使原基表面水分晾干，以防原基腐烂，不可喷"关门水"。

3. 耳片生长阶段管理 原基分化后，在耳片生长阶段（图18-4），为加快耳片生长展开，应着重保持空气流通，加强温度、光照和水分管理，管理好坏直接关系到榆耳的产量和质量。刚展片时，温度保持在16～22℃；当耳片形成长到3厘米大小时，温度最好控制在

图18-4 榆耳耳片生长

15～18℃，不宜高出18℃；当耳片超过3厘米时，温度在14～20℃均可，但仍以控制在18℃左右最佳。

由于榆耳耳片具胶质，耳片本身能直接从环境中吸收水分，因此在此阶段要十分重视水的作用，水分管理是榆耳高产优质的重要保证。成熟的榆耳耳片中约70％的水分是在耳片发育阶段由环境提供的，其中大量水分由耳片直接吸收，少部分是由菌丝体吸收后运输到耳片中去的。所以空气相对湿度要保持在90％～95％，如湿度不够，每天应向空间及地面喷雾状水5～6次，喷水以少量多次为宜，一直保持耳片的湿润，每次喷水后要去除瓶内或袋内多余的积水。若水分不足，则耳片质量差，产量也低。虽然榆耳是胶质菌，比其他食用菌更耐大水，但在大水后要及时通风，每天定时打开门窗换气，不可使耳片长期处于浸渍状态。当耳片长至4厘米左右时，袋内或瓶内培养料出现收缩，料与袋间出现空隙，要适当控制用水量，并防止水灌入袋内。培养基与袋壁间在每次喷水后常有

积水，应及时倾去袋中积水，以避免培养基出现厌氧发酵导致菌丝体培养物变酸而影响生长，甚至死亡。在展片期间要保持足够的较强散射光线，光照度必须在 500 勒克斯以上，以利于子实体生长，加深耳片的色泽（光线越强，色泽越深），提高产品的质量。

（九）采收

榆耳耳片生长比较慢，在适宜的环境条件下，从原基出现到榆耳耳片发育成熟一般需 20～30 天，其中原基期所占时间为 7～10 天或更长。当耳片充分舒展变软，皱褶减少，肉质尚肥厚，颜色由粉红或浅乳黄色变为锈褐色至浅咖啡色或浅红粉色，然后变绿，内部组织似果冻十分富有弹性，边缘卷曲，耳根收缩，并开始弹射白色孢子，菌盖边缘出现波状并变薄时，表明耳片已发育成熟，进入采收适期，要及时采收。

成熟的榆耳如不及时采收，易被杂菌感染腐烂致使耳片自溶。采收前 1 天要停止喷水，采收时选择晴天，以便晒干。采收时用干净的锋利小刀沿耳根将耳片割下，留下耳根以利再生，采大留小。

（十）再生耳管理

每潮榆耳采收结束后，清理料面，耳根不能喷水，应停水养菌 3 天左右，并将耳根的伤口暴露于空气中，待耳基稍见收边、创面不黏时，将袋口松扎养菌，可根据情况加盖塑料薄膜，直到创面再生一层白绒状的菌丝层，菌丝恢复生长后，才能根据情况补水或喷水。补水可用补水器进行，不能用浸水的方法对菌袋补水，也不可把水直接喷洒到耳根上。

补水后再继续进行上述出耳管理。一般在补水后的 4～7 天，第二潮榆耳即可从愈合后的老耳基上长出新的榆耳片。第二潮榆耳发育较快，从耳基表面愈合、组织化至耳片雏形的出现，至耳片发育成熟仅需 7～15 天。第二潮及以后各潮的榆耳都是在第一潮的耳基上形成的，一旦形成便是耳片。因此，第二潮以后的耳片采收方法是用手连耳基摘取而不是用刀割，以利更新。然后再进行通风和喷水管理，还可采收1～2潮榆耳片。

榆耳袋栽一般可采收3～4潮，每潮产量构成的大致比例：第一潮榆耳占总产量的50％左右，耳片最为肥大，质量最好，第二潮榆耳占30％左右，第三、第四潮榆耳占20％左右。人工栽培榆耳时，所产生的耳片一般宽7～15厘米，厚1～1.5厘米，每个重30～200克。耳片产量和质量因塑料袋规格等不同而异，15厘米×26厘米×0.05厘米的袋较15厘米×50厘米×0.05厘米的袋现原基快，高产优质。袋栽可在室内、大棚内放置栽培，也可在地面、床架分层放置栽培，以在大棚内利用床架分层放置栽培投入少、产出多、效益高。在条件适宜的环境中，袋栽的整个生产周期为90～120天。

五、榆耳干制

榆耳一般不适宜鲜食，因为有不少人在鲜食榆耳后，出现腹泻、皮肤起疙瘩等不良反应。但干制后的榆耳食用是安全的。

榆耳干制是把采摘下来的新鲜榆耳脱去水分，以使其不发生霉变，从而有利于储藏和运输。通常情况下，采收下来的新鲜榆耳应在半天以内即进行干制，以免发生变质。

干制前应把榆耳用清水洗干净或用小刀削去带泥部分。榆耳的干制方法很多，可以晒干或用烘干机烘干，也可用微波干燥、远红外线干燥等。

(一)晒干

在有阳光的晴天，将榆耳单摆于竹帘或竹筛上晒干（图18-5）。晒干不需要耗费能源，但依赖于天气，没有保障，只适合于小规模栽培，较大规模的应置办烘干设备。

图18-5 榆耳晒干

（二）烘干

烘干时先将鲜榆耳按大小分级后摊排在烘筛上，均匀排布，然后逐筛放入筛架上，满架后，把门关闭。放入筛架时，一般较小和较干的耳片要排放于上层筛架上，较大和较湿的耳片应排放在下层筛架上，这样可以上下同时烘干。

烘房起始温度掌握在 40 ℃，起始温度过低，耳片细胞继续进行新陈代谢，降低产品质量。一般晴天采收的鲜榆耳较干，起始温度应高一些，雨天采收的榆耳较湿，起始温度应低一些。以后每烘1 小时上升 5 ℃，直至上升为 60 ℃为止，然后直至烘干。为减少烘干时间，烘房装榆耳前可先预热到 45 ℃左右。

烘干时，当烘房内空气相对湿度达到 70%时，就要注意开始人工通风排湿，以排除榆耳耳片内蒸发出来的水气。进风扇与排风扇的调节依榆耳耳片的湿度和烘房湿度而定。开启太大，会使烘干升温缓慢；开启太小，水蒸气难以排出。

烘干后要求榆耳耳片的含水量为 13%～14%。榆耳干品装入食品袋或编织袋内放于通风干燥处储藏。榆耳干品运输时必须采用硬质材料（如木箱、铁柜等）做外包装，以防止受压、变形、破损等导致质量和商品价值降低。

第十九章　食用菌病虫害绿色综合防控技术

第一节　食用菌病害基本知识

一、食用菌病害的定义

在食用菌生长、发育过程中，由于环境条件不适，或遭受其他有害微生物的侵染，菌丝体或子实体正常的生长发育受到干扰和抑制，且这种干扰强度超过了其能够抵抗或恢复的程度，严重影响了食用菌本身的生理功能，从而导致生长发育缓慢、畸形、枯萎、腐烂甚至死亡等生理、组织及形态上的异常，进而降低产量和品质，称为食用菌病害。广义上的食用菌病害是指环境条件不适和微生物侵染所引起的食用菌异常状态，而狭义的食用菌病害一般指由于有害微生物侵染而引起的病害。

二、病原

引起食用菌偏离正常生长发育状态而表现病变的因素即病因，在植物病理学上称为病原。按病原的根本属性的不同，可分为生物性的（微生物）和非生物性的（环境因素）两大基本类型。病原微生物引发的病害称为侵染性病害，根据病原微生物与食用菌的生理关系又分为寄生性病害、竞争性病害和竞争性兼寄生性病害，寄生性病害因为病原微生物能够在食用菌不同的个体间传播，因而又称传染性病害，竞争性病害称为杂菌病害；由于食用菌本身的原因或由于外界环境条件的恶化引起的病害，称为非侵染性病害或生理病害，因这类病害在食用菌不同的个体间不会传播，因此又称非传染性病害。

侵染性病害的发生过程（病程）主要是食用菌、病原微生物和环境条件三大因子之间相互作用的结果。因此，不能简单地、孤立地看待和分析任何单一的因素，而必须将三者综合分析。而非侵染性病害的发生则主要是环境条件综合作用于食用菌的结果。总之，食用菌发生病害的原因是多方面的，大体上可以分为三种：①食用菌本身的遗传因子异常；②不良的物理、化学、生态因素条件；③病原微生物的侵染。侵染性病害发生必须具备如下条件：①栽培品种本身不抗病或抗病能力差；②病原微生物的大量存在；③环境条件特别是温度、湿度、空气、养分等不利于食用菌本身的生长发育而有利于病原微生物的生长发育。只有在这三个条件同时具备时病害才可能发生，缺少其中任何一个条件都不可能或不易发生。栽培者的任务是尽可能优化适于食用菌生长发育的条件，提高其抗病能力。

三、病害分类

食用菌病害按病原的根本属性的不同，划分为侵染性病害（非生理病害）和非侵染性病害（生理病害）两大类。

（一）侵染性病害（非生理病害）

侵染性病害是由各种病原微生物侵染造成食用菌生理代谢失调而发生的病害，因其病原是生物性的，故称病原物。这些病原物主要是真菌、细菌、病毒和线虫四大类，且具传染性。因此，侵染性病害也称为传染性病害。被病原物侵染的食用菌菌丝体或子实体，称为寄主。侵染性病害的特点是病原物直接从寄主内吸收养分，建造自身，使食用菌的正常生理活动受阻，从而出现病变症状，使食用菌产量和品质下降。如常见的双孢蘑菇疣孢霉病、平菇黄腐病、鸡腿菇黑斑病、金针菇褐斑点病、香菇病毒病、木耳线虫病等。这类病害的发生，是由病原物、寄主和环境条件共同决定的。

按病原物的不同，食用菌侵染性病害可分为以下四大类。

1. 真菌病害　引起食用菌病害的真菌绝大多数是霉菌类，具丝状菌丝。这些病原真菌除腐生外，还具有不同程度的寄生性，在侵染的一定时期就在被侵染的食用菌菇体表面形成病斑和繁殖体——孢子。这类真菌病原物多喜中高温、高湿和酸性环境，且随气流、水等传播。常见的真菌病害有疣孢霉引起的褐腐病、轮枝霉引起的干泡病、瓶梗青霉引起的金针菇基腐病、头孢霉引起的褶霉病、脉孢霉引起的猝倒病等。

2. 细菌病害 引发食用菌病害的细菌绝大多数是各种假单胞菌，这类细菌多喜中高温、高湿、氧分压小、近中性的基质环境，气流、基质、水流、工具、操作、昆虫等都可传播。常见的细菌病害有托拉斯假单胞菌引起的褐斑点病、菊苣假单胞菌引起的菌褶滴水病等。

3. 病毒病害 病毒是一类专性寄生物，现已发现寄生危害食用菌的病毒有数十种，引起食用菌发病的病毒多是球形结构，直径25～50纳米；也有杆状和螺旋形的病毒粒子，这两类病毒粒子较球形病毒大，为（17～65）纳米×（50～350）纳米。常见的病毒病有双孢蘑菇病毒病、香菇病毒病、平菇病毒病等。

4. 线虫病害 线虫是一类微小的原生动物，危害菌丝体，也常危害子实体，引起食用菌的各种线虫病害。引起食用菌线虫病害的线虫多为腐生线虫，广泛分布于土壤和培养料中，常见的线虫病害有双孢蘑菇线虫病、香菇线虫病、平菇线虫病、木耳线虫病、鸡腿菇线虫病和银耳线虫病等。土壤、基质和水流是它们的主要传播途径。

按病原与其寄主的关系，侵染性病害又分为以下三种类型。

1. 寄生性病害 病原物直接吸取活的食用菌菌丝体或子实体中的养分使其新陈代谢失调，或是分泌有害物质，杀伤或杀死食用菌菇体细胞组织后吸取其养分。如食用菌的病毒病、双孢蘑菇的褐腐病和褐斑病等。

2. 竞争性病害 食用菌的竞争性病害类似于农作物的杂草危害，所以也称这类病原物为杂菌，对于食用菌的培养基质来说，亦称之为腐生性病害。其特点是病原物着生在培养基质上，和食用菌争夺养分和空间，使食用菌品质和产量下降。这类病原物有真菌（如霉菌类）和细菌等。

3. 竞争性兼寄生性病害 病原微生物在与食用菌争夺养分和空间的同时，对活的食用菌菌丝体或子实体兼有寄生侵染性，能分泌有害物质杀死、杀伤食用菌，或导致不出菇等症状，也称干扰性病害。如木霉引起的各种食用菌病害。

（二）非侵染性病害（生理病害）

由于非生物因素（即非侵染性病原）的作用造成食用菌的生理代谢失调而发生的病害，称为非侵染性病害，也称为生理病害。非生物因素是指食用菌生长发育的环境条件不良或栽培措施不当。如温度不适、空气相对湿度过高或过低、通风不良、存在有害气体、培养料含水量过高或过低、pH 过小或过大、光线过强或过弱、农药和化肥及生长调节物质使用不当等。这类病害因无病原微生物的侵染和活动，因此没有传染性，一旦不良环境条件解除，病害症状便不再继续，一般能恢复正常状态。其发生还具普遍性的特点，即在同一时间和空间内，所有个体可能全部发病，具体说来，在同一菇房生长的菇体同时发生相同的非侵染性病害，如畸形、变色等。

四、症状

食用菌发病后，在外部和内部表现出来的种种不正常的特征称为症状。症状可区分为病状和病征两方面。病状是食用菌得病后本身表现出来的不正常状态；病征是病原物在寄主体内或体外表现出来的特征。不同类型的病害、不同病原引发的病害，同一病害的不同时期（早期、中期、晚期）症状均不相同。

当食用菌制种及栽培过程中发生病害时，往往有下列症状表现。

①菌丝生长速度缓慢，不吃料，发菌不均匀，或发菌后菌丝逐渐消失。

②菌丝颜色变黄、萎缩、死亡，培养料变黑腐烂，散发出霉味、酒糟味、臭气等异味。

③培养料表面长出不同颜色的霉状物，或形成一层白色、粉红白或橘黄色的菌被。

④不形成子实体原基或迟迟才出现子实体原基。

⑤子实体畸形生长，如出现花椰菜花球状的、珊瑚状的、菌柄细长而菌盖变小的、菌柄肿胀呈现泡状的、菌柄弯曲并分叉的、菌柄顶端丛生很多小菌柄的、菌盖不规则并出现裂痕的畸形子实体。

⑥菌盖及菌柄上出现红褐色或黑褐色的斑点或斑块，出现水渍状的条纹或皱纹。

⑦子实体呈干腐或湿腐，菌柄髓部变色或萎缩，子实体腐烂后散发出恶臭气味或无恶臭气味。

⑧子实体或幼菇颜色不正常、萎缩、干枯、僵化。

第二节　食用菌虫害基本知识

一、食用菌虫害的定义

食用菌在生长过程中，会不断遭受某些动物的伤害和取食，如节肢动物、软体动物等。在这些动物中，通常以昆虫类发生量最大，危害最重，因而人们习惯把对食用菌有害的动物，统称为害虫。有害动物还有螨类、线虫、蛞蝓等。由于害虫的作用，造成食用菌菌丝体、子实体及其着生物被损伤、破坏、取食的症状，称为食用菌虫害。

二、虫害分类

按害虫取食方式的不同，可分为咬食型、蛀食型、舐食型、蚕食型等；按对食用菌危害的时期不同，可分为发菌期害虫、菇房害虫和仓储害虫三大类。害虫在食用菌生长的不同阶段发生危害，如螨类危害发菌期的菌丝，使菌丝消失、菇体报废、发菌失败；食丝谷蛾危害菌种使木耳不能定植；有的害虫直接取食子实体，如跳虫、蛞蝓、潮虫、马陆等；有的取食培养料使之腐变，如粪蚊、菇蝇等；有的是病原菌的携带者，这些害虫不仅直接取食子实体，还将病原菌带入培养料，引起病害，如菇蚊、果蝇等；有的危害仓储期的食用菌干制品，如食丝谷蛾、赤拟谷盗等。

危害食用菌的有害动物主要有昆虫纲中 8 个目的昆虫，其次是螨、马陆和蜗牛等非昆虫纲的小型动物。主要害虫及其危害的食用菌种类简单介绍如下。

革翅目：大蠼螋等，食性杂，主要危害平菇、灵芝、竹荪等。

缨翅目：木耳蓟马等，主要危害木耳。

鳞翅目：主要是谷蛾科、螟蛾科和夜蛾科的幼虫危害食用菌，如食丝谷蛾、印度谷螟及平菇尖须夜蛾等，危害仓储的香菇、木耳及平菇等的干品。

双翅目：包括菌蚊科、眼蕈蚊科、瘿蚊科、粪蚊科、蚤蝇科、果蝇科等，这些种类可危害多种食用菌。

鞘翅目：包括隐翅虫科、谷盗科、露尾甲科、大蕈甲科、天牛科、拟步甲科等，主要危害段木栽培的木耳、香菇和灵芝等。

三、症状与危害

食用菌害虫的具体危害与引发的症状主要包括以下几个方面。

一是取食食用菌菇蕾和子实体，如跳虫、蛞蝓等均直接取食、危害食用菌的子实体，使其丧失商品价值。

二是取食培养料并使其霉变，如粪蚊、菇蝇等幼虫，均能取食培养料，导致培养料霉变，不利于食用菌的生长。

三是取食、危害食用菌菌种及菌丝，引起退菌，如害螨危害菌种并随菌种扩大而大面积发生，线虫取食菌丝使发菌失败、死菇等。

四是携带传播病虫害，如菇蚊、果蝇等害虫，不仅能直接危害食用菌，而且还是各种杂菌、害螨的传播载体。因此，在害虫大发生之后，随之将是病害的继发性流行，给食用菌生产带来毁灭性危害。

五是危害食用菌仓储干制品，引起霉变、变形，使其商品价值降低或失去商品价值。如欧洲谷蛾、印度谷螟、象甲等，都可危害香菇、木耳、灵芝等干制品，造成严重的经济损失。

第三节　侵染性病害

一、真菌性病害

(一)双孢蘑菇褐腐病

1. 症状　双孢蘑菇褐腐病是世界性的食用菌病害，褐腐病又称白腐病、湿腐病、湿泡病和有害疣孢霉病。褐腐病菌侵染双孢蘑菇后，发病症状可分为四种。一是当病原孢子数较多时，双孢蘑菇菌丝形成菌索即受侵染，在菇床表面形成一堆堆白色绒状物即褐腐病菌的菌丝和分生孢子，绒状物由白色渐变为黄褐色，最后腐烂，有臭味产生。二是子实体原基分化时被褐腐病菌侵染，原基染病后形成类似马勃状的组织块，初期白色，后变黄褐色，表面渗出水珠并腐烂。三是子实体分化后被侵染，菇体表现为畸形，菌柄膨大，菌盖变小，菇体部分表面附有白色绒毛状菌丝，后变褐色，产生褐色液滴。四是子实体生长后期被侵染，不表现畸形，仅在子实体表面出现白色绒毛状菌丝，后期变为褐色病斑。褐腐病菌不仅侵害双孢蘑菇，还可侵害香菇、草菇、平菇、灵芝、银耳等食用菌。

2. 病原　病原菌为有害疣孢霉（*Hypomyces perniciosus*），属于半知菌亚门，丛梗孢目，丛梗孢科。分生孢子梗短，呈轮状分枝，顶端单生无色的分生孢子。无性孢子有两种形态：一是薄壁分生孢子，二是双细胞的厚垣孢子。

3. 传播途径和发病条件　有害疣孢霉是土壤真菌，孢子可在土壤中存活几年，初侵染源来自土壤。孢子和菌丝在 15～32 ℃ 萌发生长，在菇房内通过喷水、工具、害虫、人工操作等传播。菇房内通气不良、温度高、湿度大时，病菌极易暴发，低于 10 ℃和高于 32 ℃时很少发病。在发酵过程中孢子经 55 ℃、4 小时或经 62 ℃、2 小时即死亡。双孢蘑菇从病菌侵染到症状出现需要

12 天以上。

4. 防控方法

①菇房消毒防虫。菇房可通蒸汽消毒，在 70～75 ℃下，持续 4 小时后通风干燥。菇床架宜用钢材和塑料等无机材料，经冲洗和消毒后，孢子不易生存。通风口安装 60 目的防虫纱网，防止菇蝇、菇蚊等害虫进入菇房。

②覆土消毒。选取不含有食用菌废料和非发病区的土壤，覆土材料提前日光暴晒 2～3 天。

③培养料病菌处理。在发病区栽培，培养料宜用杀菌剂拌料处理，菇床出现症状时，及时挖除病灶，撒上杀菌剂或石灰让其干燥，病区内不要浇水，以防止孢子、菌丝随水流传播。

④药剂防治。出菇期发病时，在出菇间歇期或早春浇水时用药防治，可用咪鲜·氯化锰、噻菌灵或代森锌。

（二）双孢蘑菇干泡病

1. 症状 干泡病又名轮枝霉病，真菌褐斑病。主要危害双孢蘑菇，各发育阶段均会发病。在双孢蘑菇未分化期染病后幼菇形成一小团块干瘪的灰白色干硬球状物，其颜色深褐、质地较干，无液滴、无臭味、不腐烂。在子实体分化后期染病，致使菇形不完整，菌盖小部分分化或菌柄畸形，菌盖歪斜，病菇上着生一层细细的灰白色病菌菌丝。分化完全的菇体染病，菌盖顶部长出丘疹状的小凸起，或在菌盖表面上出现蓝灰色或暗褐色病斑，病斑上产生一层白色粉尘状孢子层。

2. 病原 病原菌为菌生轮枝霉（*Verticillium fungicola*），属于半知菌亚门，丝孢纲，丝孢目，丛梗孢科。营养菌丝匍匐，有隔，分枝，无色或淡色。分生孢子梗直立，有隔，分枝。分生孢子无色，单生在小梗上或簇生成头状，外面有一层水膜，球形、椭圆形或卵圆形。

3. 传播途径和发病条件 干泡病的初侵染源来自覆土材料，而分生孢子是再侵染源。菌生轮枝霉的分生孢子包着黏液，黏附到空气尘埃、蝇类、螨类和采菇者身上而传播，喷水也是散播病原菌和孢子的重要途径，水分带着孢子进一步传播。菌生轮枝霉孢子萌发的温度为 15～30 ℃，发病的最适温度为 20 ℃左右，在 20 ℃时从染病到出现畸形症状大约需 10 天，而菌盖出现病斑只要 3～4 天。

4. 防控方法　参照双孢蘑菇褐腐病防控方法。

(三) 双孢蘑菇褶霉病

1. 症状　褶霉病又名头孢霉病和菌盖斑点病，主要侵害双孢蘑菇的菌褶。发病初期，菌褶颜色变黑，连成一块。随后病症向菌柄和菌盖蔓延，后期在病灶处出现白色的病原菌菌丝体。患病后的菇体发僵，停止生长。

2. 病原　褶霉病病原菌为菌褶头孢霉（*Cephalosporium lamellaecola*）。属于半知菌亚门，丝孢纲，丝孢目，丛梗孢科。该菌寄生在香菇和双孢蘑菇的菌褶上，致其发病。分生孢子梗从菌丝中生出，盘立短小，不分枝，顶端生球形或卵形的分生孢子。分生孢子相继脱落，由所分泌的胶状物质黏结成小球形，无色，单细胞。

3. 传播途径和发病条件　初侵染源来自土壤，菇房残留病原菌是再侵染源。在出菇温度（12～25 ℃）和湿度较大的菇房内容易发生褶霉病。病原菌孢子又随水、空气、昆虫及人为传播扩大发病范围及加重病害发生程度。

4. 防控方法　参照双孢蘑菇褐腐病防控方法。

(四) 金针菇基腐病

1. 症状　金针菇基腐病又名灰霉病、拟青霉病，常发生于工厂化袋式栽培的金针菇上。病害主要发生在菇基部，严重时也向菌盖部蔓延。子实体生长发育阶段，菌柄基部初期呈现水渍状斑点，后渐变黑褐色至黑色腐烂，腐烂后子实体倒伏。发病区多在菇房不易通风的四角处，往往成丛成堆发生，病害大量发生时导致生产停止。

2. 病原　病原菌为瓶梗青霉属（*Paecilomyces*）种类，属于子囊菌门，盘菌亚门，散囊菌纲，散囊菌目，发菌科。菌丝白色，粉状。菌落呈粉红色。孢子梗从气生菌丝上长出，呈对称分叉。分生孢子椭圆形、单细胞、无色。

3. 防控方法

①改善栽培条件，加强菇房通风，出菇期控制二氧化碳含量不宜过高。

②适当减少菇房菌袋排放量、降低菇房温度是减少病害发生和降低病害严重度的有效途径。

(五) 银耳红粉病

1. 症状　银耳红粉病会使银耳子实体腐烂，银耳子实体染病后，耳片不能放开，呈萎缩状，失去光泽，长出一层粉红色粉状霉层。子实体变色腐烂，不能再形成新的耳基。

2. 病原　病原菌为粉红单端孢霉菌（*Trichothecium roseum*），属于子囊菌门，粪壳菌纲，肉座菌亚纲，肉座菌目。菌丝匍匐，絮状具横隔，扩展快，初为白色，渐转为粉红色，可产生分生孢子。分生孢子梗直立，不分枝，无横隔或具1~2个横隔。梗端稍膨大，分生孢子自梗端单生，成熟后可在梗顶端聚集在一起。分生孢子长椭圆形或倒卵形，橙红色或粉红色，双细胞。

3. 传播途径和发病条件　病菌分布于各种有机质残体上，孢子由空气传播，造成初侵染。通过喷水和人员操作等途径，可造成再侵染。高温、高湿、通风不良等条件下容易发生该病。此病主要发生在用代料进行瓶栽或袋栽的银耳子实体上。

4. 防控方法

①选用优良、生命力强的菌种。

②发生过该病的老菇房和床架要用甲醛熏蒸消毒。

③及时割除病耳并烧毁。

二、细菌性病害

(一) 褐斑病

1. 症状　主要危害双孢蘑菇和平菇，在高温、高湿的环境条件下，容易发生危害。初期菌盖上出现颜色较浅的小点，逐渐发展为椭圆形或梭形的褐色病斑，直径 2～4 毫米，严重时病斑连接成块状。有时菌柄也发病。病菌只危害菌皮，不深入菌肉，潮湿条件下病斑表面下有一层菌脓。该病不引起菇体形状改变和腐烂。

2. 病原　病原菌为托拉斯假单胞菌（*Pseudomonas tollasii* Paine），菌落乳白色，稍微隆起，表面光滑，边缘齐整，有明显的荧光效应。典型菌体在一极或两极具有鞭毛。

3. 防控方法

①适当降低菇房内湿度，加大通风量。

②出现症状时要及时用药，控制病害程度。例如二氯异氰脲酸钠和硫酸链霉素。

（二）腐烂病

1. 症状　发病初期，在菌盖或菌柄上出现淡黄色水渍状斑点，在高温高湿条件下，病斑扩展迅速，引起菌盖或菌柄呈淡黄色水渍状腐烂，并散发出难闻的臭味。发病的食用菌包括金针菇、鸡腿菇、杏鲍菇、滑菇、秀珍菇、平菇和双孢蘑菇等。

2. 病原　病原菌为荧光假单胞菌（*Pseudomonas fluorescens*）或假单胞菌（*Pseudomonas* sp.）。菌落乳白色，圆形，表面光滑、有黏性，具有荧光反应。

3. 传播途径和发病条件　病原菌广泛存在于有机质、不洁净的水源和土壤中。浇水时使用了不洁净的水便会导致子实体发病。若菌袋口长期积水，原基受淹，易引发腐烂病。菇房内高温高湿也是发病的重要条件。

4. 防控方法

①用洁净水拌料，控制发菌期培养料水分。

②出菇期适当降低菇房空气湿度，加强通风，浇水时防止菌袋和菌盖积水。

③选用季节性品种，适温发菌，适温出菇。

④发病时，停止向菇床浇水，加强通风，并在菇床和菌袋上喷施硫酸链霉素，能有效减轻病害症状。

（三）平菇黄斑病

1. 症状 平菇黄斑病又名黄菇病，是由假单胞菌引起的一种平菇病害。初期在菌盖边缘出现零星黄色小斑点，斑点不断扩大使整朵菇黄化。病菇上分泌黄色水滴，同时停止生长，严重时整丛菇发病。病菇呈水渍状，稍有黏糊状菌脓，但不腐烂。黑色平菇和秀珍菇较易感染黄斑病，发病后菇休色差明显，品质下降，失去商品性。

2. 病原与发病条件 病原为托拉斯假单胞菌（*Pseudomonas tollasii* Paine），在春秋季大棚内菌袋排放量大、温度高、湿度大、通气不良时，黄斑病容易发生和流行，严重时多潮菇都发病。生料栽培比熟料栽培更易发病，一般侵害子实体。菇棚温度低于 20 ℃、相对湿度 80% 以下不易发病。

3. 防控方法

①选用抗黄斑病品种，在适宜的季节栽培。

②菇房菌袋不应密集堆垛，袋层间要有间隔，以利于气体交换和散热。

③浇水后及时开门通风。待菌盖上的积水吸收或晾干后才能关门。

④发病后及时摘除病菇，停止浇水，加强通风，在棚内喷雾二氯异氰脲酸钠和硫酸链霉素，隔 5 天后再次施用。地面喷施 3% 石灰水可有效地控制病害蔓延。

三、病毒性病害

病毒病主要危害双孢蘑菇、香菇、平菇等食用菌。在生产上发生病毒病后，子实体畸形，轻者减产，重者绝收。

（一）双孢蘑菇病毒病

1. 症状 双孢蘑菇病毒病主要有两种，一种俗称法国病，又称为水柄病、顶枯病等。症状表现为双孢蘑菇发生畸形，菌盖歪斜、菌柄粗壮。以条纹形状表现出内部组织褐变，充满水分。有时病菇菌褶发育差，颜色淡，很像硬褶病的症状。这种病症随着杂交菌株的普遍应用已经越来越少见了。另一种病称为蘑菇 X 病毒病。表现为菇床上有些区域不出菇，这些区域为圆形或不规则形状，有时还会造成出菇延迟和早期开伞。

2. 病原　该病的病原根据发现的先后顺序编号为 MV1～MV5，形状为球形或杆状。病毒直径在 20～50 纳米。

3. 发生规律　一般是多种病毒共同感染引发症状，病毒转移通过菌丝融合和孢子转移进行，菌丝体碎片从一批三次发酵堆肥转移到另一批堆肥也被认为是病毒病发生的重要因素。双孢蘑菇病毒不能以昆虫、螨虫、线虫和真菌作为传播媒介，但是蚊虫等能够传播携带病毒的双孢蘑菇孢子。

4. 防控方法

①选用无病毒的菌种，从有资质的企业和科研单位引种。

②严格消毒接种工具，接种室用过氧乙酸熏蒸能有效地杀死病毒孢子。

③发生病菇的菇房要严格消毒，可通入 70 ℃蒸汽熏蒸 2 小时以上，空闲一段时间后再使用。

④及时治病防虫，减少病毒传播途径。

（二）平菇病毒病

1. 症状　被感染后，菌丝的生长速度减慢，子实体菌柄近球形，菌盖很小或无菌盖，或只有近球形的子实体顶端保留菌盖的痕迹，后期产生裂缝，露出白色的菌肉。菌柄变扁、弯曲，表面有高低不平的瘤状突起，菌盖与菌柄上出现水渍状条斑。

2. 病原　平菇病毒是直径 24 纳米的球形病毒，为反转录型病毒，遗传物质为 RNA，外包被衣壳蛋白，该蛋白有两种组分，其分子量大小分别为 22 000u 和 44 000u。

3. 发生规律　菇场环境卫生差、使用劣质菌种易引起平菇病毒病的发生。平菇的球形病毒可以通过担孢子和菌丝的互相融合而传播。

4. 防控方法　参照双孢蘑菇病毒病防控方法。

（三）香菇病毒病

1. 症状 香菇被感染后，在菌丝生长阶段，原已长满菌丝的部分，出现无菌丝的空白斑块；子实体生长阶段，发生畸形，开伞早，菌盖薄。

2. 病原与发病规律 香菇病毒有 6～7 种，分为球形、丝状和棒状 3 大类，检出球形和丝状病毒的菌株很多，而检出棒状病毒粒子的香菇菌株较少。球形病毒含有核酸和蛋白质，直径 39 纳米，具有双链核糖核酸，丝状粒子只有蛋白质，没有核酸。病毒主要靠菌丝和孢子传播。若用带毒的菌种接种，或带毒的担孢子落到无病的菇床上，都会导致发病。

3. 防控方法 参照双孢蘑菇病毒病防控方法。

四、竞争性病害

（一）真菌

1. 木霉

（1）病原。木霉（*Trichoderma* spp.）属于半知菌亚门，丝孢纲，丝孢目，丛梗孢科，木霉属。其种类较多，主要有绿色木霉（*T. viride* Fries）、康氏木霉（*T. koningi* Oud.）、木素木霉（*T. ignorum*）等。在自然界中分布广，对各种食用菌的致病力强，不仅危害菌丝生长阶段，也危害食用菌子实体，是食用菌生产上最主要的病害之一。

（2）症状。木霉侵入后，先产生灰白色的纤细菌丝，较浓密，几天后，菌落逐渐扩展，灰白色菌落上逐渐出现淡绿色粉末状的分生孢子。随着分生孢子的数量逐渐增加以及孢子不断成熟，菌落由淡绿色变为绿色和暗绿色，粉末层加厚，扩展范围加大，培养基中的菌丝不能生长，或逐渐消失死亡，不久整箱料袋将报废。

木霉的寄主范围广，几乎能危害所有食用菌；分布范围大，危害期长，食用菌的整个栽培过程都会受到侵害；危害程度大，受其污染菌种菌袋全部报废，严重时整批食用菌绝收。

（3）传播途径和发病条件。木霉广泛分布在自然界中的朽木、枯枝落叶、土壤、有机肥、植物残体和空气中。其分生孢子随气流、水滴、昆虫等媒介而传播。木霉侵染寄主后，与寄主争夺养分和空间，还分泌毒素杀伤、杀死寄主，同时缠绕、切断寄主的菌丝。多年栽培的老菇房、带菌的工具和场所是主要的初侵染源，分生孢子在高温高湿（25～30 ℃，90%～95%）且偏酸性的环境条件下，可发生多次侵染。

（4）防控方法。

①保持场地卫生，减少病源。保持生产场地环境清洁、干燥，无废料和污染料堆积。拌料装袋车间应与无菌室隔离，防止拌料时产生的灰尘与灭过菌的菌棒接触。

②减少破袋。用于熟料栽培的菌袋要求厚度在 0.04～0.05 厘米（聚丙烯袋）和 0.06～0.065 厘米（聚乙烯袋），袋面无微孔，底部缝接密封好，装袋时应防止袋底摩擦造成破袋。

③科学调制配方，防止营养过剩。配制培养料时，尽量不加入糖分，防止培养料酸化，平衡碳氮比，防止氮源超标。

④确保接种室和接种箱清洁无菌。接种环境高度清洁，可有效地降低接种过程的污染率。接种前用二氯异氰脲酸钠熏蒸，能有效地消除木霉孢子。

⑤调温接种，恒温发菌。在人工调温的接种室内，以 20 ℃低温下接种能降低菌种受伤后因呼吸作用而上升的袋内温度，减轻因高温伤害菌丝的情况，提高菌种成活率和发菌速度；22～25 ℃恒温发菌可有效减轻由温差引起的空气流通而带入杂菌的情况。

⑥发菌期勤检查，及时拣出污染袋。发菌期多次检查发菌情况，发现污染袋应及时拣出，以减少重复污染。

2. 曲霉

（1）病原。曲霉属于半知菌亚门，丝孢纲，丝孢目，丛梗孢科，曲霉属。侵害食用菌培养基质的曲霉的种类很多，一般以黑曲霉（*Aspergillus niger* V. Tiegh）和黄曲霉（*A. flavus* Link）较多，灰绿曲霉（*A. glaucus* Link）也有发生，但危害较轻。

曲霉菌丝有隔，无色、淡色或表面凝集有色物质。分生孢子从厚壁而膨大的菌丝细胞垂直生出，顶部膨大成椭圆形或半球形，表面产生放射状的分生孢子小梗与分生孢子，分生孢子串生于小梗顶端，球形、椭圆形或卵形。孢子呈黄、绿、褐、黑等各种颜色，因而菌落也呈现各种色彩。曲霉的扩展性较木霉差，在污染料面上先后长出许多小的菌落。

（2）症状。曲霉是食用菌熟料生产发菌过程中一种主要污染菌，尤其在春夏季的多雨时期，空气湿度偏高时易产生污染。污染后在瓶口或袋壁内出现斑斑点点的绒毛状菌丝，后形成黄色或深褐色的粉末状分生孢子。曲霉孢子易黏附在瓶颈上的棉花塞上，也能在老种块上繁殖。在南方多雨地区，培养基质可周年发生曲霉污染。

（3）传播途径和发病条件。曲霉分布广泛，存在于土壤、空气及各种腐败的有机物上，分生孢子靠气流传播。曲霉对温度适应范围广，适温为 $25\sim30\ ℃$，空气相对湿度 80% 以上。嗜高温，如烟曲霉在 $45\ ℃$ 或更高温度下生长旺盛；曲霉适合生长的 pH 近中性，凡 pH 近中性的培养料容易发生；曲霉主要利用淀粉，培养料含淀粉较多或碳水化合物过多的容易发生；湿度大、通风不良的情况也容易发生。

（4）防控方法。参照木霉防控方法。

3. 青霉

（1）病原。青霉是食用菌制种和栽培过程中常见的一种杂菌，主要危害各种食用菌的菌丝生长阶段，有时候也危害子实体，另外还是食用菌贮藏期的主要病害。危害食用菌的最主要青霉是产黄青霉，属于半知菌亚门，丝孢纲，丝孢目，丛梗孢科，青霉属。青霉菌丝无色、淡色或具鲜明颜色，有分枝，具隔。分生孢子梗从菌丝上垂直生出，有横隔，顶端生有排列成帚状的分枝，分枝一次或多次，顶层为小梗，串生分生孢子。分生孢子球形或椭圆形，淡绿色。菌落灰绿色、黄绿色或青绿色，有些分泌水滴。

（2）症状。在被污染的培养料上，菌丝初期白色，形成圆形的菌落，随着分生孢子的大量产生，颜色逐渐由白转变为绿或蓝。在生长期常可见有一宽 1～2 毫米的白色边缘，菌落绒毛状，扩展较慢，有局限性。老的菌落表面常交织起来，形成一层膜状物，覆盖在料面，能隔绝料面空气，同时还分泌毒素，使食用菌菌丝体死亡。

（3）传播途径和发病条件。病菌广泛存在于土壤、肥料、植物残体及空气中。气流、昆虫、螨类和人工操作可传播病菌。温度 24～30 ℃，空气相对湿度 90％以上均有利于该菌生长、繁殖和侵染。pH 为 3.5～6 时，菌丝生长最为适宜。产黄青霉分泌的毒素能抑制菌丝生长，培养基被产黄青霉污染后报废。

（4）防控方法。参照木霉防控方法。

4. 褐色石膏霉

（1）病原。褐色石膏霉（*Papulaspora byssina*）属于半知菌亚门，丝孢纲，无孢目，无孢科。该菌有菌丝和菌核两种形态。菌丝初为白色，后渐变褐色。菌核由球形的细胞组成，组织紧密，球形或不规则，用手触及有滑石粉状感觉。

（2）症状。褐色石膏霉是草腐菌和覆土类品种的常见竞争性杂菌。发病初期培养基质表面或覆土层面上出现浓密的白色菌落。随着菌落的不断扩大，中心菌落的菌丝由白色渐转变为肉桂色，最后形成褐色粉末状的菌核。

（3）传播途径和发病条件。双孢蘑菇等草腐菌培养料在高温高湿环境、偏碱性的条件下，容易出现褐色石膏霉危害。在双孢蘑菇覆土面上易出现大片褐色石膏霉菌块，在草菇二潮菇后料面上也易发生。病菌抑制食用菌菌丝生长，推迟出菇时间，发生量大时产量受到影响。褐色粉末状的菌核在空气中传播，成为下一次侵染的病原。

（4）防控方法。

①掌握发酵料的腐熟程度，发酵后期不应加入石灰等碱性材料。

②高温期栽培时宜适当减少培养料中氮肥含量，降低料中含水量。

③以通风、避光等方式降低发菌期菇房温度。

④当菇床出现褐色石膏霉菌块时，应及时挖出病块，病块处不浇水让其干燥。待病菌消除后再浇水促菇。

5. 可变粉孢霉

（1）病原。可变粉孢霉（*Oidium variabilia*）又称棉絮状杂菌，属于半知菌亚门，丝孢纲，丛梗孢目，淡色菌科，粉孢属。菌丝无色，多分隔。分生孢子梗短、直立、不分枝，分生孢子粉粒状、囊生、橘红色。生长后期菌丝也能断裂成粉孢子。

（2）症状。可变粉孢霉易发于草腐菌发菌期和覆土期。发病初期，菌丝由培养料内经土缝向表面生长，菌丝白色，短而细，呈现出棉絮状的菌丝丛，严重时可铺满土层表面。经过一段时间，菌丝变为灰白色。到生长后期，灰白色粉状菌丝转变为橘红色颗粒状分生孢子。

（3）传播途径和发病条件。双孢蘑菇上该菌发病大多发生在秋菇覆土前后、春菇土面调水阶段。病菌在10～25℃、湿度偏高环境中生长较快。可变粉孢霉来源于粪草基质和富含有机质的土中及地表水中。未经二次发酵培养料和未经消毒处理的覆土材料是病菌的主要来源。

（4）防控方法。做好草腐菌培养料的二次发酵处理，利用堆肥高温杀灭病菌；覆土材料宜进行药剂处理。春菇调水期可用40%噻菌灵可湿性粉剂、4 000倍液喷雾菇床表面，以控制出菇期的病菌危害。

6. 根霉

（1）病原。根霉属于接合菌亚门，毛霉目，毛霉科，根霉属。危害食用菌最常见的根霉为黑根霉（*Rhizopus nigricans*）。菌丝白色透明，无横隔，在培养基内形成葡萄状。菌丝顶部膨大为孢子囊。孢子囊初为黄白色，后变为黑色，膜上有小结晶，易消融，内有许多孢囊孢子。当孢子成熟后孢囊壁破裂而释放出来。孢子形状不对称、近球形、卵形或多角形，表面有线纹，褐色或蓝灰色。有性生殖属异宗配合，通过两条可亲和的菌丝顶端接触进行接合，形成接合孢子。接合孢子球形，有粗糙的突起。

（2）症状。培养基或培养料受根霉侵染后，初期表面出现匍匐菌丝向四周蔓延，每隔一定距离，长出与基质接触的假根，通过假根从基质中吸取物质与水分。后期在基质表面 0.1～0.2 厘米高处形成圆球形的小颗粒体，即孢子囊，初形成时为灰白色或黄白色，成熟后变成黑色，整个菌落的外观，如一片林立的大头针，这是根霉污染最明显的症状。

（3）传播途径和发病条件。根霉为喜高温的竞争性杂菌。广泛分布于空气、水塘、土壤及有机残体中。孢子靠气流传播；喜高温（30 ℃生长最好）、高湿（65％以上）、偏酸（pH 为 4.0～6.5）的条件，环境菌量大是其污染的主要原因，培养物中碳水化合物过多易生长此类杂菌。

（4）防控方法。参见木霉的防控方法。

7. 毛霉

（1）病原。侵害食用菌的毛霉主要是总状毛霉（*Mucor racemosus*），又名长毛菌、黑色面包霉，属于接合菌亚门，毛霉目，毛霉科。毛霉菌丝发达，白色透明，无横隔，棉絮状，分为潜生的营养菌丝和气生的匍匐菌丝。孢子梗从气生菌丝上生出，粗壮、不分枝、顶端膨大形成一个球状的孢子囊，孢子囊初期无色，后为灰褐色，囊壁破裂，成熟孢子释放。孢囊孢子椭圆形、壁薄、淡黄色，单胞。结合孢子从菌丝生出。

（2）症状。毛霉是夏秋季侵染食用菌培养料的高温性杂菌。在受污染的培养料上，初期长出灰白色粗壮稀疏的气生棉絮状菌丝。其生长速度明显快于食用菌的菌丝生长。后期气生菌丝顶端形成许多圆形小颗粒体，即孢子囊，初为黄白色，后变为灰色、棕色或黑色。

（3）传播途径和发病条件。毛霉能生长于各种有机质上，高温高湿时生长迅速，发生率高。主要危害菇床，对老熟的子实体亦有危害。毛霉广泛存在于土壤、空气、粪便、陈旧稻草及堆肥上。对环境的适应性强，生长迅速，产生孢子数量多，孢子靠气流或水滴等媒介传播。毛霉在潮湿的条件下生长迅速，在菌种生产中如果棉花塞受潮，接种后培养室的湿度过高，很容易发生毛霉。

（4）防控方法。参照木霉和曲霉防控方法。

8. 脉孢霉

（1）病原。主要种类为好食脉孢霉（*Neurospora sitophila*），又叫链孢霉（无性阶段）、红色面包霉，属于子囊菌亚门，粪壳菌纲，粪壳菌亚纲，粪壳菌目，粪壳菌科。分生孢子梗直接从菌丝上长出，梗顶端形成分生孢子，以芽生方式形成长链，链可分枝，分生孢子链外观为念珠状。分生孢子卵圆形或球形，无色或淡色。菌丝初为白色或灰色，绒状，匍匐生长，分枝，具隔膜，后逐渐变成粉红色，并在菌丝上层产生粉红色粉末。

（2）症状。培养料受链孢霉污染后，其菌丝生长很快，并长出分生孢子，在培养料表面形成橙红色或粉红色的霉层，即分生孢子堆。特别是棉塞受潮或塑料袋有破洞时，橙红色的分生孢子堆呈团状或球状长在棉塞外面或塑料袋外，稍受震动，便被激发到空气中到处传播。高温季节生产的香菇、平菇、茶树菇、金针菇等菌袋极易遭受链孢霉侵染危害。

（3）传播途径和发病条件。链孢霉菌丝在 4～44 ℃均能生长，25～36 ℃生长最快，4 ℃以下停止生长，4～24 ℃生长缓慢。在31～40 ℃条件下，只需要 8 小时菌丝就能长满整个斜面。孢子在15～30 ℃萌发率最高，低于 10 ℃萌发率低。培养料含水量在 60%左右适合食用菌生长的同时也有利于链孢霉的生长，特别是棉塞受潮时，能透过棉塞迅速伸入瓶内，并在棉塞上形成粉红色的孢子团。含水量低于 40%或高于 80%都对链孢霉有抑制作用。培养基pH 在 3.0～9.0 范围内生长，最适于生长的 pH 范围为 5.0～7.5。同时链孢霉属好气性的微生物，氧气充足时分生孢子形成快，无氧或缺氧时菌丝不能生长，孢子不能形成。

（4）防控方法。参照木霉防控方法。

9. 鬼伞

（1）病原。侵害食用菌的鬼伞主要有墨汁鬼伞（*Coprinus atramentarius*）和粪鬼伞（*Coprinus sterqulinus*）。属于担子菌类，伞菌纲，伞菌目，伞菌科。鬼伞菌丝白色，子实体早期白色，很快变黑并液化。

（2）症状。鬼伞是夏季高温期发生于草菇类培养料上的竞争性杂菌。在双孢蘑菇、草菇、鸡腿菇、大球盖菇，甚至在平菇棉籽壳培养料内都可长出鬼伞。鬼伞菌丝稀疏，在鬼伞生长的菇床表层见不到菌丝，可见到一簇簇的鬼伞菇体从中冒出，很快成熟开伞并流出黑汁。

（3）传播途径和发病条件。鬼伞在自然界中广泛分布，孢子和菇体生存于秸秆和厩肥上，由空气、水流和培养料带菌造成危害。鬼伞喜高温高湿，在 20～40 ℃生长迅速，20 ℃以下发生较少。菌丝在 pH 为 4.0～10.0 时均能生长。培养料氮肥含量偏多会促进鬼伞菌丝生长。堆料发酵不透或氨气较多，堆肥在发酵期间受到暴雨淋湿后，料温下降，都会造成鬼伞暴发。

（4）防控方法。选用新鲜未霉变的培养料，在高温期发酵时加强通气，防止雨淋，减少氮肥使用量，培养料发生鬼伞时，应在其开伞前及时拔除，防止孢子传播引发再次侵染。

（二）细菌

1. 症状　污染食用菌培养料的细菌种类很多，细菌污染后培养料表现为水渍、湿斑、酸败、湿腐、黏液和腐烂等症状，闻之有酸臭味。细菌繁殖所产生的毒素强烈抑制菌丝萌发和生长，在生产中常因细菌污染导致大量菌种和培养料报废。

2. 病原　细菌属于原核生物界，单细胞，细胞核无核膜，有球形、杆形和螺旋形 3 种基本形状。有些杆菌在细胞内能形成圆形或椭圆形的无性休眠体结构，称为芽孢。芽孢壁厚，耐高温、耐干燥、抗逆性极强。对食用菌有危害的较为常见的细菌种类有枯草芽孢杆菌、蜡样芽孢杆菌、假单胞菌、黄单胞菌和欧文氏菌等。

3. 传播途径和发病条件 细菌广泛分布于自然界中，在食用菌培养基质、地表水、土壤和空气中都有其芽孢和菌体存在。芽孢较耐高温，常因高压灭菌不彻底、灭菌温度不够或灭菌时间不足，接种后细菌再次生长。发菌期菇房卫生条件差、菇房通气不良、湿度偏大时都会诱发细菌的污染。

4. 防控方法

①培养基灭菌完全，彻底杀灭培养基中的一切生物，防止高压锅漏气或产生死角，规范灭菌程序。

②母种或原种必须纯种培养，不用带有杂菌的菌种转管。

③发菌室保持干燥通风，清空菇房后消毒熏蒸。

④低温期培养料应放入塑料大棚内堆置发酵，利用阳光升温和保温。在料中加入2％的石灰用以抑制发酵期间细菌繁殖。

第四节　非侵染性病害

非侵染性病害又叫非生物性病害，许多非生物性原因引起的病害症状与生物原因引起的病害症状非常相似，随着人们认识的深入，目前发现的非生物性病害，也有可能在将来被证实是由其他生物性因素引起的。目前一般研究认为，食用菌的非侵染性病害主要是由不适宜的栽培环境条件或不适当的栽培措施所引起，如培养料的营养比例、含水量、pH、空气相对湿度、光线、二氧化碳等出现极端性不合理情况时，致使食用菌产生生理障碍，出现多种变态、菌丝生长不好、子实体畸形或萎缩，质量降低、产量下降。由于非侵染性病害不存在致病菌，这类病害不会传染。非侵染性病害一般不会成为食用菌减产的常见原因，但有时也非常重要。其发生特点是一般没有规律，难以预测，很多只发生一次，即使尽可能精确地模拟发生病害时的条件，在实验中也难以复制其症状。

一、菇体畸形

菇体畸形是指菇体在成长过程中受到不良环境的影响后形状异

常。如双孢蘑菇长成各种畸形菇，从瘤状突起到子实体形状尚可辨认，但是菌盖却形状奇怪，个别子实体还可能融合成一体。早期形成的第一潮菇通常形状不完整或多个子实体融合在一起，这可能是因为子实体形成的条件不适宜引起的。

除双孢蘑菇之外的其他类型食用菌菌体畸形也很常见，如平菇在二氧化碳含量过高的状况下会长出团状的菜花型的块菌，改善通气条件时，又可从团状的原基中分化出完整的菌盖和菌柄，恢复正常生长。金针菇在坑道内栽培，在坑道缺氧、二氧化碳浓度较高的情况下，只长成尖头状的纤细绒毛。工厂化栽培的杏鲍菇，在较高的二氧化碳浓度下，不易分化菌盖或菌盖上出现瘤状突起物，影响其商品性。草菇在出菇阶段，如把薄膜直接盖在菇体上会引起菇体无菌盖现象。香菇原基在菌袋内生长，受到薄膜挤压会造成畸形，覆土栽培的品种，如双孢蘑菇、大球盖菇等的菇蕾被过大过硬土粒压迫，都易使菇体出现畸形。猴头菇、真姬菇在缺氧状况下也易出现畸形现象。

防控方法：

①出菇棚内的出菇袋数不应过多，棚顶和两侧宜安装通气扇，定时换气。掌握不同品种对二氧化碳浓度的适应值，有条件的菇房应配备二氧化碳控制箱，防止缺氧造成菇体畸形。

②一旦发现畸形菇，立即改善通气状况，使之尽早恢复正常生长。畸形严重的原基应尽早摘除，让其重新分化生长出正常的菇体。冬季加温时应在菇房外烧炉子，再用暖气管送暖气至室内，防止室内直接烧煤炉消耗氧气，增加一氧化碳和二氧化碳含量，造成菇体中毒，变色畸形。

二、菇蕾病害

这种病害主要发生在双孢蘑菇等覆土种类中，有多种不同的表现形式。

①菌被。当双孢蘑菇菌丝体长透覆土时，在覆土表面看起来好像盖着一张垫子，这种症状被称为菌被，这种菌丝体生长也叫角

变，一般在发菌后覆土之前的堆肥表面可见，危害不大，不用担心。

②冒菌丝。是指菌丝体外观无异常，但覆土表面形成一层白色覆盖物，严重时可能不透水，从而阻碍出菇。致病的原因是环境因素相互作用，包括覆土温度、二氧化碳浓度、覆土表面蒸发量、覆土菌种过多或覆土中持有的水分过多。适宜的覆土深度十分重要，覆土太薄时菌丝体很快会长到表面，容易发生慢性冒菌丝。

③菇蕾丛生。这种病害特征是形成异常多的菇蕾，结果是产生很多小双孢蘑菇，在极端情况下没有一个菇蕾能发育成大双孢蘑菇，这是因为菇蕾发育成部分分化的一层双孢蘑菇组织，阻碍了子实体的正常生长。

三、菌丝徒长

在菇房（床）湿度过大和通风不良的条件下，菌丝在覆土表面或培养料面生长过旺，形成一层致密的不透水的菌被，推迟出菇或出菇稀少，造成减产。菌丝徒长还与菌种有关，在母种分离过程中，气生菌丝挑起过多，常使原种和栽培种产生结块现象，出现菌丝徒长。

防控方法：在移接母种时，注意用半气生半基内菌丝的菌种接种。土层调水不宜过频，应在早晨或晚上气温较低时喷水，并加大通风量。出现菌丝徒长时，及时移除徒长的菌丝体，加大菇房通风量，降低空气相对湿度，抑制菌丝徒长，并用喷重水、加大通风的方法促使菌丝体扭结，形成子实体。

四、着色症

有些品种受不良环境因素刺激后，菇体表现出变色症状。如平菇子实体生长过程中，受到一些农药刺激后，菌盖变成黄色或呈现黄色斑点。当平菇吸收了煤炉加温时产生的二氧化碳，菌盖上会出现蓝色条纹或蓝色斑点。双孢蘑菇子实体被覆土中含有铁锈的水滴溅上后会产生铁锈色斑。猴头菇在较强的光线照射下，菇体呈现粉红颜色。杏鲍菇菌盖在水分偏多的情况下会出现水渍状条纹。

防控方法：

①不宜用煤炉在出菇房内加温，应用管道送热蒸汽的形式增温。

②在出菇期不宜施用农药。

③在阴雨天菇房不宜浇水。

④猴头菇在出菇期应避免强光照，防止菇体变色。

五、空根白心

空根白心主要发生在双孢蘑菇、巴西蘑菇和大球盖菇上，表现为菌柄部分中空，在一个实心周围通常有一个环形空腔，空腔可从菌柄基部延伸到菌盖。极端情况下中空菌柄的切面可能开裂，向后卷曲。当温度 18 ℃以上和喷水少导致菇房空气相对湿度在 90％以下时，薄土层的粗粒水分偏少，形成下湿上干，菌盖表面水分蒸发量大，菌柄中由于缺水会产生空根白心现象。

防控方法：温度过高时，在夜间或早、晚应通风降温。出菇时调足水分，使粗大土粒含水量达到 20％～22％；每采收一潮菇后，应喷一次重水，使粗土粒在整个秋菇盛产期能够不断得到水分补充；子实体生长期间，菇房相对空气湿度应保持在 90％。

第五节　食用菌常见与重要害虫种类

食用菌害虫主要包括昆虫纲中的双翅目、鞘翅目、鳞翅目、等翅目、缨翅目、革翅目、半翅目、直翅目等害虫，其中以双翅目害虫数量最多，危害最重。有害螨类虽然不属于昆虫纲，但与昆虫纲关系亲近，且危害特征、防控方法与有害昆虫类似，故也将其归入害虫之内。除此之外，线虫及少数其他有害动物有时也会对食用菌造成一定危害，也被归为食用菌害虫范畴。

一、双翅目害虫

双翅目害虫有 11 个科与食用菌生产关系密切，多数为害虫，是食用菌虫害中最重要的一大类。这类害虫在形态上的主要特征是体小至中型，口器为刺吸式，具膜质前翅一对，后翅退化成平衡棒状。幼虫为无足型，蛹多为圆形蛹。

（一）菌蚊科

1. 多菌蚊　属于双翅目，长角亚目，菌蚊科，多菌蚊属，俗称菇蚊或菇蛆。该属有古田山多菌蚊（*Docosia gutiuushana*）和中华多菌蚊（*Docosia sinensis*）。以古田山多菌蚊较为常见。

（1）形态特征。

①成虫。体长 3.5～4.5 毫米，翅与腹部等长，头嵌入胸末，不凸起，单眼通常远离眼眶，眼后无鬃毛，前胸背板上具稀疏刚毛。口器通常短于头部，细长，翅膜具不规则排列的微毛，长毛消失，细胫毛不规则排列，中背片光秃。侧背片光秃，后基节近基部具许多后侧毛，后光秃至顶。

②卵。卵通常椭圆形，乳白色。幼虫借助于一个几丁质结构的小助卵器破壳。

③幼虫。通常细长，体长达 4～6 毫米。体白色，有一明显的黑色头囊。头囊密闭，不可伸缩，上颚相对，处同一平面上。

④蛹。大多在室内化蛹，有茧或无茧，一般在附近有食用菌的土壤里、黑暗中进行，有时会在疏松的茧里化蛹。蛹期十分短。

（2）危害症状。多菌蚊是食用菌栽培中最重要的害虫之一。其幼虫直接危害食用菌菌丝和菇体，如双孢蘑菇、巴西蘑菇、茶树菇、杏鲍菇、白灵菇、金针菇、秀珍菇、灰树花、毛木耳、黑木耳、银耳和平菇等。多菌蚊尤其喜食秀珍菇菌丝、钻蛀其幼嫩菇体，造成菇蕾萎缩死亡。幼虫危害茶树菇、金针菇、灰树花时常从菌柄基部蛀入，在菌柄中咬食菇肉，造成断柄或倒伏。幼虫咬食毛木耳、黑木耳、银耳耳片，导致耳基变黑黏糊，引起流耳和杂菌感染。成虫体上常携带螨虫和病菌，随着虫体活动而传播，造成多种病虫同时发生危害，严重危害食用菌产量和质量。

（3）生活习性。多菌蚊适宜于中低温环境下生活。在温度0～26℃都能完成正常的生活周期，以15～25℃为活跃期。成虫喜欢在袋口上及菇床上飞行交尾，适温下成虫寿命较长，可达3～5天。在食源丰富、温度适宜的条件下，成虫可产卵达100～250粒。每年的10～12月、3～6月是多菌蚊的繁殖高峰期。当温度在10～22℃时，卵期5～7天；温度在18～26℃时，卵期3～5天，孵化期7～10天。幼虫4～5龄，幼虫期10～15天，初孵化的幼虫丝状，群集于水分较多的腐烂料内。随虫龄增长边取食边向料内、菇体内钻蛀。老熟幼虫爬出料面，在袋边或菇脚处结茧化蛹，以蛹的形式越夏。冬季大棚内幼虫正常取食，无明显的越冬期。

（4）防控方法。

①合理选择栽培季节与场地。选择不利于多菌蚊生活的季节和场地栽培。在多菌蚊多发地区，把出菇期与多菌蚊的活动期错开，同时选择清洁干燥、向阳的栽培场所。栽培场周围50米范围内避免水塘、积水、腐烂堆积物等容易滋生多菌蚊的环境，这样可有效地减少多菌蚊寄宿场所，减少虫源也就降低了危害程度。

②通过多品种轮作来切断多菌蚊食源。在多菌蚊的高发期10～12月和3～6月，选用多菌蚊不喜欢取食的食用菌栽培出菇，如香菇、鲍鱼菇、猴头菇等。用此方法栽培两个季节，可使该区域虫源减少或消失。

③减少发菌期多菌蚊繁殖量。生料栽培或栽培容易感染多菌蚊的品种，可以对培养料进行药剂处理。播种前向料面喷施菇净药液或除虫脲，可驱避发菌期成虫产卵和消灭料内幼虫，在覆土后结合喷施调菇水再用菇净喷雾，可防治出菇期多种害虫的繁殖危害。

④物理防控诱杀成虫。在成虫羽化期，菇房上空悬挂黄光杀虫灯，每隔10米挂一盏灯。晚间开灯，早上熄灭，可以诱杀大量的成虫，有效减少害虫数量。在无电源的菇棚可将黄色粘虫板悬挂于菌袋上方，待黄板上粘满成虫后再换上新的虫板使用。

⑤对症下药。如果预防措施失败导致多菌蚊发生严重，尤其是

在出菇期时，要通过喷洒药剂的方法来消除虫害，减少损失。发现料面有少量成虫时，在喷药前将食用菌全部采收，并停浇水一天。如遇成虫羽化期，要多次用药，直到羽化期结束，选择击倒力强的药剂，如菇净、氧氟菊酯、高效氯氰菊酯、苏云金杆菌等低毒农药，整个菇场要喷透、喷匀。

⑥推广熟料栽培。推广熟料栽培以减少发菌期虫源，提高产品安全性。

2. 中华新蕈蚊 中华新蕈蚊（*Neoempheria sinica* Wu et Yang），属于双翅目，菌蚊科。

（1）形态特征。

①成虫。黄褐色，体长 5～6.5 毫米。头部黄色，触角中间到头后部有一条深褐色纵带穿过单眼中间，单眼 2 个，复眼大，紧靠复眼后缘各有一前宽后窄的褐斑。触角长，鞭节 14 节。下颚须褐色，3 节。胸部发达，背板多毛并有 4 条深褐色纵带，中间两条较长，呈 V 形。前翅长 5 毫米、宽 1.4 毫米，其上有褐斑。足细长，胫节末端有一对距。腹部 9 节，1～5 节背板后端均有深褐色横带，中部连有深褐色纵带。

②卵。椭圆形，顶端尖，背面凹凸不平，腹面光滑。

③幼虫。初孵时体长 1～1.3 毫米，老熟时 10～16 毫米。头壳黄色，胸和腹部淡黄色，共 12 节，气门线深色波状。

④蛹。体长 5.1 毫米、宽 1.9 毫米。最初蛹乳白色，后渐变淡褐色至深褐色。

（2）危害症状。中华新蕈蚊主要危害覆土类食用菌，其卵、幼虫、蛹主要随培养料或覆土进入菇床，成虫直接飞入菇房繁殖产卵。成虫不直接危害食用菌，但常携带病菌和线虫、螨类出入菇房。幼虫危害食用菌的菌丝体和子实体，多爬行于菌丝之间咬食菌丝，使菌丝减少，培养料变黑、松散、下陷，造成出菇困难。出菇以后，幼虫从菌柄基部蛀入取食，并蛀到菇体内部，形成孔洞和隧道，以原基和幼菇受害最为严重。虫口数量大的部位，幼菇发育受到抑制，被害菇变褐后呈革质状，或群集蛀空菌柄使被害菇变软呈海绵状，最后腐烂。

（3）生活习性。中华新蕈蚊成虫的盛发期在3～4月和10～11月，有很强的趋腐性和趋光性。成虫的卵多数产在培养料缝隙表面和覆土上，很少产在菇体上。幼虫喜在15～28 ℃的温度下活动。老熟幼虫多在土层缝隙或培养料中做室化蛹。中华新蕈蚊食性杂，喜腐殖质，常聚集居住在不洁净之处，如垃圾、废料、死菇和菇根上。

（4）防控方法。

①注意在培养料二次发酵时防控，高温杀虫；封闭发菌，适当缩短出菇期。

②搞好菇房内外卫生，栽培场远离污物堆积场所，及时清除食用菌废料，采取高温或药剂熏蒸杀灭菇房中的残存虫源。

③药物防治参照多菌蚊防治方法。

（二）眼蕈蚊科

1. 平菇厉眼蕈蚊　平菇厉眼蕈蚊（*Lycoriella pleuroti* Yang et Zhang），属于眼蕈蚊科，厉眼蕈蚊属的一种昆虫。

（1）形态特征。

①成虫。雄虫体长约3.3毫米，暗褐色。触角16节，第四节长为宽的2.5倍，腹部末节尾器尖锐细长。雌虫体长3.3～4毫米，腹末一对尾须端节近似圆形。

②卵。淡黄色，椭圆近圆形。

③幼虫。体长4.6～5.5毫米，头黑色，胸及腹部乳白色。

④蛹。长2.4～3毫米，化蛹初期乳白色，渐变为淡黄色，羽化前为褐色至黑色。

（2）危害症状。平菇厉眼蕈蚊主要危害双孢蘑菇、平菇、香菇、凤尾菇、杏鲍菇、金针菇、茶树菇、银耳、毛木耳等多种食用菌。幼虫喜食食用菌菌丝体、子实体原基，破坏菌袋、菌棒，也危害菌种、培养料。成虫具有趋光性，喜食腐殖质，常在菇房培养料上爬行、交配和产卵。

（3）生活习性。该虫在大部分地区可周年发生危害，无越冬期。在北方地区菇房内的虫害高峰期集中在春季和初夏，露天栽培场高峰期在 5～6 月。在上海地区，该虫在菇房及野外能以各种虫态越冬。18～22 ℃时完成 1 代只需 21 天。适温下的单雌产卵 75～120 粒。蛹的腹部多灰黄色、体液化。干燥时卵经 0.5～1 天皱缩干瘪，幼虫经 3 小时死亡率高达 60%以上。

（4）防控方法。参照多菌蚊防控方法。

2. 闽菇迟眼蕈蚊　闽菇迟眼蕈蚊（*Bradysia minpleuroti* Yang et Zhang），又称为黄足菌蚊。

（1）形态特征。

①成虫。雄虫体长 2.7～3.2 毫米，暗褐色，头部色较深，复眼有毛，触角褐色，长 1.2～1.3 毫米。下颚须基节较粗，有感觉窝，有毛 7 根，中节较短，有毛 7 根，端部细长毛 8 根。胸部黑褐色，翅淡烟色，长 1.8～2.2 毫米、宽 0.8～0.9 毫米，平衡棒淡黄色，有斜列小毛。足的基节和腿节污黄色，转节黄褐色，胫节和跗节暗褐色，前足基节长 0.4 毫米，腿节与胫节长各为 0.6 毫米。爪有齿 2 个。腹部暗褐色，尾器基节宽大，基毛小而密，中毛分开不连接，端节小，末端较细，内弯，有 3 根粗刺。雌虫较大，体长 3.4～3.6 毫米；触角较雄虫短，长 1 毫米；翅长 2.8 毫米，宽 1 毫米；腹部粗大，端部细长，阴道叉褐色，细长略弯，叉柄斜突。

②卵。椭圆形，长 0.24 毫米、宽 0.16 毫米。初期淡黄色，半透明，后期白色透明。

③幼虫。初孵化体长 0.6 毫米，老熟幼虫 6～8 毫米。体乳白色，头部黑色，圆筒形。

④蛹。在薄茧内化蛹。蛹长 3～3.5 毫米，初期乳白色，后期黑色。

（2）危害症状。闽菇迟眼蕈蚊主要侵害南方地区秋冬季毛木耳、凤尾菇、双孢蘑菇等。幼虫咬食菌丝、原基和菇体，食用菌被害后造成退菌、原基消失、菇蕾萎缩、缺刻和菇体孔洞等危害状。被害部位呈糊状，颜色变黑，菇质呈现黏糊状，继而感染各种病菌，造成菌袋污染报废。

（3）生活习性。闽菇迟眼蕈蚊在福建漳州、龙海、莆田等地发生多，危害大。温度低于13℃时，幼虫活动缓慢。温度在16～26℃时幼虫大量取食和繁殖。幼虫期10～15天、蛹期4～5天、成虫3～4天、卵期6～7天，每只成虫产卵量为100～300粒，以蛹或卵的形式越夏，以蛹或幼虫的形式越冬。每年发生2～3代。

（4）防控方法。参照多菌蚊防控方法。

（三）瘿蚊科

瘿蚊科的害虫主要包括真菌瘿蚊（*Mycophila fungicola*）和晃翅瘿蚊（*Heteropera pygmaen*）两种，以真菌瘿蚊为常见种。真菌瘿蚊属于长角亚目，瘿蚊科，菌瘿蚊属。

1. 形态特征

①成虫。成虫似细小家蝇，成虫雌虫体长1.1毫米左右，雄虫体长0.8毫米左右；头和胸均深褐色，其他部位灰褐色或橘红色；触角细长，念珠状，11节；腹部可见8节。足细长，基节短，有4～5根纵脉。

②卵。长圆锤形。长0.23～0.26毫米，初产时呈乳白色，以后慢慢变为橘黄色。

③幼虫。幼虫呈纺锤形蛆状，有性繁殖孵化的幼虫，体长0.2～0.3毫米，白色；无性繁殖破壳而生的幼虫长1.3～1.46毫米，淡黄色；老熟幼虫体长3毫米，橘红色或淡黄色，无足，在中胸腹面有一个端部分叉的红褐色或黑色的剑骨。

④蛹。蛹倒漏斗形，前端白色，半透明，后端腹部橘红色或淡黄色，蛹长1.3～1.6毫米。头顶2根毛，随着时间延长，蛹的复眼和翅芽转为黑色。

2. 危害症状 该害虫常群集危害。可危害菌丝和子实体。幼虫在培养料表面呈橘红色虫团，成虫和幼虫都具趋光性，光线强的料面虫口密度大。危害子实体时，多聚集在菌柄基部，从基部钻入菇体。发生严重时，覆盖的薄膜水珠处、料面和菌柄基部表面甚至菌盖上都可出现橘红色虫群。

3. 生活习性 在5～25℃期间以幼体繁殖，3～5天繁殖一代，每只雌虫产 20 多条幼虫，虫体多时，结成球状，以保护其生存待环境适合时球体瓦解，存活的幼虫继续繁殖。幼虫喜潮湿环境，虫体可用自身卷曲的弹力向远处迁移。5 ℃以下幼虫在培养料中越冬。30 ℃以上以蛹越夏。

4. 防控方法

①首先要做好菇房使用前的清洁、灭虫和防虫处理，以杜绝虫源。

②双孢蘑菇培养料宜进行二次发酵，杀死培养料中的虫卵，减少出菇期的虫源。平菇栽培尽量用熟料。

③发菌场所保持适当的低温和干燥。

④在常年发生危害的老菇房内栽培双孢蘑菇，培养料和覆土材料需预先拌药处理。

⑤发生时可在采净菇后，吸干幼虫聚集处的水珠后撒少量石灰粉将幼虫杀死。

⑥采净菇后，使菇体表面干燥，可使幼虫干燥而死。

(四) 蚤蝇科

危害食用菌的蚤蝇种类主要包括白翅型蚤蝇（*Megaselia* sp.）、蘑菇蚍蚤蝇（*Puliciphora fungicola* Yang et Wang）、黔蚍蚤蝇（*Puliciphora gianana* Yang et Wang）、黑蚤蝇（*Megaselia nigra*）、菇蚤蝇（*M. agarica*）、普通蚤蝇（*M. halterata*）、灰菌球蚤蝇（*M. barista*）、黄脉蚤蝇（*M. flavinervis*）和短脉异蚤蝇（*M. curtineura*）等，其中短脉异蚤蝇是高温期的主要害虫。

1. 形态特征

①成虫。体长 1.1～1.8 毫米，雌成虫一般比雄成虫稍大，体黑色或黑褐色。头、胸、腹、平衡棍黑色。足、下颚须土黄色。复眼深黑色，馒头型，两复眼无接触。触角 3 节，基部膨大呈纺锤形，触角芒长。胸部大，中胸背板大，向上隆起呈驼背形。翅透明，翅长过腹，翅脉前缘基部 3 条粗壮中脉，其他脉细弱。腹部 8 节，圆筒形，除末节外，各节几乎等粗，末节有 2 个尾状突。足基节、腿节粗肥，各节密布微毛。

②卵。圆至椭圆形，白色，表面光滑。

③幼虫。蛆形，无足，体长2～4毫米，无明显头部，体有11节痕，乳白至蜡黄色，前端狭、后端宽，体壁多有小突起。

④蛹。围蛹，长椭圆状，两端细，黄色至土黄色，腹面平而背面隆起。

2. 危害症状　中高温期主要以幼虫咬食食用菌菌丝和菇体造成危害。平菇和秀珍菇在发菌期极易遭受幼虫蛀食，菌袋内菌丝被蛀食一空，只剩下黑色的培养基，使整个菌袋报废。蚤蝇只蛀食新鲜的富含营养的菌丝，老化菇的菌丝或菇体未发现被害现象。幼虫蛀食菇体形成孔洞和隧道，使菇体萎缩、干枯失水而死亡。

3. 生活习性　短脉异蚤蝇耐高温，气温15～35℃的3～11月为其活动期，尤其在夏秋季5～10月进入危害高峰期。在大棚保温设施条件下，春季3月中旬、棚内温度15℃以上时，开始出现第一代成虫，成虫体小、隐蔽性强，往往进入暴发期后才被发现。成虫不善飞行，但活动迅速，善于跳跃，在袋口上产卵，7～10天后幼虫孵化出，幼虫钻蛀到菌袋内咬食菌丝。第二代成虫在4～5月产卵。到第三代以后出现世代重叠现象。在15～25℃，35～40天繁殖一代；在30～35℃，20～25天繁殖一代。幼虫期7～10天，老熟幼虫钻出袋口，在培养基表面和菌柄上化蛹，蛹期5～7天，成虫期5～8天，卵期3～4天。1月后以蛹在土缝和菌袋中越冬。高温平菇、草菇、双孢蘑菇和鸡腿菇等是短脉异蚤蝇的取食对象，尤其是平菇，在开袋后遭短脉异蚤蝇危害，只长第一潮菇。

4. 防控方法

①搞好菇房、菇场内外的环境卫生，清除废料，菇床上每采收完一潮菇后要及时清除残存在菇床上的死菇、烂菇及菇根，以免成虫产卵。

②培养料进行高温堆制和二次发酵处理，杀死其中的卵及幼虫和蛹。

③菇房应安装纱门、纱窗，防止成虫进入。

④根据成虫有趋光性和趋化性的特点可进行药物诱杀，并保持菇房暗光条件。

（五）果蝇科

果蝇科主要害虫种类是黑腹果蝇（*Drosophila melanogaster*），黑腹果蝇属于双翅目，果蝇科，原产于热带或亚热带。

1. 形态特征

①成虫。黄褐色，体型小。头部复眼大，单眼3个，触角芒状，复眼有红色和白色两种，是同种果蝇的两个变种。胸部翅1对。腹部末有黑色环纹5～7节。雌成虫腹部末端尖细，颜色较浅，有黑色环纹7节。雌成虫的跗节前端表面无黑色鬃毛梳。交尾后的雌虫产卵在菇床或子实体上。

②卵。乳白色，长约0.5毫米，外面有由细胞组成的角形小格卵壳，卵壳背面前端具一对触丝。

③幼虫。蛆状，体小，老熟幼虫体长4毫米左右。无胸足及腹足，白色至乳白色。

④蛹。围蛹，初期为白色而软化，后渐硬化，变为黄褐色。

2. 危害症状 幼虫取食毛木耳及黑木耳的子实体。耳片被蛀食后常引起烂耳或子实体萎缩。由于耳片腐烂胶化，使培养料（菌块）呈水湿状腐烂，导致细菌的大量发生继而发生细菌性腐烂。

3. 生活习性 黑腹果蝇生活史短，繁殖率高，每年可繁殖多代，适温范围广，10～30℃成虫都能产卵和繁殖。30℃以上，成虫不育或死亡。以20～25℃适宜生活，在此温度范围完成1代只需12～15天。10℃时从幼虫到成虫需57天，20℃时只需6～7天。

4. 防控方法

①根据成虫喜欢在烂果、发酵料上取食和产卵的特性，在菇房出现成虫时，取一些烂果或酒糟放在盆内，倒入低毒、无药害杀虫剂药液诱杀成虫。

②参照蚤蝇防控方法，其中诱杀药液的调制可用酒1份、红糖

2份、醋3份及水4份。

(六) 蝇科

蝇科的害虫主要是厩腐蝇［*Muscina stabulans*（Fallen）］。

1. 形态特征

①成虫。成虫体长为6～9毫米，暗灰色，复眼褐色，下颚须橙色；触角芒长羽状；胸黑色，背板具黑色纵带4条，中间两条较明显，两侧两条有时呈间断状，小盾片末端略带红色，前胸基腹片、侧板中央凹陷，无毛，翅前缘刺短，翅脉末端向前略呈弧形弯曲，后足腿节端半部腹面黄棕色。

②幼虫。幼虫体形蛆状，较大，成长幼虫体长8～12毫米，白色，头部尖，尾端截形，头部口钩黑，老熟幼虫体色淡黄白色，腹端的后气门黑色，气门开口一龄幼虫为1裂，二龄幼虫为2裂，三龄幼虫为3裂并扭曲呈三叉排列。

2. 危害症状　厩腐蝇以幼虫危害，并有群居危害特征，取食平菇的子实体和培养料及菌丝。发菌阶段培养料中幼虫发生多时，被害培养料变湿易引起杂菌污染，平菇菌丝生长不好。出菇期发生危害使菇体枯死、腐烂，严重时造成绝收。

3. 生活习性　成虫主要在菜窖、牲畜棚或废窑洞、旧菇房等处越冬，开春后气温回升时开始活动，5～7月为危害高峰，入伏后高温情况下虫量下降，秋凉季节又回升。成虫不喜欢强光，但对糖醋酒液有趋性，成虫多产卵在发酵培养料的表面，出菇期可产卵在子实体基部或料袋的表面，成虫产卵一般十几粒或几十粒堆产，产出的卵经24小时左右即可孵化，幼虫期10～12天，蛹期5～7天，在15.6～25.8℃、相对湿度63%～88%的条件下，完成一个世代需18天左右。

4. 防控方法

①菇房的门窗及通风孔洞安装尼龙纱网防止成虫飞进菇房产卵。

②搞好菇房及周围的环境卫生以减少虫源，菇房内经常撒石灰或喷洒杀虫药剂。

③菇房、菇场远离牲畜棚栏。

④菇房内放糖醋酒液诱杀盆，用酒 0.5 份、水 2 份、红糖 3 份、醋 3.5 份，诱杀成虫。

⑤发现培养料变湿、有幼虫危害时，可在潮湿料上洒少许低毒、无药害杀虫剂以杀死幼虫，撒上石灰粉吸湿也有一定的控制作用。

二、鞘翅目害虫

鞘翅目昆虫通称甲虫，属于有翅亚纲、全变态类。它们的共同特征是有一对鞘翅。该目昆虫的其他形态特征包括：复眼发达，常无单眼；触角形状多变；体壁坚硬，前翅质地坚硬、角质化形成鞘翅，静置时在背中央相遇成一直线，后翅膜质通常纵横叠于鞘甲壳虫翅下；成虫、幼虫均为咀嚼式口器；幼虫多为寡足型，胸足通常发达，腹足退化；蛹为离蛹；卵多为圆形或圆球形。危害食用菌的鞘翅目害虫有黄凹蕈甲、桑天牛、拟步行虫、隐翅甲虫等多种，它们分布在拟步甲科、露尾甲科、扁甲科、谷盗科、窃蠹科、花蚤科、隐翅甲科、吉丁甲科、大蕈甲科等。

（一）拟步甲科

拟步甲科食用菌害虫主要是黑光伪步甲（*Ceropria induta* Booth et Cox），黑光伪步甲又称拟步行虫、鱼儿虫或黑壳子虫。属于鞘翅目，拟步甲科。

1. 形态特征 成虫黑色，有光泽，体椭圆形，眼内凹，肾形。前胸背过于长，密布粗大刻点，前缘稍内凹，后缘略凸出。腹板前缘密生短棕褐色毛 1 排。小盾片近似等腰三角形。3 对足几乎等长，腿节均有小刻点，胫节和跗节密生褐色毛，爪 1 对。腹部 5 节，幼虫长 14～16 毫米，体宽 1.8～2.0 毫米，体壁坚硬，体背面呈棕褐色，腹部浅褐色，头部棕褐色，上颚黑褐色，腹部可见 9 节，1～8 节两侧各生气门 1 对。

2. 危害症状 黑光伪步甲在长江以北地区主要侵害黑木耳，成虫和幼虫都能咬食生长期的耳片。被害后的耳片凹凸不平或被咬食成孔洞，也取食储藏期的黑木耳。在南方地区，成虫、幼虫主要咬食仓储期的灵芝。灵芝菌盖被害后，形成中空，菌盖内部充满绒毛状的黑褐色粪便。

3. 生活习性　黑光伪步甲在长江地区一年发生 1～2 代。成虫自 9 月开始在树洞、石缝或在干菇内越冬，4～6 月出来继续取食和产卵。幼虫活动期为 5～11 月。雌成虫产卵 30～80 粒。成虫善爬行，不善于飞翔，受惊后有假死现象，有群集性，昼伏夜出。幼虫活动性强，食量大，一朵灵芝菌盖内有 4～6 只幼虫，10 多天即将菌盖蛀食一空。

4. 防控方法

①保持菇房清洁干净，及时清除废料和表土层，铲除菇房周围杂草，减少成虫的越冬场所。

②保持耳棒清洁，防止烂耳，常检查耳棒和耳片是否有被害状。如发现有虫害，应及时防治。灵芝在采收时也要勤检查，发现有虫眼的灵芝要及时挑出，扒开菌盖，将虫体消灭。防止带虫储藏。

③菇体生长期，如有成虫和幼虫危害，及时用菇净喷雾，用药后 3 天检查死亡率。如有少量虫体存活，仍需用药防治。

（二）谷盗科

谷盗科食用菌主要害虫为大谷盗 ［*Tenebroides mauritanicus* (Linnaus)］。

1. 形态特征

①成虫。扁平，长椭圆形。长 6～10 毫米，深褐色或黑色。头前伸，额略凹，上唇与下唇前缘两侧着生黄色毛，上颚发达，触角棒状。前胸背板前角向前突出或齿状，基部窄缩，后角尖，前胸与鞘翅以短柄相连接。鞘翅长是宽的 2 倍，两侧近平行，末端圆，刻点明显，各行间有 2 行刻点，幼虫体细长略扁，长 20 毫米。腹部 3～7 节，较宽，灰白色，节上生有刚毛，两侧刚毛较长。头前口式，有 V 形头盖缝。中后胸背部各有 1 对小骨片，骨片上有 1 个小黑点，中后胸和腹部 1～8 节的翅区各有 1 个肉质小乳突，腹部

1～8 节各有 1 对泡状突起，第四节有骨化臀板。臀板有 2 个粗而圆的尾突。气孔 2 室，呈环形。

②卵。细长椭圆形，乳白色，长约 1.5 毫米。

③幼虫。长约 1.9 毫米，体呈长扁平形，白色或灰色，头部黑褐色，第二、第三背面各有黑褐色斑点一对，尾端着生钳状附器。

④蛹。长 9 毫米，黄白色，腹部生细毛。

2. 危害症状　大谷盗是危害干香菇的主要仓库害虫之一。成虫、幼虫除取食干香菇外，还咬穿、破坏包装物，引起其他害虫入侵危害。

3. 生活习性　成虫在温带一年发生 2 代，在热带一年发生 3 代，产卵期 2～14 个月，在 27 ℃的气温下，从卵到成虫约 67 天，以成虫越冬，多在仓库缝隙、包装袋缝和香菇碎末中越冬。幼虫多在包装物缝隙和板缝中化蛹与潜伏。

4. 防控方法

①子实体采收后及时烘干包装，在烘烤后期温度控制在 50～65 ℃经 5～7 小时能将虫卵烘死。烘干后及时装入密封的容器内，既防潮又可防止成虫进入产卵。

②仓储期发现虫害，将干品再次烘干或放入零下 5 ℃的冰箱 7～10 天，各虫态均被烘死或冻死。

（三）大蕈甲科

大蕈甲科主要害虫为凹黄蕈甲（*Dacne japonica* Crotch），又名细大蕈甲、凹赤蕈甲。

1. 形态特征

①成虫。长 3～3.2 毫米，体表有金属光泽，头部黄褐色，触角 11 节，深褐色，基部 3 节密。复眼大，圆球形，黑色。鞘翅黑褐色，在前半部的中间有一赤褐色或金黄色横带斜至翅肩，色带呈"凹"字形，故名凹黄蕈甲。翅后半部边缘褐色，3 对足为金黄色。

②幼虫。孵化初期体长 0.8 毫米，老熟幼虫体长 6～7 毫米，乳白色，头部棕褐色。

③蛹。蛹白色，裸蛹，长 4～5 毫米，淡黄色，眼黑色，口器

两端各有一红点，体背各节有 1 对红棕色毛斑。

2. 危害症状　成虫和幼虫食性杂，能咬食多种食用菌和其他食物。成虫危害段木栽培和代料栽培的香菇、灵芝和木耳等。成虫从段木裂缝或孔洞边缘啃食菌丝体，子实体发生后转移到菌柄和菌盖上取食。幼虫多从表皮蛀入木质部或菌袋内，纵横交错地蛀食菌丝体和子实体，形成弯曲的孔道，对食用菌的产量和品质影响很大。

3. 生活习性　凹黄蕈甲在自然条件下一年发生 1~2 代，以老熟幼虫和成虫越冬，成虫于第二年 4 月上旬开始活动，4 月中旬至 5 月中旬交尾产卵，交尾多在晚上及翌日早上 9 时前。卵粒产在香菇菌褶上。成虫有假死性，喜群居。卵于 5 月下旬至 6 月上旬孵化成幼虫，6 月下旬化蛹，7 月下旬羽化成虫，成虫于 8 月中旬交尾产卵，9 月上旬新一代卵孵化成幼虫，10 月下旬老熟幼虫越冬。

4. 防控方法

①做好栽培场所的卫生工作，铲除菇棚周边杂草，减少害虫中间寄主。

②发现有凹黄蕈甲的子实体，放入 5℃ 以下冷库 3~5 天，能将害虫冻死。

③带虫的段木或子实体可用规范包装的磷化铝密封熏蒸杀虫。

④入库的干菇要充分干燥，使其含水量不高于 12%，并用塑料袋包装，防止受潮。

三、鳞翅目害虫

鳞翅目害虫包括蛾、蝶两类昆虫。属于有翅亚纲、全变态类。绝大多数种类的幼虫危害各类栽培植物，体形较大者常食尽叶片或钻蛀枝干。体形较小者往往卷叶、缀叶、结鞘、吐丝结网，或钻入植物组织取食。成虫多以花蜜等作为补充营养，或口器退化不再取食，一般不造成直接危害。形态特征：成虫翅、体及附肢上布满鳞片，口器虹吸式或退化；幼虫口器咀嚼式，身体各节密布分散的刚毛或毛瘤、毛簇、枝刺等，有腹足 2~5 对，以 5 对者居多，具趾钩，多能吐丝结茧或结网；蛹为被蛹；卵多为圆形、半球形或扁圆形等。危害食用菌的害虫分布在谷蛾科、蝺蛾科和夜蛾科3个科内。

（一）谷蛾科

谷蛾科主要害虫是食丝谷蛾（*Hapsifera braoata* Christoph），食丝谷蛾属于鳞翅目，谷蛾科。又名蛀枝虫。

1. 形态特征

①成虫。体长5～7毫米，翅展14～20毫米。体灰白色。触角丝状，头黑色，密具白毛。复眼发达，黑色，内侧各有一丛浅白色绒毛。下颚须3节，第二节粗而长，具鳞毛。前胸背板暗红色，密被灰白色鳞毛。前翅具3条不规则的横带，后翅缘毛显著。胸部腹面暗红色，具灰白色鳞毛。足浅黄色，着生鳞毛和长毛。前足胫节末端具一距，中、后足胫节末端具2对长距。腹部7节，每节后缘密被鳞毛。

②卵。乳白色至淡黄色，圆球或近圆球形，光滑透明，直径0.5毫米左右。

③幼虫。初孵幼虫体长0.4～0.8毫米，乳白色或淡黄色。老熟幼虫18～23毫米，头部棕黑色，中、后胸背板浅黄色。胸足3对，腹足5对。腹足趾钩列为二横带式。

④蛹。被蛹，棕黄色。头部及翅芽黑棕色或深棕色。蛹长9～11毫米，宽2毫米左右。每节的前缘和中部各有一横列粗刺，后缘具一横列细刺。

2. 危害症状

食丝谷蛾在北方地区主要蛀食段木栽培黑木耳、银耳及香菇的段木培养基。近年在江苏一带发现在段木灵芝、蜜环菌菌棒、代料灵芝和平菇的培养基及菇体上取食危害。在覆土灵芝上，食丝谷蛾钻蛀芝体，将粪便排到灵芝菌盖上，灵芝内容物被食空，只剩下外壳。食丝谷蛾蛀食平菇和培养基，钻入栽培袋咬食培养基和菌丝，将菌袋蛀成隧道，并将粪便覆盖在表面形成一条条黑色的蛀道。虫口密度大时每袋有5～10条幼虫，对食用菌产量造成很大的损失。

3. 生活习性 食丝谷蛾在江苏一带一年发生 2 代。越冬幼虫在 3 月活动，取食出菇期菌袋，7～8 月出现第二代成虫，8～10 月是第二代幼虫危害高峰期。因此，在同一大棚连续排袋出菇的菌袋在 8～10 月受害最重。在温度下降至 11 ℃以下时，幼虫开始吐丝将丝与粪便、培养基黏合在一起做茧。温度回升到 14 ℃时幼虫又开始取食。14～30 ℃时食丝谷蛾活跃；平均温度 25 ℃、相对湿度 80% 时卵期为 7～8 天，幼虫期 45～48 天，蛹期 17～20 天，成虫期 7～9 天。雌虫产卵 70～120 粒。成虫将卵产在培养基表面和袋口处，初孵化的幼虫能迅速爬入菌袋内蛀食菌丝和培养基，幼虫的群集性较强，能在同一袋中出现多条幼虫。幼虫常聚集在出菇处取食，原基和菇蕾被食空，无法出菇。随后粪便污染而引发杂菌侵害，导致菌袋报废。

4. 防控方法

①及时清除越冬期废弃菌袋，消灭越冬虫源。

②在成虫羽化期和幼虫孵化期进行药剂防治，能提高杀虫效果。用菇净喷雾，羽化期或是孵化期的初期至末期的 10～20 天内用药 2～4 次，可有效地降低当代成虫、幼虫数量和下一代虫源，降低危害程度。

（二）螟蛾科

螟蛾科主要害虫是印度螟蛾 [*Plodia interpunctella* (Hübner)]，也称印度谷螟，属于鳞翅目，螟蛾科。

1. 形态特征

①成虫。雌虫体长 5～9 毫米，翅展 13～16 毫米；雄虫体长 5～6 毫米，翅展 14 毫米。头部灰褐色，头顶复眼间有一伸向前下方的黑褐色鳞片丛。下唇须发达，伸向前方。前翅狭长，内半部 2/5 为黄白色，外半部约 3/5 为棕褐色，并带有铜色光泽。后翅灰白色，半透明。

②卵。椭圆形，长约 0.3 毫米，乳白色，一端尖，表面粗糙，有许多小粒状突起。

③幼虫。老熟幼虫体长 10～13 毫米，淡黄白色，腹部背面带

淡粉红色，头部黄褐色，每边有单眼5～6个。前胸盾及臀板淡黄褐色。颅中沟与额沟长度之比为2∶1。腹足趾钩双序中全环。雄虫第八腹节背面有1对暗紫色斑点。

④蛹。体长约6毫米，细长形，橙黄色。腹末有尾钩8对，以末端近背面的2对最长。

2. 危害症状　以幼虫蛀食多种食用菌干品。造成菇体孔洞、缺刻、破碎和褐变。菇体上充满带有臭味的粪便。幼虫还取食多种食物的干品、糖果等食品。

3. 生活习性　一年发生4～8代，适宜温度为24～30 ℃。高于30 ℃时，完成一代约40天，其中幼虫期20～25天，蛹期7～10天，卵期2～10天，成虫期8～14天。雌虫产卵150多粒，卵产在菌盖上或菌褶中。初孵化幼虫蛀食菌盖，后钻入菌褶中危害。老熟幼虫在包装物、仓库角落结茧化蛹越冬。

4. 防控方法

①子实体采收后及时烘干包装，在烘烤后期温度控制在50～65 ℃经5～7小时能将虫卵烘死。烘干后及时装入密封的容器内，既防潮又可防止成虫进入产卵。

②储藏期发现该虫可将干品再次烘干，或放入-5 ℃的冰箱7～10天，各虫态均可被冻死。

（三）夜蛾科

夜蛾属于鳞翅目，夜蛾科。危害食用菌的夜蛾有平菇尖须夜蛾（*Bleptina* sp.）和平菇星狄夜蛾（*Diometa cremeta* Butler）。其中以平菇星狄夜蛾危害较重。

1. 形态特征

①成虫。体长11毫米，翅展25～26毫米。雄蛾暗紫褐色，雌蛾暗褐色。触角丝状，各节基部暗褐色，端部灰白色，各节两侧端均具一细刺，下唇须向上，灰黑色，基节小，第二节甚大，第三节细小，第三节基部和端部白色。头部、胸部和腹部第一、二节背面均有厚密鳞毛丛，雄蛾尤为发达。雄蛾腹部末节后缘和一对抱器上也有长鳞毛丛，钩形突显露，雄蛾翅紫黑褐色，有光泽，杂有黄色

细鳞。雌蛾后翅散布黄鳞较多，翅面黑纹明显，前后翅散布有黄色乃至白色斑纹和点列。前翅基线、内线、中线和外线各为双线，基线黄色向外弯曲，其中贯有细黑线纹，内线和中线不完整，均仅在前端显现一段黄色曲纹，后方为黑白点纹（雌蛾无此白点），翅中或有两道不明显的黑色双线纹。

②卵。橘子形，菜绿色，后期转为黄褐色。卵表有隆起纵脊40余条，达到顶部的只有10余条，纵脊间有20多条细密的横脊相连。

③幼虫。末龄幼虫体长25～30毫米，头部黑褐色，有光泽，侧单眼黑褐色，头颅两侧毛基周围淡黄色，两侧各呈现6个淡黄斑。

④蛹。体长11～13毫米，红褐色。胸部腹面的翅芽和足肢常暗绿色。体表有少许刻点，头顶纵脊两侧刻点密布，腹末有短刺2对。雌雄蛹的鉴别：雄蛹生殖孔、肛孔分别位于第九和第十腹节，两者之间距离较近；雌蛹生殖孔位于第八腹节上，第九腹节腹面中部向前凸，且该处与第八腹节无明显分界线，肛孔位于第十腹节。第九至第十腹节腹面中部分界模糊，两孔距离较远。

2. 危害症状　平菇尖须夜蛾以平菇菌丝和子实体为食。而平菇星狄夜蛾杂食性强，能以多种食用菌为食物。如幼虫咬食平菇子实体，将菌盖咬成缺刻、孔洞并污染上粪便。在无菇可食时，幼虫咬食菌丝和原基，使菌袋无法出菇。幼虫群集在灵芝的背面，咬食芝肉，形成凹槽、缺刻，幼小的灵芝常被食尽菌盖，剩下光柄。夜蛾常在7～10月暴发，对高温期栽培的食用菌产量和质量造成很大的影响。

3. 生活习性　江、浙、皖一带5～6月出现第一代幼虫，主要侵害平菇和灵芝子实体，第二代幼虫发生在7～8月，以取食灵芝为主；第三代在9～10月，以取食平菇为主。以蛹的形式越冬。翌年温度上升至16℃以上时，成虫开始产卵于培养料和菌盖上。幼虫共5龄，三龄后进入暴食期，幼虫期12～15天。蛹期12～18天，卵期4～6天，成虫期4～12天。幼虫喜高温，在温度30～

37 ℃的大棚内均能正常取食。

4. 防控方法 在夜蛾危害时期，经常检查菇体的背面，在量少时人工捕捉，量大时用菇净喷雾，用药一次可杀死当代幼虫。

四、弹尾目害虫

弹尾目属于节肢动物门内门纲的一目，俗称跳虫，遍布全世界。体微小，长形或圆球形。无翅，身体裸露或被毛或鳞片。头下口式或前口式，能活动。复眼退化，每侧由8个或8个以下的圆形小眼群组成，有些种类无单眼。触角通常4节，少数5节或6节，第三、四节有时又后天性分为无数小节，或有特殊的感觉器。头部触角后方另有一感觉器，称触角后器。口器咀嚼式，陷入头部，上颚和下颚包在头壳内。腹部6节：第一节腹面中央具一柱形腹管突（或称黏管），有吸附的作用；第四或第五节上有成对的3节弹器，其基节互相愈合。平时弹器弯向前方夹在握弹器上。跳跃时，由于肌肉的伸展，弹器猛向下后方弹击物面，使身体跃入空中，故名跳虫。弹尾纲动物常常在生态系统中充当大型有机物的分解者，它们可以分解枯枝落叶等有机质，维护生态平衡。

危害食用菌的跳虫种类有卷毛泡角跳虫（*Ceratophysella flactoseta* Lin et Xia）、长角跳虫（*Entomobrya sauteria*）、棘跳虫（*Onychiuyus fumeitayius*）、黑角跳虫（*Sauteri hornet*）、紫跳虫（*Hypogastrura communis* Folsom）、姬圆跳虫（*Smithuinus aureusbimaculata*）等。

1. 形态特征 跳虫体形较小，形如跳蚤，弹跳灵活，体深灰色，体长1~2毫米，无翅，有弹尾器，体表油质，不怕水，遇积水浮在水面。淡灰色至灰紫色，有短状触须，身体柔软，常在培养料或子实体上快速爬行。尾部有弹器，善于跳跃，跳跃高度可达20~30厘米，稍遇刺激即以弹跳方式离开或假死不动。体表具蜡质层，不怕水。幼虫白色，体形与成虫相似，休眠后蜕皮，多群居，银灰色如同烟灰，故又名烟灰虫。

①卷毛泡角跳虫。也称短角跳虫，体长1~1.4毫米。圆筒形，

白色，头部褐色。触角与头等长，体被短细毛。弹器约与触角等长，具两齿。

②黑角跳虫。长角跳虫科，体长2毫米左右。触角和体表有黑色斑点，弹器约为体长的一半，与触角等长，触角分4节。

③紫跳虫。紫跳虫科，体长1.2毫米左右。虫体扁而宽，头部较粗大，触角比头颈短，弹器短而末端圆形。成虫蓝灰色。

④姬圆跳虫。圆跳虫科，体长1.1毫米左右。胸环节明显，5、6腹节可辨，触角较头长，共4节，体色灰黑。弹器基节与端节长度比例约5∶2，端节有锯齿。

2. 危害症状　跳虫食性杂，危害范围广，危害菌丝和子实体。咬食菌丝时，使菌丝萎缩死亡，并常隐藏于培养料的缝隙中。危害子实体时，常从菌褶侵入，被害子实体菌褶出现缺刻，菌盖表面形成无表皮的小坑似麻子，喜食幼菇，将菇咬成孔洞，不能食用。跳虫怕光，若将子实体采下暴露于直射光下，跳虫会迅速从菌褶中跳出。同时跳虫携带螨虫和病菌，造成菇床二次感染，常在夏秋高温季节暴发。跳虫取食菌丝，导致菇床菌丝退菌。菇体形成后，跳虫群集于菌盖、菌褶和根部咬食菌肉，造成菌盖遍布褐斑、凹点或孔道。排泄物污染子实体，引发细菌性病害。跳虫暴发时，菌丝被食尽，导致栽培失败。

3. 生活习性　温度上升至15℃以上时跳虫开始活动。长江中游一年发生6～7代，4～11月是跳虫繁殖期。中间寄主是腐败的植物、杂草等有机物。在食用菌中以草腐菌受害最为严重。春播的高温食用菌和秋播的中温食用菌以及鸡腿菇、大球盖菇等覆土栽培的种类受害严重。双孢蘑菇播种后，其气味吸引跳虫在培养料内产卵，发酵不彻底的培养料内带有大量成活的虫卵。跳虫自幼虫到成虫都取食危害。一代周期30多天，雌虫产卵100～800粒。由于虫体小，颜色深（如灰色的角跳虫），隐蔽性较强，在培养料中无法观察到。一经施药后，虫体跳出落入地面上形成一层。高温栽培的双孢蘑菇，尤其是地面菇床，跳虫危害严重。段木栽培的黑木耳，跳虫危害后会造成流耳。

4. 防控方法 由于跳虫体表为油质，药液很难渗入其体内，一旦发生则很难根除，因此关键在预防。

①菇房使用前进行晾晒、干燥、杀虫处理。清除菇房外围20米之内的杂草、垃圾，填平坑洞，防止积水造成跳虫大量繁殖。

②培养料需高温处理，双孢蘑菇培养料要进行二次发酵，杀灭培养料中虫源。

③可用鱼藤酮药液或2.5%高效氟氯氰菊酯乳油2 000~3 000倍液喷洒，药物防治时要注意料底和土壤也要喷药充足。

五、食用菌害螨

螨虫属于节肢动物门，蛛形纲，蜱螨亚纲，蜱螨目的一类体型微小的动物，又称菌虱。身长一般在0.5毫米左右，有些小到0.1毫米，大多数种类小于1毫米。危害食用菌的螨虫种类繁多，不同地区、不同食用菌品种上出现的螨虫种类也有所不同。目前危害食用菌的有10多个科，主要是粉螨和蒲螨，两者危害方式和危害状相似，防治措施也基本相同。

粉螨科主要害虫是腐食酪螨（*Tyrophagus putrescentiae* Schrank）。腐食酪螨属于粉螨科，食酪螨属。

1. 形态特征

①成螨。体型卵圆形，柔软光滑，体长0.28~0.42毫米。污白色或乳白色，雄螨比雌螨小。体前区与体后区有一横缢缝分界。无眼、无触角，口器为钳状螯肢。躯体上生长许多刚毛。足4对，跗节末端生一爪。

②卵。白色，长椭圆形，长0.08~0.12毫米。

③幼螨。体乳白色，体型与成螨相似，体长0.12~0.15毫米，足3对。

④若螨。体型与成螨相同，一龄若螨体长0.20~0.22毫米，二龄若螨体长0.32~0.36毫米，足4对。

2. 危害症状 食用菌生长中螨源主要来自培养料，通过培养料进入菇房。可危害食用菌菌丝和子实体。咬食菌丝使菌丝枯萎、衰退，并传播杂菌和病菌，发菌期危害严重时可将菌丝全部吃光而滋生霉菌，造成发菌彻底失败而绝收，在被害菇体周围可见到腐食酪螨爬行和其絮状排泄物。危害菇蕾和幼菇时，可使菇蕾和幼菇死亡。

被害的子实体表面形成不规则的褐色凹陷斑点，有时使菌盖变为肉褐色，菌盖伸展极缓慢，仔细观察，在受害的子实体表面可见到腐食酪螨活动。有腐食酪螨危害的菇房，工作人员常觉脸上发痒，甚至全身发痒，有人甚至出现过敏性皮炎。

3. 生活习性 腐食酪螨从幼螨、若螨到成螨的成长过程中，都在取食危害。腐食酪螨喜高温，15～38 ℃时繁殖最为旺盛。温度在 5～10 ℃时，虫体处于静止状态；温度上升至 15 ℃以上，虫体开始活动。20～30 ℃时一代历时 15～18 天，每只雌螨产卵 50～200 粒，有些腐食酪螨能进行幼体生殖，因此繁殖速度快，繁殖量大。腐食酪螨以成螨和卵的方式在菇房床架间隙内越冬，在温度适宜和养料充分时继续危害。菇房一旦出现腐食酪螨，短期内难以控制，连续几年都会出现。

4. 防控方法

（1）保证菌种不带害螨。首先是菌种生产单位必须搞好环境卫生，开始进行菌种生产时，用炔螨特药液喷雾。菌种生产过程，除注意各生产环节外，要特别注意培养室的灭螨工作，堆放菌种瓶前，要再喷一次炔螨特药液或阿维菌素药液，然后在地面及墙壁四周撒一层石灰加硫黄混合粉（石灰 5 份与硫黄粉 1 份混合）或石灰加多菌灵混合粉（石灰 10 份与多菌灵 1 份混合）。

（2）菇房隔离。菇房、菇床要与粮食、饲料、肥料仓库以及禽舍、畜舍等有大量害螨存在的场所保持一定的距离。

（3）搞好菇房内外的环境卫生。特别是老菇房，培养料进房前必须进行一次全面彻底的消毒，以杀死藏匿在菇房中的所有害螨。

（4）培养处理。栽培双孢蘑菇时，推广培养料进行二次发酵处理；栽培平菇时，推广培养料进行高温堆制或用石灰水浸泡；特别是栽培草菇的培养料最好事先用石灰水浸泡一天，可杀死培养料中的害螨；将稻草、棉籽壳等在烈日下暴晒2～3天，杀螨效果亦很好。

（5）药剂防治。用菇净、阿维菌素、炔螨特等杀虫杀螨剂处理培养料及覆土材料，均可杀死害螨。但不能直接喷在菇床和子实体上。

（6）诱杀。主要有糖醋液法、毒饵法、骨头汤法。利用糖醋液或肉骨头汤诱杀可得到较好的效果，但必须连续进行几天。

①糖醋诱杀。糖醋诱杀方法较简单，一般用3份糖、4份醋、1份白酒、92份水配成，用旧布或纱布浸在药液中取出拧干后覆盖在培养料面上，螨会自动爬到药液布上取食，每隔2小时左右揭下药布放在开水锅中煮1分钟，将螨全部杀死，取出拧干后再浸泡在药液中，这样连续诱杀2～3天，可将大部分若螨、成螨杀死，3～4天后再重复一次，诱杀由卵孵化出来的若螨。

②毒饵。毒饵是用1份醋、5份糖、5份低毒无药害杀虫剂拌进89份经过炒黄焦的细米糠或麦麸中，拌好后均匀撒在菇床四周诱杀。

③用骨头汤诱杀。称取1.5～2.5千克去肉的新鲜猪骨头，敲碎后加10千克水熬煮1～2小时，然后滤去骨头，骨汤中加糖0.5千克，水50千克。将整理后的稻草浸泡在汤液中，取出后在不滴水时铺在床铺上，引诱若螨、成螨。每隔2～3小时收草1次，收后放在开水锅中煮1分钟，沥干后再浸泡在骨汤中，沥干后再盖于床面。反复连续进行2～3天，可诱杀大部分螨虫。

六、食用菌线虫

危害食用菌的线虫属于无脊椎动物的线形动物门，侧尾腺口纲，垫刃目、滑刃目和小杆目。小杆目（Rhabditida）线虫是危害食用菌的主要线虫；滑刃目（Aphelenchida）线虫以刺吸菌丝体造成菌丝衰败；垫刃目（Tylenchida）线虫在培养料中较少，但在覆土层中较普遍，危害性较轻。其中，以垫刃目垫刃亚目和滑刃目滑刃亚目的害虫危害最重。

（一）垫刃亚目

主要种类为蘑菇菌丝线虫（*Ditylenchus myceliophagus* Goodey），又名蘑菇茎线虫、噬菌丝茎线虫。隶属于垫刃目，垫刃亚目，垫刃科，茎线虫属。

1. 形态特征　口针长 9～10 微米，背食道腺开口接近口针基部，侧线每侧各 6 条，后食道球非常大。雌虫生殖腺 1 条，有后子宫囊。雄虫侧尾腺在交合伞稍前位置。雌虫体长 0.6～1.0 毫米，雄虫体长 0.58～0.99 毫米，交接刺长 19 微米，导刺带长 9.4 微米。虫体大小和生殖腺长度受营养和温度的影响。

2. 生活习性　最适合蘑菇菌丝线虫繁殖温度为 18 ℃，26 ℃时繁殖几乎停止。完成生活史 13 ℃时需要 40 天，18 ℃需要 26 天，23 ℃需要 11 天，低于 13 ℃则繁殖很慢，50 ℃时干燥状态下虫体进入休眠期。蘑菇菌丝线虫可在菇床床板的缝隙、覆土以及外界土壤中存活，也能在水膜表面蠕动，有时大量蘑菇菌丝线虫群集在覆土或菇体上，互相缠绕成螺旋体。菇床上食用菌受蘑菇菌丝线虫危害程度达到 10% 时，症状不明显不易引起注意，而当危害程度达到 30% 时便会防治困难，造成严重损失。蘑菇菌丝线虫可被携带于塘水、旧菇房、工具和昆虫上，通过喷水、采菇等途径进行传播。

（二）滑刃亚目

主要包括蘑菇滑刃线虫和菌丝腐败拟滑刃线虫，前者又名堆肥滑刃线虫，隶属于滑刃目，滑刃亚目，滑刃科，滑刃属，后者隶属于滑刃目，滑刃亚目，内真滑刃科，内真滑刃亚科。

1. 形态特征

（1）蘑菇滑刃线虫。头部比虫体窄一些，3 条侧线，口针长 11 微米，口针纤细、基部球小。食道的前体部圆柱形，中食道球大、椭圆形，食道腺叶长度约为体宽的 3 倍，后子宫长度约为阴门至肛门之间的 1/2 或 2/3，尾部圆锥形，腹部具一个尾尖突。交合刺成对，交合刺的背缘向腹面弯曲。具 3 对尾乳突，泄殖腔后一对，尾中部一对，尾端一对。雌虫体长 0.45～0.62 毫米。雄虫体长 0.41～0.58 毫米。交接刺长 21 微米。

(2) 菌丝腐败拟滑刃线虫。体环间隔约 0.8 微米，侧线 2～6 条，头部几乎不突出，口针长，无基球。食管较粗，中食管呈球椭圆形，很发达，其中心有大的月牙形瓣门。阴道与体纵轴成直角，阴唇略隆起，前生殖腺发达，卵巢前端无反折，卵巢基部有 18～20 个细胞包围输卵管，成一集结的细胞群，子宫宽大，后阴子宫囊长度为体宽的 3～4 倍。直肠长度为肛门部体宽的 2 倍，尾部短，圆锥形，尾部半圆，幼虫尾部有腹侧尾乳突。雌虫体长 0.58～0.82 毫米；雄虫体长 0.56～0.82 毫米，交接刺长约 28 微米，导刺带长约 13.5 微米。

2. 生活习性

蘑菇滑刃线虫从卵到成虫 18 ℃时需要 10 天，28 ℃时需要 8 天。在 25 ℃时繁殖比在 15 ℃、20 ℃和 30 ℃时更迅速。普遍存在于堆肥和土壤中，散布在菇床、培养料、菌丝及子实体上，性比不等，雌虫偏多，在水中有聚集现象。

菌丝腐败拟滑刃线虫以土壤真菌为食，能损害双孢蘑菇。25 ℃时只需 40 小时就能完成胚前发育，18～21 ℃时在双孢蘑菇上数量最多，8 周可增加 5 万倍。多存在于双孢蘑菇培养料中。

七、其他有害动物

(一) 蛞蝓

蛞蝓属于软体动物门，腹足纲，柄眼目，蛞蝓科，又名鼻涕虫。蛞蝓科动物广布于欧洲、亚洲、北美和北非，陆生。体柔软，外形呈不规则圆柱形。壳退化为一石灰质的薄板，被外套膜包裹而成内壳。有尾嵴。体呈灰色、黄褐色或橙色。身体经常分泌黏液，爬行后留下银白色的痕迹。生活于阴暗、潮湿处。白昼潜伏，夜晚和雨天外出活动。雌雄同体，交尾产卵。取食植物的嫩叶嫩芽，危害蔬菜、果树、烟草、棉花等。

危害食用菌的蛞蝓主要种类有野蛞蝓 [*Agriolimasx agrestis*

(Linnaeus)]、黄蛞蝓（*Limax flavus* Linnaeus）和双线嗜菌蛞蝓（*Philomycus bilineatus* Benson）等 3 种。危害最为严重的是双线嗜菌蛞蝓。

1. 形态特征

（1）野蛞蝓。体长 30～60 毫米，宽 4～6 毫米。体表暗灰色、黄白色或灰白色，少数还具有明显的暗带或斑点。触角两对，黑色，外套鞘为体长的 1/3，边缘卷起，内有一退化贝壳，分泌的黏液无色。

（2）黄蛞蝓。体裸露，柔软，无保护外壳，深橙色或黄褐色，并有零星浅黄色或白色斑点，靠近足部两侧的体色较浅，足淡黄色，分泌的黏液为黄色。头部触角两对，淡蓝色。体背面前端 1/3 处有一圆形的外套膜，膜的前半部游离，收缩时可将头部覆盖住，体躯伸长时长可达 120 毫米，宽 12 毫米。

（3）双线嗜菌蛞蝓。体长 35～37 毫米，宽 6～7 毫米。体灰白色或淡黄褐色，背部中央和两侧有 1 条黑色斑点组成的纵带，外套膜大，覆盖整个体背，黏液为乳白色。

2. 危害症状　直接取食菇蕾、幼菇或成熟的子实体。被啃食的子实体，不论是菌盖或菌柄还是耳片或幼菇、菇蕾，均留下明显的缺刻或凹陷斑块，与老鼠取食时所留下的痕迹相似，不同的是在受害子实体附近留下粪便，且常常留下白色的黏液带痕。被害菇蕾及幼菇，一般不能发育成正常的子实体。适期采收的子实体被害后，失去或严重降低其商品价值。据报道造成的产量损失达 30%～50%。

3. 生活习性　蛞蝓耐阴湿而不耐干燥，喜黑暗环境而避光，食性杂、取食量较大。白天躲藏在阴暗潮湿的草丛、草堆、落叶或砖石瓦砾下面，夜晚外出活动及取食危害。天黑后到午夜之间为其活动及取食高峰期，午夜过后活动及取食减少，天亮前又回到原来隐蔽场所。下面以野蛞蝓为例介绍其生活习性。野蛞蝓平时生活在阴暗潮湿的草丛、落叶或石块砖块下面，对土壤的酸碱度及溶解的钙无反应，但对温度和湿度的变化有反应。野蛞蝓活动的最适温度为 15~25 ℃，超过 26 ℃或低于 14 ℃时活动能力逐渐下降，产卵的适宜温度比活动的适宜温度低 4~5 ℃。当平均地温稳定在 9 ℃左右，或月平均地温在 8 ℃以上时可大量产卵，温度超过 25 ℃时不能产卵。土壤相对湿度在 75%左右时适于产卵及卵的孵化。野蛞蝓一年繁殖 1 代。卵呈卵圆形，透明可见卵核，产卵于土粒缝隙中，10~20 粒卵堆制成卵块。

4. 防控方法

（1）搞好环境卫生。搞好菇房内外及菇床四周的环境卫生，清除蛞蝓白天躲藏的场所。特别是室外露地栽培时，播种前整床时，最好在地面撒一层石灰粉或喷洒一次 0.3%~0.5%的五氯酚钠水溶液，可有效杀死或驱除蛞蝓。

（2）菇床保护。下种后在床架脚及露地菇床周围撒一层石灰或草木灰，或用 1 份漂白粉和 10 份石灰粉混合粉，或喷 5%~10%的硫酸铜液，可防止蛞蝓夜晚进入菇床。

（3）人工捕捉。夜晚 10 时左右到菇床进行捕捉，捕捉时带一个小盆钵，钵内放一些石灰粉或食盐或硫酸铵，蛞蝓被放进钵后很快便可死亡。连续几天夜晚进行人工捕捉可以得到很好的效果。

（4）毒饵诱杀。常见的诱杀药剂有多聚乙醛、三丁基氧化锡（TBTO）、氯化双三丁基锡等。将上述药剂中的任何一种拌进细米糠、豆饼粉或鲜嫩的青草中，撒于床四周或床架脚下等处。

（二）马陆

马陆属于节肢动物门，多足纲，圆马陆科。生活在潮湿的地方，大多以枯枝落叶为食。危害食用菌的种类主要是约安巨马陆（*Spirobolus bungii*）。

1. 形态特征 体节两两愈合（双体节），除头节无足、头节后的 3 个体节每节有足 1 对外，其他体节每节有足 2 对，足的总数可多至 200 对。头节含触角、单眼及大、小颚各一对。体节数各异，从 11 节至 100 多节，体长 2~280 毫米。自卫时马陆并不咬噬，多将身体蜷曲，头卷在里面，外骨骼在外侧。许多种具侧腺，用以分泌刺激性的毒液或毒气防御敌害。

2. 危害症状 约安巨马陆主要取食食用菌发酵料中的腐殖质、菌丝体和幼小的菇蕾。被害的菇床培养料变黑发黏、发臭，并散发出约安巨马陆特有的骚味。培养料被咬食成孔洞或缺刻，并留下骚味，严重时整个发菌期的培养料被毁，菇房中骚味难闻。

3. 生活习性 菇房内温度15℃以上时，约安巨马陆开始活动。尤其是在夏季多雨季节，菇房内相对湿度达90%以上时，约安巨马陆群集于培养料或菌袋取食，并散发出难闻的骚味。

4. 防控方法

①保持菇房清洁卫生，适当降低培养料和菇房内的空气湿度，增加光线强度，可减轻约安巨马陆的危害。

②用鱼藤酮在约安巨马陆出没处喷洒，或用炒香的豆饼粉拌入低毒、无药害杀虫剂撒在其出没处诱杀。

第六节　食用菌病虫害的综合防控

一、食用菌病虫害发生特点

第一，每个食用菌品种都会散发出各自特有的食用菌香味，菌丝和子实体表层没有相应保护层，极易成为各种生物的食物，病虫迅速繁殖成庞大群体，使食用菌生产遭受严重影响。

第二，栽培基质营养丰富，在提高子实体产量的同时也为病虫繁殖提供了良好的食源。多种昆虫和杂菌以腐熟的有机质为食源快速繁殖。

第三，多数食用菌发菌温度为20～26℃，出菇温度为10～25℃，培养基水分65%左右，出菇房相对湿度85%以上。人工创建的适宜于菌丝和子实体生长的环境，更适合病虫生存和繁殖，在这样的环境条件下，所有昆虫生长周期缩短，繁殖代数增加，并且消除了冬眠期和越夏期。

第四，病虫分布广，隐蔽性强，食性杂，体形小，繁殖快，暴发性强，药剂难以控制。

第五，有的病虫同时入侵、交叉感染。菇蚊、菇蝇携带螨虫和病菌，在取食和产卵时传播病毒、螨虫和病菌。如疣孢霉会使双孢蘑菇发病，病菇又引发细菌和线虫的入侵危害，随后菇体腐烂发臭，污染整个菇房和环境。

二、食用菌病虫害综合防控策略

第一，应该遵循以预防为前提，多种防治措施合理运用的方针。在培育过程中，对食用菌生长环境研究观察，对于可能发生的病虫害提前做好预防工作，对于已经产生病虫害的食用菌要分析其发生的原因、发展的规律和危害的程度，及时将病菌、杂菌和害虫等污染源清除出去，并进行销毁以达到治理的效果。对于染病的区域使用相关药剂进行防治。

第二，创造适合食用菌生长的良好环境，栽培环境应远离污染，保持卫生清洁和通风良好，安装防虫的门窗，做好灭菌和消毒工作，将菇房的温度和湿度保持在合理的水平，及时清除污水和有机物的残体等，将害虫容易藏匿的地方重点打扫，使其不致扩展蔓延。时常将菌袋日晒，让阳光中的紫外线照射菌袋，从而杀死其中的病菌、杂菌和虫卵。

第三，尽量通过早接种的方式使食用菌的菌丝体能够尽快占领培养基质，从而将其他杂菌挡在外面。一般来说，凡是提早接种的菌袋，出菇快且数量多，少有杂菌出现；反之，晚接种的菌袋，则出菇的数量少且杂菌现象较为严重。

第四，采用科学合理的物理方法防治病虫害，同时大力发展和研究生物防治技术，使用低毒高效、少药物残留的化学农药制剂，通过综合防治的方法有效地遏制病虫害的发生，为食用菌环保健康、优质高效的生长提供良好保证。

三、病虫害及杂菌的综合防控

食用菌的病虫害发生有其特殊性。食用菌的生产与其他农作物、蔬菜、果树等不同，其生产需要多个生产环节，如菌种生产、培养料配制、发菌管理、出菇管理和采收等，尤其菌种生产阶段包括一级、二级和三级菌种的生产。且每一个环节都需要洁净的环境，某些环节的操作还需要无菌操作，倘若某一个生产环节发现有病虫感染，其发生往往是带有毁灭性的，造成的经济损失也是非常大的，严重时甚至可以导致绝产、绝收。

因此食用菌病虫害的综合防控的关键就在于从各个环节的细节之处入手，环环相扣，处处把关，使食用菌感染病虫害的概率降到最低，确保安全出菇。食用菌病虫害及杂菌的综合防控方法主要包括生态调控、生物防治、物理控制和化学防控等四个方面。

（一）生态调控

生态调控在很大程度上取决于各种环境因子，当环境条件有利于食用菌生长而不利于病虫及害螨发展时，食用菌生活力旺盛、抗性强，病虫及害螨就不易发生甚至不能发生，反之病虫及害螨便会趁机而入，迅速发展。所以我们在采用各项农业技术措施时，尽可能创造最为适合食用菌生长发育的环境条件。生态调控措施主要有以下几种。

1. 选用优质、抗病抗逆性强的品种

①到正规单位购买信誉度高、品牌正、来源明确的菌种。

②母种传代不要超过三代，栽培种由原种转接而来，不要由栽培种再次转接作为栽培种。

③优质菌种的特征应是菌丝健壮不老化、纯净无污染。

④一定要选用适合当地季节气候的品种。

2. 按种类分场所制种栽培　木腐菌与草腐菌宜分场所制种和栽培，草腐菌类菌种的制种和栽培需将培养料经发酵处理，发酵期间病菌和蚊蝇类常在培养料中繁殖，同时木腐菌的菌种也处于发菌期，在同一时间和同一环境下生产，病虫害易交叉感染在木腐菌制种时对其造成污染。如蚤蝇极易侵入平菇发菌袋内产卵繁殖，同时在发菌室内重复侵害，难以根除。只有分场所分别制种和栽培，才能保持木腐菌类菌种场和栽培场地的清洁卫生。

3. 合理轮作

①不同品种之间轮作。食用菌栽培实践证明，在同一菇棚内连续栽培同一种食用菌，极易引发杂菌污染，且一次比一次严重。不同种食用菌，或同一种食用菌的不同品种之间，能产生具有相互拮抗作用的代谢产物，对病虫害及杂菌有一定的抑制和杀灭作用。据此合理轮作，可起到较好的预防病虫害和杂菌的效果。

②提倡大棚内与其他作物轮作。有些食用菌如平菇、草菇、鸡腿菇，每年不同季节与蔬菜、瓜果等轮作互补，既可肥田，又能消灭病虫害，一举多得。

③更换新棚。有条件的菇农，可以每年更换新棚，防杂效果会更好。

4. 远离传染源，注重消毒预防 菇房选址应远离仓库、厕所、畜舍，切断病虫感染的途径；菇房、用具、床架要定期消毒；栽培前和栽培后对各种操作工具及栽培场地进行消毒；需要覆土的食用菌如双孢蘑菇、鸡腿菇等，覆土进棚前要经暴晒或用甲醛熏蒸消毒（进棚前一定将气味散尽，以免对菌丝造成药害），以降低病虫基数。

5. 培养料要发酵，配方要合理 栽培食用菌的物料北方一般以棉籽壳、玉米芯、麦秸、牛粪作为主料。各种物料最好采用发酵料，利用堆肥发酵高温杀死病菌虫卵，按照要求堆建、翻堆，使发酵温度上升到 75 ℃以上，最好采用后发酵方法，以有效消灭堆肥内病菌虫卵。各种物料混合要均匀一致，含水量适中（60％～65％）。要选用新鲜、无霉变的培养料，并严格按配方要求配制。

6. 管理措施得当，合理调节温、湿、气三者之间的关系 温度、湿度、氧气是影响各种食用菌质量优劣、产量高低的重要环境因子，三者要统筹兼顾。出菇期间，在合适的温度下，如鸡腿菇 16～24 ℃、双孢蘑菇 14～16 ℃子实体数量最多，产量最高；物料含水量以 60％～70％为宜，空气相对湿度在菌丝生长期间控制在 75％～80％，子实体阶段在 85％～90％，低于 60％菌盖易反卷，高于 95％易引发病害。食用菌为好氧性微生物，整个发育期间均需要新鲜空气，特别是子实体形成期间要勤通风换气。通风不良、过于潮湿、温度过高的菇房，容易滋生杂菌害虫。

7. 掌握好制种和栽培季节等农事安排　制种时尽量避免 30 ℃以上高温天气是控制脉孢霉（链孢霉）等发生的关键，因为在高温高湿条件下此病菌极易发生，并且迅速蔓延。一般病原菌的生长适宜温度较高，平菇生料栽培发菌时，发菌温度掌握在 24 ℃以下，利用 24 ℃条件下平菇菌丝生长迅速，而其他杂菌生长速度较慢的特点，发挥生长竞争优势，抑制病菌发生。长江中下游地区双孢蘑菇覆土时间在 10 月 1 日前后，与褐腐病的发生有着密切的关系，覆土早、气温高，病害发生严重，而覆土迟，就可能防止此病害的发生和减轻病害的程度。

一旦发现病虫害，应立即处理。将所有的病菇、杂菌、害虫等污染物清理掉，进行深埋或销毁，病区用药剂防治，并注意通风。

（二）生物防治

生物防治是利用生物及其代谢产物防治病虫害的方法。包括利用微生物中的一些放线菌、真菌、细菌、黏菌等和某些植物中的杀菌、杀虫成分。目前在食用菌病虫害防治上，生物防治技术的应用还较少。生物防治的优点是对人、畜、环境和食用菌都很安全，对防治对象选择性很强，不会伤害其他生物，不污染环境，可以避免因长期施用农药所带来的副作用；能较长时间地抑制病虫害，不易产生抗性。但缺点是见效较慢，如果在病虫害大发生造成灾害时应用，起不到立即控制其危害的作用。其主要途径有以下几种。

1. 以虫治虫　利用自然界存在一些天敌昆虫如寄生蜂、寄生蝇等，人为保护、人工助迁和人工繁殖后适时释放以消灭食用菌害虫。在国外，寻求生物因子控制病虫害也是研究的主要方向。

2. 以菌治虫　利用害虫的病原菌，使害虫受侵染后发病死亡。国内用苏云金杆菌防治菇蚊，白僵菌防治食丝谷蛾幼虫，捕食螨捕食害螨，蜘蛛防治菇蚊等均取得了良好效果。目前，国内已将一些害虫的病原菌以农药的方式生产，制成细菌农药、真菌农药等。如北农大生产的增产菌拌在培养料中可促进平菇、香菇菌丝生长，并对木霉有强烈的抑制作用。

3. 以寄生线虫治虫　昆虫寄生性线虫是普遍存在的，线虫的寄生可使寄主昆虫衰弱、绝育和死亡。据报道，国外用昆虫寄主性异小杆线虫和新天小纹线虫防治眼蕈蚊，可降低损失的 40％，澳大利亚已研究出了离体大量生产异小杆线虫，对于防治双孢蘑菇上的眼蕈蚊、瘿蚊效果较好。

4. 以菌治菌　利用有益微生物或其代谢产物来防治食用菌病害。如将增产菌液喷洒食用菌菇床，可使子实体表面的细菌性病害如锈斑病和真菌性病害显著减少，可提高食用菌的抗病性和促进食用菌生长；喷洒硫酸链霉素可防治革兰氏阳性细菌引起的病害；抗霉菌素 120 对根霉、青霉有很好的抑制作用；苏云金杆菌制剂可防治蝇蚊、线虫和螨类等。

另外，植物源农药如苦参碱、印楝素、烟碱、鱼藤酮、除虫菊素、苘蒿素、茶皂素等对许多食用菌害虫具理想的防效。

（三）物理控制

用物理方法控制食用菌的病虫害比较安全、有效且应用广泛。在生产中用得比较多的有热力灭菌（蒸汽灭菌、干热灭菌、火焰灭菌、巴氏灭菌）、辐射灭菌（日光灯、紫外线灯）、设障阻隔（60目防虫纱网、石灰粉或漂白粉等杀菌剂消毒隔离带）防止病虫害螨侵入和传播；日光灯、黑光灯、电子杀虫灯、诱虫粘板诱杀消灭具有趋光性的害虫；日光暴晒覆土材料和菇房内的床架以及某些直接播种的生料培养料等以起到消毒作用；人工捕捉或切除螨类；对双孢蘑菇或其他菌种，经过一定时间的低温处理，以有效地杀死螨类等。

贮藏的陈旧培养料在栽培之前强日光下暴晒 1～2 天，可杀死杂菌营养体和害虫及卵，然后再利用高压蒸汽灭菌，基本上将培养料中杂菌和害虫杀死。在出菇阶段如发生虫害，可利用黑光灯诱杀，黑光灯光波波长 360 纳米，许多食用菌害虫对这种光波敏感，有较强的趋性，在出菇房安装 20 瓦的黑光灯或频振式电子杀虫灯，可以诱杀双翅目的眼蕈蚊、瘿蚊、蚤蝇、粪蝇和鞘翅目的缨甲科害虫。物理方法控制食用菌病虫害可减少农药的使用、降低成本，总体控制原则如下。

1. 强化基质灭菌或消毒处理，保证熟化菌袋的纯净度　菌袋灭菌期间常压 115 ℃维持 8～10 小时，高压 125 ℃维持 3～3.5 小时。灭菌期间要保持温度平稳，不应低于要求的温度指标，如中途因停电或是其他原因造成温度下降，应延长灭菌时间予以补救，杀死基质内的一切微生物菌体和芽孢。所用的菌袋韧性要强，无微孔，口要严实，装袋时操作要细致，防止破袋。这些都是减少污染的重要措施。

2. 规范接种程序，严格无菌操作　菌种生产应按照无菌程序操作，层层把关，严格控制，生产出纯度高、活力强的菌种。最好灭菌灶安排进袋口和出袋口门，中部隔断，出口处连接接种室，冷却后，在洁净台内接种。操作人员穿戴好工作服，确保接种室高度无菌。

3. 安全发菌、防止杂菌和害虫侵入菌袋　发菌室应具备恒温条件，视品种的温性要求，温度调节在最适宜菌丝生长范围以内，防止温差过大而引起菌袋水分蒸发、空气调换频繁、杂菌入侵污染。同时应遮光培养，减少蚊蝇飞入产卵。

（四）化学防控

化学防控即应用化学药物抑制或杀死病原物和害虫的方法。在病虫害发生迅猛或其他防治措施失败后，方可使用化学农药，但尽量减少使用农药，尤其是高毒高残留农药，容易造成食用菌毒性污染或药害。要选用高效、低毒、低残留或无残留的化学药物。化学防治应作为其他防治方法的辅助手段，而不能作为主要手段。

1. 培养料用药剂预防处理　大规模生产栽培场周年性循环生产，场内的空气杂菌含量较高，污染途径也较多，有必要在培养料中加入微量杀虫灭菌剂，以有效地抑制竞争性杂菌繁殖，提高菌袋成品率。如用 50%噻菌灵悬浮剂和 50%咪鲜·氯化锰可湿性粉剂 2 000 倍液，可抑制木霉等杂菌的发生量。30%菇丰可湿性粉剂 2 000 倍液拌料也能有效抑制木霉、根霉、曲霉的发生。用 25%的除虫脲可湿性粉剂 5 000 倍液拌入草腐菌的发酵料中，能有效杀灭粪草发酵期和发菌期的蚊蝇和跳虫等害虫。

2. 覆土材料需消毒处理 土壤能吸水保湿，刺激菇体形成，但土壤也是许多病菌和昆虫滋生场地，使用前必须用化学药剂进行杀菌灭虫处理。覆土材料宜用河泥砻糠土。河泥覆土好气性致病菌少，且保湿性好，在 2~3 潮菇内基本不用浇水也能保持土壤水分。对于取自旱地和水田上的覆土材料，应用 5% 石灰拌土后再在太阳下暴晒几天，在使用前 5~7 天，再喷施杀菌剂 30% 菇丰可湿性粉剂 2 000 倍液或 50% 噻菌灵悬浮剂或 50% 咪鲜·氯化锰可湿性粉剂 2 000 倍液和杀虫剂 4.3% 菇净（高氟氯氰＋甲阿维）乳油 1 000 倍液，用薄膜覆盖闷置 5 天后使用。

3. 出菇间歇期防虫治病 在出菇间歇期、料面无菇时用药。在出菇期间不宜用药，以防止菇体药害和药剂残留超标。同时应选择高效低毒的生物性药剂，如选用苏云金杆菌以色列变种、甲氨基阿维菌素苯甲酸盐、硫酸链霉素和菇净等安全药剂。

图书在版编目（CIP）数据

珍稀食用菌安全高效栽培技术／高霞，高瑞杰主编
.—北京：中国农业出版社，2020.12
ISBN 978-7-109-26762-6

Ⅰ.①珍… Ⅱ.①高… ②高… Ⅲ.①食用菌－蔬菜
园艺 Ⅳ.①S646

中国版本图书馆 CIP 数据核字（2020）第 176415 号

珍稀食用菌安全高效栽培技术
ZHENXI SHIYONGJUN ANQUAN GAOXIAO ZAIPEI JISHU

中国农业出版社出版
地址：北京市朝阳区麦子店街 18 号楼
邮编：100125
责任编辑：刘 伟 黄向阳 文字编辑：冯英华
版式设计：王 晨 责任校对：周丽芳
印刷：中农印务有限公司
版次：2020 年 12 月第 1 版
印次：2020 年 12 月北京第 1 次印刷
发行：新华书店北京发行所
开本：880mm×1230mm 1/32
印张：10.75
字数：330 千字
定价：38.00 元